Soil-Rock Mixture (S-RM)

土 石 混 合 体

徐文杰　著

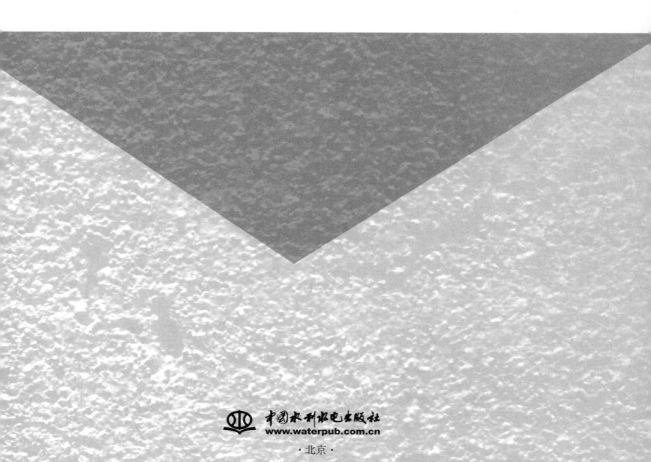

中国水利水电出版社
www.waterpub.com.cn
·北京·

内 容 提 要

　　土石混合体是自然界中广泛存在的一类特殊的岩土介质。本书是作者近 20 年来对土石混合体研究成果的系统总结。全书系统介绍了土石混合体工程地质特征、细观结构定量评价、大尺度原位试验、室内多尺度三轴试验、细观结构模型重建及随机模拟、数值试验、边坡稳定性分析等方面的研究成果。

　　本书可供岩土力学、地质灾害、工程地质、水利工程，以及从事岩石、混凝土等材料细观力学和多尺度力学等领域的研究生、科研人员和工程技术人员参考使用。

图书在版编目（ＣＩＰ）数据

　　土石混合体 ／ 徐文杰著. -- 北京 ： 中国水利水电出版社，2024.11
　　ISBN 978-7-5226-2429-7

　　Ⅰ．①土⋯ Ⅱ．①徐⋯ Ⅲ．①土石－混合料－工程力学－研究 Ⅳ．①TB12

中国国家版本馆CIP数据核字（2024）第101949号

书　　　名	**土石混合体** TUSHI HUNHETI
作　　　者	徐文杰　著
出 版 发 行	中国水利水电出版社 （北京市海淀区玉渊潭南路 1 号 D 座　100038） 网址：www. waterpub. com. cn E - mail：sales@mwr. gov. cn 电话：（010）68545888（营销中心）
经　　　售	北京科水图书销售有限公司 电话：（010）68545874、63202643 全国各地新华书店和相关出版物销售网点
排　　　版	中国水利水电出版社微机排版中心
印　　　刷	北京印匠彩色印刷有限公司
规　　　格	184mm×260mm　16 开本　21 印张　511 千字
版　　　次	2024 年 11 月第 1 版　2024 年 11 月第 1 次印刷
定　　　价	**120. 00 元**

前言

　　土石混合体是指第四纪以来形成的，由具有一定工程尺度、强度较高的块石、细粒土体及孔隙构成且具有一定含石量的极端不均匀松散岩土介质系统。我国地质条件多种多样、地质环境复杂，崩塌、滑坡、泥石流等浅表生地质灾害异常突出，土石混合体这类复杂的岩土体分布极其广泛。此外，受第四纪冰期地质作用的影响，在我国西南及青藏高原地区分布有大量巨厚层冰碛成因的土石混合体，影响甚至制约着邻近的水电工程、交通工程等的全生命周期安全运行。

　　与一般的土体不同，构成土石混合体的主要物质为块石和土，二者在粒径及物质组分上有明显的差别，其中块石的粒径较大，从几厘米到数米不等，有的甚至超过数十米。另外，块石和土在力学性质上也呈现极强（块石）和极弱（土）的极端差异性。这种差异性使土石混合体在物理力学性质上呈现极端的不均质性和非线性特征，其宏观物理力学及变形破坏行为不仅取决于细粒相（土）的性质，而且在很大程度上还取决于块石的含量、空间分布、形态、粒度组成等细观结构特征。基于连续介质力学的传统岩土力学理论体系难以描述土石混合体的复杂力学行为特性，传统的岩土试验测试方法也面临着挑战！

　　随着基础建设、防灾减灾等国家重大工程的不断推进，诸多关于土石混合体工程地质及力学特性的问题不断出现，也对该类特殊的岩土介质的认识提出了更多的需求。因此，土石混合体的提出及深入研究是当今工程建设的需要，也是现代岩土力学发展的必然。与此同时，科学技术、数值计算等领域的快速发展，也为土石混合体这类复杂岩土介质的研究和发展提供了重要的支撑。近几年来有关土石混合体的研究成果逐渐增多，也促使笔者萌生了撰写本书的想法。

　　荀子曰："积土而为山，积水而为海"。本书是笔者近20年来在土石混合体工程地质性质及力学特性方面研究及应用成果的系统总结。本书在土石混合体的物理力学特性研究方面，形成了从野外到室内、从结构到力学、从物理试验到数值试验的系统研究方法；在其细观结构研究方面，自主研发形成了从二维到三维、从随机到重构的系列软件平台。全书共分为 13 章。第 1 章介绍了土石混合体的研究背景、意义及现状；第 2 章系统阐述了土石混合体的概念、分类及意义，力图阐明土石混合体与其他类型岩土介质的工程地质差异性；第 3 章从细观尺度出发，论述了土石混合体细观结构的自组织性特征；第 4 章构建了土石混合体的块石三维模型数据库，揭示了块石形态的自组织性；第 5～6 章为土石混合体物理力学性质试验研究，涉及试验方法、力学行为及多尺度效应等；第 7～9 章为土石混合体二维、三维细观结构重建及细观力学研究，系统阐述了细观结构重建方法及在此基础上的细观力学研究；第 10～12 章为基于随机模型的土石混合体二维、三维细观结构建立与力学研究，系统阐述了随机细观结构生成技术以及在此基础上的细观力学及力学特性影响因素；第 13 章从工程角度阐述了土石混合体边坡稳定性分析方法。

本书的出版得到了国家自然科学基金项目（52079067，51879142，51679123，51479095，51109117）和水圈科学与水利工程全国重点实验室自主项目（2020－KY－04）的资助，在此表示衷心感谢。笔者研究团队的全体成员为本书研究工作及编写倾注了大量的心血，尤其是笔者的研究生张海洋博士、李澄清硕士、夏薇硕士、冯泽康博士等为本书的部分研究工作付出了辛勤劳动，在此也表示衷心的感谢！在本书完成之际，笔者也无法忘记在求学及工作期间各位老师、同学及前辈同仁给予的大力支持和无私的帮助，特别向他们表示最诚挚的感谢！

最后，也衷心感谢家人在学习和科研上对我的支持，他们是我生活和科研工作中的坚强后盾！

2024 年 2 月 15 日　于清华园

第1章

绪　　论

1.1　研究背景

我国地质条件多种多样，地质灾害在我国的发育不仅数量多，而且种类齐全，崩塌、滑坡、泥石流等浅表生地质灾害异常突出[1]，由此产生的由滑坡堆积、崩塌堆积、残积层、冰碛堆积、破积层等形成的松散斜坡在我国广泛分布。与一般的土体不同，构成这类地质体的主要物质为块石与土的混合物，其中块石的粒径较大，从几厘米到数米不等，有的甚至超过数十米。由于构成这类岩土介质的块石及土在物理力学方面的性质相差悬殊，使得其细观及宏观力学性质、变形破坏特征较一般的土体或岩体（石）有很大的差异，为区别于其他一般岩土体，Medley et al.[2]将其命名为 Bimsoil（Block in Matrix Soil），油新华等[3-4]将其称为"土石混合体"。

土石混合体广泛存在于自然界中，现有的规范及实际工程中往往将其进行简化，采用传统的土体测试方法或评价手段进行分析，在力学性质上也常采用其细粒相的强度参数来近似表征，而不考虑其内部的细观结构特征。这往往造成有的工程设计偏于保守，有的防护工程则失效，甚至造成严重工程事故（如边坡失稳、滑坡、地面不均匀变形等）。同时，这种简化也给数值分析带来了很大的误差，如墨西哥的阿瓜米尔帕砂砾石-堆石面板坝在施工期的原型观测结果仅为有限元计算结果的 $30\%\sim40\%$，采用不同的本构方程计算的应力、应变结果也不尽相同[5]。

构成土石混合体的块石和土在粒径及物质组分上有明显的差别，且二者在力学性质上呈现极强（块石）和极弱（土体）两个极端的差异性。这种差异性使土石混合体在物理力学性质上呈现极端的不均质性和非线性特征，其宏观物理力学性质及变形破坏特征不仅取决于细粒相（土）的物理力学性质，而且在很大程度上还取决于块石的含量、空间分布、形态、粒度组成等细观结构特征。基于连续介质力学的传统岩土力学理论体系难以描述土石混合体的力学行为特性，传统的岩土试验测试方法也面临着挑战！

土石混合体是随着各类大规模岩土工程建设及岩土力学的发展而逐渐被提出来的，它是当代岩土力学发展的必然。随着数学、力学及计算机科学的不断发展，以土石混合体的细观结构特征为基础，以物理试验、数值试验为手段，揭示土石混合体的宏观力学行为及变形破坏机理与内部细观结构的关系，从而建立土石混合体细观结构力学乃至跨尺度力学理论研究体系，对于进一步促进现代岩土力学、岩土工程技术及岩土试验测试技术的发展具有重要的意义。

随着我国各类大规模工程建设的不断展开，尤其是西部大开发战略的实施和推进，越来越多的岩土力学、岩土工程问题涉及土石混合体的物理力学性质及其灾害体或构筑物的稳定性问题。

1.1.1 土石混合体与地质灾害

滑坡、地震和火山并称为当今三大地质灾害源，其中滑坡是一种常见且严重的地质灾害现象，给人类的生命财产带来了重大的威胁和损失。世界上滑坡灾害严重的国家，如美国、日本、意大利、印度、中国等，每年因滑坡而造成的损失均在 10 亿美元以上[6]。在这些滑坡灾害中，土石混合体滑坡是一种重要的灾害类型，由于它具有分布广、规模大、突发性强、危害性严重等特征，在我国乃至世界滑坡灾害中占有相当大的比例。

据调查，仅在长江上游地区 100 万 km² 的范围内，共发现不同规模的滑坡 1736 处，总体积约为 133.9 亿 m³，其中 64％为土石混合体滑坡[7]。中国科学院成都山地灾害与环境研究所对攀西地区滑坡与滑坡体岩性的调查统计结果表明，在攀西地区的 816 个滑坡中土石混合体滑坡为 500 个，占 61.3%。浙江省约 80％以上的滑坡为土石混合体滑坡，如 1998 年 6 月 8 日发生在淳安县龙门坎村的残坡积成因的土石混合体滑坡，导致 14 人死亡[8]。表 1.1 显示了我国发生的大型土石混合体滑坡灾害事件及灾害情况。

表 1.1 国内近年来发生的大型土石混合体滑坡

滑坡名称	位置	发生时间	滑坡体积 /(×10⁴m³)	斜坡类型	诱发因素	伤亡或灾害情况
唐古洞滑坡	雅砻江右岸	1967 年 6 月 8 日	6800	残留无黏性土	—	阻塞河道 9 天
鸡扒子滑坡	四川省郧阳区	1982 年 7 月 17 日	1500	堆积体（古滑坡）	降雨	直接经济损失 600 万元
新滩滑坡	湖北省秭归县	1985 年 6 月 12 日	3000	堆积体（古滑坡）	降雨	即时搬迁
铁西滑坡	四川省喜德县	1988 年 9 月 2 日	4	堆积层散体	暴雨	列车颠覆
昭通滑坡	云南省昭通市	1990 年 6 月	>1000	堆积体	暴雨	伤亡超过 100 人
王家坪子滑坡	云南省鲁甸县	1994 年 10 月 6—12 日	510	堆积体	降雨	直接经济损失 600 万元
二道沟滑坡	湖北省巴东县	1995 年 6 月 10 日	60	强风化斜坡	洪水	伤亡 5 人
天荒坪滑坡	浙江省安吉县	1996 年 3 月 18 日	30	全、强风化凝灰岩	开挖	—
榛子林滑坡	四川省甘孜藏族自治州	1999 年 12 月 30 日	210	泥石流堆积体	古滑坡复活	—
易贡滑坡	西藏自治区波密县	2000 年 4 月 9 日	28000	风化残积土	融雪	淹没茶厂
双牛滑坡	四川省泸州市	2000 年 6 月 6 日	2	松散体	暴雨	伤亡 10 人
盈江滑坡	云南省盈江县	2000 年 8 月 14 日	0.2	花岗岩坡残积土	暴雨	伤亡 13 人

续表

滑坡名称	位置	发生时间	滑坡体积 /(×10⁴m³)	斜坡类型	诱发因素	伤亡或灾害情况
兰坪滑坡	云南省兰坪县	2000年9月3日	2000	顺倾斜坡	暴雨	搬迁5000人
千将坪滑坡	湖北省秭归县	2003年7月13日	2400	堆积体	降雨	14人死亡、10人失踪
义和村滑坡	四川省宣汉县	2004年9月5日	5625	堆积体	暴雨	经济损失约2500万元
鱼岭滑坡	贵州省六盘水市	2004年5月29日	0.65	松散坡积物	降雨	死亡11人、伤5人
油坪嘴滑坡	四川省兴文县	2004年6月30日	12	堆积体	降雨	6人死亡、7人失踪

在国外，Geertsema et al.[9-10]在对加拿大不列颠哥伦比亚北部发生的38个高速巨型滑坡调查中发现，其中有18个为发生在由不同成因的土石混合体构成的地质体中，有5个为岩石及土石混合体共同作用形成。在美国的阿巴拉契亚山脉也分布有大量崩坡积成因的土石混合体滑坡，其碎石含量为10%～30%[11]。

滑坡坝（堰塞体）是滑坡堵江形成的一种特殊的地质灾害体，作为滑坡灾害的一种后继性产物其主要组成物质为土石混合体，在世界各国的山区沟谷有着广泛的发育[2]。滑坡坝在我国许多地区，尤其是西南地区较为发育，已收集到的典型实例有近160起[13]。这些坝体的高度有几米到几百米，其中最大坝高比世界上已建、在建和拟建的人工土石坝都要高，形成的堰塞湖的体积从几十立方米到上百亿立方米，其存在时间也由数小时至数百年甚至上千年，长者足以超过任何一个人工水库的使用期。1991年发生在塔吉克斯坦境内的地震造成22亿m³的滑坡体失稳，形成了一个长约5km、宽约3.2km、高约567m的滑坡坝，并在坝后形成了一个库容达11亿m³的萨列兹湖，该滑坡坝远远高出人类建造的土石坝世界记录[14]。

1.1.2 土石混合体斜坡（滑坡）与工程建设

土石混合体作为自然界中常见的一类岩土体，在各类工程建设中经常遇到。尤其随着我国西南地区各类大型乃至巨型水电工程项目的不断展开，库区、近坝区等广泛存在着不同成因及规模的土石混合体边坡（表1.2）。例如，雅砻江锦屏一级水电站仅近坝库岸就分布有呷爬、水文站、四家人等多处大型滑坡、冲积、冰碛及洪积成因的土石混合体斜坡[1]；澜沧江小湾水电站左岸土石混合体斜坡是枢纽区规模最大、紧邻坝基的工程边坡，其最大开挖高度超700m[15]；大渡河双江口水电站近坝区广泛分布着冰水成因的土石混合体斜坡；等等。这类土石混合体斜坡在复杂地质环境和大规模工程活动、水库蓄水及暴雨等条件下的稳定性问题对工程施工安全及正常运营有着重要的意义。

表1.2 大型水电工程建设中遇到的土石混合体边坡

工程名称	边坡位置	体积 /(×10⁶m³)	自然坡度 /(°)	物质结构特征
乌弄龙水电站[16]	坝前	4.8	30～40	由大块石、块石构成，具架空结构
小湾水电站[17-18]	左岸坝前	4	32～35	物质组成以块石、特大孤石为主

续表

工程名称	边坡位置	体积 /($\times 10^6 \mathrm{m}^3$)	自然坡度 /(°)	物质结构特征
小湾水电站	右岸坝前	1.76	40～45	由碎石、块石、孤石夹粉土构成，块石、孤石以骨架形式存在
紫坪铺水电站[19]	左岸	25～30	20～30	块石与黏土的混合物
徐村水电站	溢洪道	1.46		碎石质土和碎块石
三峡水电站[20-21]	黄蜡石滑坡群	18～24	30～40	块石与黏土构成的混合物
	万州和平广场	19.5	—	块石与黏土构成的混合物
金沙江梨园水电站	近坝区	50.8	20～40	由大块石和孤石构成
两家人水电站（拟建）	坝前	180	约25°	以大块石为主的土、石堆积，最大粒径超过10m

　　铁路和公路等大型线性工程由于时空跨度较大，土石混合体斜坡通常成为工程施工及运营期间的主要地质灾害载体。如川藏公路 K4078～K4081 段的 102 土石混合体滑坡群，其总体积达 $5.1 \times 10^6 \mathrm{m}^3$，1991—1994 年断道 493 天，1994—1997 年断道 50 天以上，1998 年断道 60 天，成为川藏公路安全的"瓶颈"地段[22]；浙江省上（虞）三（门）高速公路 K92～K95 段土石混合体滑坡的治理费用超过亿元[23]。此外，铁路边坡和公路边坡由于大部分为明挖工程，土石混合体分布区的边坡开挖稳定性通常是制约工程建设的一个关键因素，表 1.3 列出了福建省高速公路施工时发生的主要土石混合体滑坡。

表 1.3　　福建省高速公路施工时发生的主要土石混合体滑坡（据文献 [14] 改）

路段名称	滑坡地点	性质	规　模	治理费用/万元
福泉高速公路	石牌山边坡	堆积层滑坡	边坡高约 40m	约 800
	官秀互通滑坡	古滑坡复合（堆积层滑坡）	宽 150m，长 150m，厚 10～20m	约 600
漳龙高速公路和溪段	K63＋770～K63＋980	堆积层滑坡（古滑坡堆积）	高约 200m、宽约 160m、厚 15～20m	约 350
	K64＋670～K64＋780	古滑坡复合（崩坡积体）	高约 110m、长约 200m，具有多层滑动面	约 350
	K64＋960	古崩坡积层开挖失稳	边坡高约 20m，滑坡体宽约 60m、长约 80m	约 70
福宁高速公路	八尺门互通滑坡	古滑坡体复活（松散堆积体）	沿线展宽约 500m，纵长 200～300m 的古滑坡群	5000

1.1.3　土石混合体填料及地基与工程建设

　　土石混合体作为一种填料被广泛应用于土石坝、公路、铁路、机场、房屋地基、护岸抛石体、江堤、河堤及海岸防波堤等建筑工程，而且其应用范围仍然在不断扩展。据有关土石坝信息网统计，截至 2015 年我国已建成的土石坝近 9 万座，居世界之最，大渡河上在建的如美水电站坝高将超过 300m。

在我国西南地区，由于第四纪历史上经历了多次冰川作用和新构造活动，内外动力地质作用十分活跃，山区河床在特定的地形、地貌条件下发育了深厚的第四纪覆盖层[24]，其主要组成物质为土石混合体。而这些地区又蕴含着丰富的水力资源，许多大型水电工程的坝基不可避免地坐落在这些深厚覆盖层之上。例如，四川省冶勒水电站土石坝工程地基覆盖层厚度超过 400m[25]；新疆维吾尔自治区开都河中的察汗乌苏水电站坝基下部覆盖层厚度最厚可达 54.7m[26]；甘肃省九甸峡水利枢纽坝基下部覆盖层厚度达 56m[27]。

此外，随着人类社会的不断发展、城市化规模的不断扩大及新城市的建设，许多城市尤其是西南地区的一些城市的基础由不同成因的土石混合体构成。例如，在三峡库区移民安置中，不少城镇新址都遇到了各种成因的土石混合体层，其中巫山新址沿江一带土石混合体分布面积达 6km²，厚 40～60m，其位置基本是城市发展的黄金地段[28]；如奉节新城区的主要地层为土石混合体，合理确定这类地层的桩端承载力问题对于高层建筑物的稳定性问题起至关重要的作用[29]。

1.1.4 其他

在铁路和公路隧道施工过程中通常会穿越地质体表部的土石混合体层及深部的断层破碎带，这些部位通常为隧道施工的薄弱地段。

露天矿的弃渣、建筑垃圾等也是随着工业发展及各种基础建设而产生的一种特殊的土石混合体，由于处理不当常给人类带来不可预料的灾难，如 1966 年 10 月 22 日发生在英国默瑟蒂德菲尔威尔士阿伯方煤矿弃渣场中的灾难性滑坡就是其中的一例。

1.2 土石混合体细观结构特征研究

土石混合体的含石量在很大程度上决定着其物理力学性质，在施工过程中，当遇到的土石混合体内部块石尺寸较大时将给施工带来不便，甚至会造成工程事故的发生。若能对土石混合体内部的含石量及工程尺寸做出评估、预测以指导工程施工，将具有重要的意义。

国内外众多学者从不同的角度对这类岩土介质内部块石的分布进行了相应的研究[30-33]，Medley[34]基于体视学方法提出了一种利用钻孔岩芯揭露块石的弦长来估计其内部含石量，并通过人工合成具有一定含石量及粒度组成的试样分析了该方法获取的含石量值与实际值之间的误差，认为通过钻孔获取的块石一维弦长分布特征来推测块石真实粒径带来的误差取决于块石形状、含石量、块石排列方向及研究尺度大小等因素[35-36]，当块石形状近似球形时通过二维断面图像获取的含石量与其实际含石量近似相等[37]。此外，在对美国加利福尼亚州地区分布的这种混合岩土体内部块石岩性、含石量、块石粒度分布等特征系统研究的基础上，Medley 认为其内部块石粒度分布具有良好的自组织性，并提出了其内部土/石阈值等于 $0.05Lc$，其中 Lc 为特征工程尺度（characteristic engineering dimension）[38-40]。

众所周知，滑坡坝的工程地质特征与其内部块体的粒度组成有密切的关系，Casagli

et al.[41]综合采用现场量测、现场量测（粗粒）＋筛分（细粒）、图像处理三种方法对构成意大利亚平宁北部的 42 个滑坡坝的土石混合体内部块体粒度组成进行了研究，结果表明由三种方法获得的块体粒度分布较为一致，并且这类岩土介质内部粒度分布呈现明显的双峰特征。

粗粒和细粒相间且具有明显层状结构的土石混合体层，一直受到相关研究者的关注[42-44]。Harris et al. 在对加拿大育空区及比利时的层状土石混合体研究的基础上，认为两地区的堆积层结构具有明显的相似性，这与外界气候变化引起的冻融作用有关，堆积层内部块石的大小与原岩岩性无关，而在很大程度上取决于原岩的破坏程度[42]。

地球物理探测技术经过不断发展，目前已被用于探测土石混合体边坡内部结构及其基覆面，并取得了良好的成果[45-47]。Sass et al.[47] 利用雷达探测技术对奥地利阿尔卑斯山区分布的 23 个崩坡积成因的土石混合体边坡内部结构特征、块石分布、基覆面埋深等进行了分析，结果表明其内部粒度组成具有明显的成层性，其特征取决于基岩面的高差、坡度、形态等参数，并对这种层状结构特征的形成发育特点进行了相应的探讨，指出气候变化是其主要的外部因素。

1.3　土石混合体强度特征研究

1.3.1　土石混合体变形特征

近年来随着各类工程的不断推进，土石混合体地基作为一种特殊地基类型而见于许多工程中。土石混合体的变形特征研究对于土石坝等土石混合体构筑物的变形预测也具有十分重要的意义。土石混合体的变形特征主要取决于颗粒的重排列，并受围压、密度、颗粒形态、破碎率、尺寸效应及级配等因素的影响。根据变形机理，土石混合体的变形可以分为基本变形、湿化变形及动力永久变形三种。

1.3.1.1　土石混合体基本变形特征

郭庆国[48]根据粗粒土的试验资料指出，当粗粒含量为 70％时土石混合体的压缩沉降量最小（图 1.1），此时细粒和粗粒料相互作用充填得最为密实，孔隙最少。杨坤明[49]利用 120kg 超重型动力触探试验对碎石土地基进行了现场试验，结果表明触探击数 N_{120} 与卵石粒径组的累积百分含量密切相关，而受漂石颗粒的影响较小，并将 N_{120} 作为碎石土层均匀性的一个重要定量评价指标。李维树等[29]对重庆市奉节新城区广泛分布的不同含石量的碎石土进行了桩端极限承载力试验，总体上看来其极限承载力随着含石量的增大而呈上升趋势，并将碎石土层的不均匀性沉降差作为建筑物稳定性的评价参数。

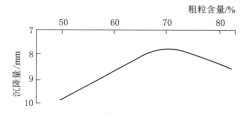

图 1.1　粗粒含量与沉降量关系曲线[48]

根据碎石土的强度参数，孔位学等[50]通过贝尔理论计算得出了饱和状态与天然状态下碎石土地基承载力折减比,并对三峡库区饱和碎石土的承载力进行了探讨。

谢昭雪等[51]通过对甘肃省甘南藏族自治州的一洪积碎石层在天然状态和饱和状态下的静载荷试验分析表明:当载荷中等时,碎石土的压缩变形能较好地符合弹性理论,可以利用弹性理论预测碎石土的变形特征;当受力较大接近破坏时,碎石土地基具有明显的沉陷性;饱和状态下该区碎石土的强度急剧降低,并可能存在一定的湿陷性,变形模量明显下降。

此外,土石混合体在剪切变形过程中具有体积膨胀或缩小的特性:即在平均主应力不变的条件下,土石混合土剪切受力也会产生一定的体积变形,因此剪切过程中应变增量比将发生变化。

1.3.1.2 土石混合体湿化变形特征

湿化性是土石混合体的又一个重要特征,它是指土石混合体在一定应力状态下浸水,由于颗粒之间被水润滑及颗粒矿物浸水软化等原因引起颗粒间相互滑移、破碎及重新排列,改变原来结构,引起相应的下沉变形现象[52-54]。湿化现象是引起土石坝不均匀沉降、产生裂缝的重要因素。随着大规模工程建设的不断开展,尤其是大型土石坝工程的修建,土石混合体的湿化特征越来越受到国内外相关研究者的关注。

在土石混合体的湿化性影响因素研究方面,Anthiniac et al.[55]认为影响湿化变形的主要内因有岩石的破碎强度、颗粒形状、矿物成分、密度、级配、含水量、细粒含量及内摩擦角等,外因主要有应力状态、应力路径、时间等。Ordemir[56]针对冲积型土石混合体地基进行了现场试验和室内湿化试验,认为影响土石混合体湿化的因素包括初始含水率、初始干密度、细粒含量、级配均匀度、最大颗粒尺寸、骨料类型、加荷方式及应力水平、湿化时间;单向压缩湿化试验结果表明浸水初期湿化变形速率较大,随着时间的延长,湿化变形速率逐渐减小,最后基本稳定。Kast et al.[57]针对不同风化程度的堆石料进行了试验,结果表明在给定的常荷载下浸水,土体产生湿化沉降,其沉降值等于干样、饱和样在相同荷载下的沉降差。李广信[58]对不同矿物成分、不同密度、不同相似比例的模拟试样进行了湿化试验,认为粗粒土压实后的湿化变形与所含矿物成分有关,且随着围压的增大其湿化变形加大。王辉[59]通过试验发现,由于颗粒的破碎作用土样在较低围压、较高湿化应力水平下发生湿化时还伴有湿胀的发生。纵观看来,土石混合体湿化变形特征主要受控于初始含水量、初始干密度、细粒含量、颗粒尺寸、颗粒级配、骨料类型、加荷方式及应力水平、浸水湿化时间等。

由于湿化作用的存在,土石混合体湿化后的力学性质将发生相应改变。开展土石混合体湿化后的宏观强度变化特征研究,将对于分析土石混合体构成的构筑物(如土石坝)或地质体(如土石混合体边坡)浸水后的变形及稳定性问题具有重要的意义。刘祖德[60]认为,土石混合体经过湿化后弹性模量显著下降,但泊松比在湿化前后无显著变化。张智等[52]对粗粒土在$P=\mathrm{Const}$应力路径下的剪切湿化研究表明,湿化作用使得粗粒土的极值强度和极值应变介于风干和饱和态之间;湿化作用会降低粗粒土强度,由于湿化作用会软化颗粒,减弱颗粒间的咬合摩擦力,因此粗粒土的黏聚力降低较大。李鹏等[61]基于高压三轴湿化变形试验结果认为,不同湿化应力水平下湿化后的土体抗剪强度指标位于干态样与饱和样之间。魏松等[62-64]指出,粗粒土湿化变形随固结压力和湿化应力水平的变化而变化，随着湿化应力水平的增加湿化体变与轴变比逐渐减小；湿化引起颗粒破碎使得级配曲线的曲率、不均匀系数及 60% 含量粒径减小，且湿化颗粒破碎随着围压和湿化应力水平的增加而增加。

1.3.1.3　土石混合体动力永久变形特征

由于外界动荷载作用（如地震荷载、车辆荷载等）引起土石混合体内部颗粒的重排布、剪切破碎等，从而使得其在动力永久变形方面较一般的岩土介质更为复杂。

沈珠江等[65]根据灰岩堆石料排水三轴试验结果认为，土石混合体的永久体应变及永久剪应变增量是动剪应变幅值、应力水平、振次及振次增量的函数。王昆耀等[66]通过大型动三轴试验研究了往返荷载作用下粗粒土残余变形与填筑密度、饱水程度、排水条件及初始应力条件的关系，认为填筑密度越高，饱水程度越低，排水条件越好，所受围压越大，动剪应力造成的参与应变将越小。贾革续等[67]采用静动耦合试验方法对粗粒土在排水条件下从初始等应力状态到临界剪切破坏状态的残余变形全过程进行了研究。

1.3.2　土石混合体抗剪强度特征

陈希哲[68]在理论分析及多年试验研究的基础上，认为粗粒土受剪切作用形成的破坏面并非平面，其强度来源也非颗粒表面的内摩擦力，由于剪切面上的粗粒阻挡剪切、相互交错镶嵌产生咬合力，粗粒土强度大幅度提高，并建议粗粒土的强度公式为

$$\tau_f = \sigma \tan\varphi + c \tag{1.1}$$

式中：τ_f 为抗剪强度，kPa；σ 为法向应力，kPa；φ 为粗粒土咬合力产生的内摩擦角，(°)；c 为粗粒土咬合力产生的结构力，kPa。

土石混合体的内部含石量控制着其相应的变形破坏发展，从而影响着其宏观的力学性能[40,69]，当含石量超过某一临界值时土石混合体的宏观强度将随着含石量的增加而增加，而块石与土体之间的接触带是土石混合体中最薄弱的部位[40]。

郭庆国[48]在对多个地区粗粒土强度特征研究的基础上指出，粗粒土的抗剪强度是由细料的强度和粗料的强度共同构成的，当粗料含量小于 30% 时，其强度基本取决于细料；当粗料含量为 30%～70% 时，其强度随着粗料含量的增加而增加；当粗料含量大于 70% 时，因细料未能填满粗料空隙，此时抗剪强度主要取决于粗料之间的摩擦力和咬合力，抗剪强度不再提高。并且指出粗料含量为 30% 和 70% 是粗粒土的两个特征点，而含泥量为 10% 是反映细料性质对粗粒土工程特征影响的特征点（图 1.2）。

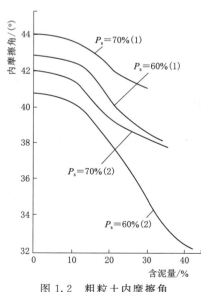

图 1.2　粗粒土内摩擦角
与含泥量关系[48]

文献 [70－71] 中对由黏土和粗砂构成的混合物进行三轴压缩试验，探讨了粗颗粒含量对其宏观黏聚力及内摩擦角的影响，结果表明当粗粒含量增加到

50％～70％时内摩擦角将迅速增加，而黏聚力则随着粗粒含量的增加而降低。Patwardhan et al.[72]通过对含砾石黏土的大型直剪试验研究了含石量对其宏观抗剪强度的影响，当含石量较低时（小于40％）抗剪强度随着含石量的增加呈现缓慢增加的趋势，而当含石量超过40％时其抗剪强度将急剧增加。Shakoor et al.[73]通过对含砾石黏土的大型直剪试验表明，随着含石量的增加其无侧限抗压强度将呈现降低趋势。Savely[74]通过大型现场试验研究了卵砾石含量对宏观抗剪强度的影响，认为其宏观材料的黏聚力与卵砾石的含量无关，其值近似等于基质材料的黏聚力；而内摩擦角则随着含石量的增加而增加。Lindquist et al.[75-77]及Sonmez et al.[78-80]分别采用水泥土等作为填充材料，用块石作为骨料按照一定的含石量及定向性制作试样进行三轴剪切试验研究，以探讨这类岩土介质内部细观结构上的各向异性对其宏观强度及变形特征的影响，认为这类高度不均质的混合岩土体（bimrock）的强度和变形特征在很大程度上受控于含石量及排列方向，随着含石量的增加其黏聚力逐渐减小而内摩擦角及变形模量逐渐增大，其变化程度受到内部块石排列方向的影响；试样破坏面主要沿基质材料与块石接触界面发展，且大粒径岩块明显地影响破坏面的延伸方向[75-76]。Fragaszy et al.[81]通过理论及试验研究认为，超径颗粒（oversize particles）增加了碎石土的孔隙比，进而影响着其相对密度，且碎石土的密度是土体及超径颗粒相对密度的函数；通过研究超径颗粒的大小、形状、含石量及粒度分布等对碎石与砂的混合物（gravel-sand mixtures）抗剪强度特征的影响，发现超径颗粒的含量是影响其抗剪强度特征的主要因素[82]。Vallejo et al.[83-84]研究分析了土石混合体内部含石量对抗剪强度及孔隙比的影响，认为当含石量大于70％时，土石混合体抗剪强度及孔隙比受控于内部块石间的抗摩擦强度；当含石量为40％～70％时，块石及内部细粒成分共同影响着土石混合体的抗剪强度及孔隙比特征；当含石量小于40％时，土石混合体抗剪强度及孔隙比主要受控于内部的细粒组分。此外，土石混合体的孔隙比小于单独由块石或细粒成分构成的试样孔隙比，且随着含石量的减小而达到一个最小值。

在非饱和状态下，由于基质吸力的存在使得土石混合体内部抗剪强度大于饱和状态下的抗剪强度。Springman et al.[85]通过现场人工降雨试验、现场直剪试验、室内大型三轴试验对瑞典某冰水堆积体进行了研究，探讨了这类堆积体在降雨条件下的失稳机理。Kim et al.[86]在对1996—1997年发生在美国加利福尼亚地区的土石混合体滑坡运动状态野外调查分析的基础上，基于反分析提出了一种用于评价这类复杂岩土体的力学强度参数的反演方法。

众多学者在土石混合体的室内试验研究方面开展了大量的研究工作。田永铭等[87]通过室内三轴试验研究了宏观各向同性混杂岩土体的宏细观力学行为，混杂岩土体的黏聚力随着块石体积含量的增加而降低，内摩擦角则呈增大趋势；当块石体积含量增加10％时黏聚力减少约0.1MPa，内摩擦角则增加1.6°～2.2°。此外，单轴状态下其宏观破坏应力随着块石体积含量的增加呈现略微减小的趋势，随着围压的增加其宏观破坏应力将随着块石体积含量的增加呈现不同程度的升高。张嘎等[88-90]研制了用于大型粗粒土与结构接触面循环加载剪切仪，并从宏观及细观两个方面研究了单调荷载及循环荷载作用下粗粒土与结构接触面的力学特性，结果表明结构面的粗糙度、土体的种类及法向应力等因素对接触面的力学性能有重要的影响，剪切过程中土颗粒的破碎及剪切压密两种变化机制共同支配着接触面力学性质的变化。谢婉丽等[91]根据大坝应力路径，对粗粒料进行了等应力比和等应力比增量等于常数的大型三轴剪切试验，得出了应力-应变关系及规律，并建立了粗粒料的弹塑性本构模型，认为对于黏聚力几乎为 0 的粗粒料在高压下受剪时内摩擦角将随着围压和颗粒破碎率的增大而减小。董云等[92]对室内大型直剪试验仪进行了改进，改进后的试验仪具有剪切破坏面不固定、垂直荷载不偏心、正应力恒定等优点。

时卫民等[93-95]（试样尺寸为 250mm×250mm×250mm，最大粒径 40mm）、赵川等[96]（常规小直剪仪，最大粒径 5mm）分别采用室内直剪试验（超径料采用等量代换）对三峡地区分布的碎石土的抗剪强度与含石量、含水量等特征的关系进行了研究，结果表明碎石土的抗剪强度随着含水量的增加而降低，而随着含石量的增加其抗剪强度总体上呈上升趋势。侯红林等[97]利用大型原位直剪试验研究了黄河二级阶地上发育的冲洪积成因碎石土的剪胀性特征，结果表明其具有明显的剪胀性，且剪胀变形随着进一步的剪滑变形而消失，剪胀值会达到荷载变形值的 1/4 左右。张文举等[98-99]通过对泥石流砾石土的抗液化强度的动三轴试验研究表明饱和度对其动强度有显著的影响，且随着含水量的增加抗液化强度将明显降低。李维树等[100]基于库区水位涨落引起土石混合体含水率变化的特点，研究了土石混合体在不同含水状态下的直剪强度参数变化规律，并在大量试验研究的基础上建立了不同含石量下抗剪强度参数随含水率变化的弱化公式。董云[101]采用自行研制的大尺度直剪试验系统（试样尺寸为 1000mm×1000mm×800mm）研究了含石量、岩性及含水量等因素对土石混合体强度特征的影响，认为在高应力下土石混合料的剪切破坏不再完全符合库仑定律，抗剪强度应进行一定的折减；土石混合料的抗剪强度随含水率的变化存在峰值；此外，母岩性质及含石量对混合料的强度指标影响较大，硬岩类混合料的内摩擦角较软岩类高，当含石量小于 30% 时含石量变化对强度影响较小，随含石量的增加混合料强度呈抛物线形增长，一般在含石量为 70% 时达到峰值。程展林等[102]认为颗粒间的位置排列和粒间作用对粗粒土的力学性质有重要影响，并且认为许多问题都涉及粗粒土的组构问题。

1.3.3 土石混合体本构关系

岩土体的本构模型研究一直是岩土力学研究的热门课题，国内外研究者纷纷提出了多种数学本构模型。但是针对土石混合体的本构模型相对较少，大部分应用于土石混合体的本构模型是在黏土或砂土本构模型基础之上改进的。目前在粗粒土计算中应用较为广泛的本构模型有邓肯-张模型、椭圆-抛物双屈服面模型等非线性弹性模型和弹塑性模型。其中，邓肯-张模型由于具有参数少、物理意义明确、容易推求并能够反映其非线性特征等优点而在土石坝工程计算中应用最为广泛，但是因邓肯-张模型存在不能反映土的剪胀性、软化特性、各向异性及加卸荷判断不明确等不足[54]，在实际计算中常存在较大的误差，国内外研究者从不同的方面进行了相应的改进[103-106]。

大量的三轴试验表明，粗粒土应力-应变关系具有明显的非线性规律，应力-应变关系的形态随密度和侧压力的不同主要表现为应变软化和应变硬化两种类型，其中前者有明显的峰值。同时因粗粒土中的块石一般强度较高，在剪切破坏过程中不易被剪碎，而是在剪切面发生颗粒错动、移动或滚动，甚至翻越邻近的块体，致使在剪切过程中会有明显的剪胀特性。屈智炯团队提出了一个可以考虑粗粒土的剪胀性、应力路径及应变软化等特征的非线性应力-应变关系模型，并将其应用于多个大型土石坝工程的应力-应变分析计算，计算结果与实测结果吻合较好[107-109]。肖晓军[110]通过对粗粒土在饱和状态下的 k_0 固结试验、等应力比固结试验及等压固结下不同应力路径的剪切试验，认为对于试验粗粒土其静止侧压力系数 k_0 不是常数，而是随应力的变化而变化；此外，在相同固结条件下试验的峰值强度、应力-应变曲线及抗剪强度指标会随着剪切应力路径的不同而不同。郭庆国[48]在对粗粒土应力、应变特性研究的基础上，根据应力-应变关系折线形变化规律、粗粒土的径向应变与轴向应变间远非双曲线规律及变量参数 E_s、μ_s 之间尽可能标准一致的条件，提出了割线模量、割线泊松比这两个反映非线性应力应变特性的变量参数。张嘎等[111]通过大型三轴试验研究了粗粒土的应力-应变特性及邓肯-张模型的适用性，认为粗粒土具有在低围压下体胀、高围压下体缩的体变性质，由于邓肯-张模型在描述粗粒土的体变特性方面存在不足，并在未增加模型参数的条件下对邓肯-张模型进行了改进，提出了新的体变模型。陈晓斌[112]通过对红砂岩粗粒土填料的大型常规三轴试验研究，建立了可以考虑粗粒土剪缩硬化性特征的椭圆-双曲线弹塑性本构模型。

1.3.4 土石混合体宏观弹性参数特征现状

如何通过材料的细观结构特征来获取其相应的宏观力学行为是材料力学研究者一直以来所探索的问题。Voigt[113]将复合材料视为一组并联弹簧，提出了复合材料宏观弹性模量的上限表达式：

$$E_{c,\text{up}} = C_r E_r + C_m E_m \qquad (1.2)$$

相反地，Reuss[114]将复合材料视为一组串联弹簧，提出了复合材料宏观弹性模量的下限表达式：

$$E_{c,\text{low}} = \frac{P_r E_m}{P_m E_r + P_r E_m} \qquad (1.3)$$

式中：E 为弹性模量；P 为骨料的体积百分含量；c、r、m 分别为宏观复合材料、骨料及基质材料。

Hashin et al.[115]利用变分原理推导了用于宏观各向同性颗粒加强复合材料宏观弹性参数的上限和下限，即 H−S 模式。Hill[116]在假定复合材料内部任一块体的受力状况可以代表材料内部所有块体的受力状况而不考虑块体间的相互作用的前提下，推导了多相复合材料的宏观弹性模量参数，即 Self−consistent scheme 法。

由于复合材料的宏观力学特征可以表示为内部块体含量的函数，Mclaughlin[117]根据各向异性材料的相关理论提出了两相颗粒加强复合材料的宏观弹性模量的差分方程。田永铭等[87]通过对红土-砾石及泥岩-碎石混杂岩土体的室内三轴试验结果分析表明：单轴压缩试验获取的宏观弹性模量介于 H−S 模式下限值与 Reuss 串联模式之间；通过三轴试验获取的宏观弹性模量则一般介于 Mclaughlin 差分模式，即 H−S 模式下限值之间；泊松比以 Reuss 串联模式求得的结果最为符合。Hashin[118]根据弹性体的最小势能及最小余能理论提出内部含有刚性颗粒的复合材料弹性参数计算公式：

$$\nu_c = \nu_m + \left[\frac{3(1-\nu_m)(1-5\nu_m)(1-2\nu_m)}{2(4-5\nu_m)}\right]C_f \tag{1.4}$$

$$\frac{E_c}{E_m} = 1 + \frac{3(1-\nu_m)(5\nu_m^2-\nu_m+3)C_f}{(1+\nu_m)(4-5\nu_m)} \tag{1.5}$$

$$\frac{G_c}{G_m} = 1 + \frac{15(1-\nu_m)C_f}{2(4-5\nu_m)} \tag{1.6}$$

式中：ν_c、E_c 及 G_c 分别为混合物的泊松比、弹性模量及剪切模量；ν_m、E_m 及 G_m 分别为细粒物质的泊松比、弹性模量及剪切模量；C_f 为刚性颗粒的体积百分含量。

式（1.4）～式（1.6）成立的条件为：①复合材料内部基质为均质各向同性的弹性体；②颗粒为球形；③基质与刚性颗粒间具有较好的黏结；④刚性颗粒间没有接触。为了研究含有块石黏土（clay‐rock mixtures）的弹性参数，Vallejo et al.[119] 将 Hashin 的理论成果应用于不饱和含块石黏土的弹性参数获取，并通过大量的室内试验研究及统计分析表明采用 Hashin 法可以较为准确地获取含块石黏土的弹性参数。

此外，国内外有些学者还探讨了颗粒形态特征、密度、试验加载方式等对土石混合体宏观弹性模量的影响。Kokusho et al.[120] 认为菱角状人工碎石料在固结压力下，颗粒间接触点容易破碎，形成较强的颗粒构造，其初始剪切模量大于卵石料。相关研究认为在相同密度下随着试验用料粒径的减小试样初始剪切模量呈下降趋势，并建议将室内模拟堆石料的试验结果用于工程建设时应乘以相应的修正系数（大致范围为 $1.0～1.5$）[121]。

在土石混合体的动弹模方面，文献［122］中提到智利某地区粗粒冲积土层的循环三轴试验结果表明，除了应变幅值以外，围压和压实度是影响动力剪切模量的最重要因素，其次为颗粒的粒径分布，最后为循环应力的作用次数。

1.4　土石混合体渗透特征研究

渗透系数是岩土工程渗流分析中非常重要的计算参数，也是用来评价岩土体性质的一个重要参数。含石量及内部填充土体的性质是决定土石混合体渗透特征的主要因素。此外，由于土石混合体高度的不均质性造成其抗渗透能力较差，在水流作用下极易发生管涌及流土等渗透破坏。由于对这类介质渗透稳定性特征认识上的不足，常给工程造成极大的影响，如美国 Teton 坝的溃决、Fontenelle 坝的渗透破坏[122]。土石混合体的渗透稳定性问题是反映土石混合体渗透特征的另一个重要指标，通常采用水力坡降对土体渗透稳定性做出定量的分析。

1.4.1　土石混合体的渗透系数

对于粗粒土渗透系数特征的研究，西方国家处于领先地位，我国起步相对较晚[123]。在对多个工程实例分析的基础上（图 1.3），郭庆国指出当粗粒含量 P_5（粒径大于 5mm 的颗粒含量）小于 30% 时，粗颗粒在粗粒土中只起填充作用，粗粒土渗透系数主要取决于细粒物质，渗透系数随着含石量的增加将有所减小，渗流规律符合达西渗流；当 P_5 大于 75% 时，粗粒在粗粒土中起到骨架作用，由于细粒物质填充不满骨架间的孔隙，导致渗透系数突然增加，此时粗粒土的渗透系数主要取决于粗料性质，渗流规律将不再符合达西渗流[48]。

Bolton[124] 通过对黏土与砂的混合物（Clay/Sand Mixture）渗透性特征的研究发现：该类岩土体的渗透性不但与有效应力有关，而且与土体的固结状态及有效应力是否随着围压（或孔隙流体压力）的增大而增大有关。Borgesson et al.[125]研究了用于地下核肥料贮藏室回填的斑脱土与碎石混合物，认为由于斑脱土与碎石的混合不均匀造成混合填料的膨胀力及渗透性较理论值要高。邱贤德等[126]在室内试验研究的基础上，认为堆石体细粒含量与渗透系数之间存在负指数关系，并结合堆石体颗粒的概率统计分布模型建立

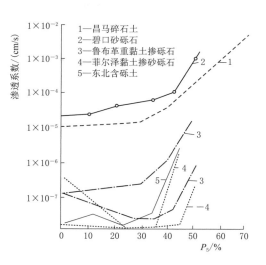

图 1.3　粗粒土渗透系数与粒径大于5mm 的颗粒含量的关系[48]

了堆石体颗粒含量与渗透系数之间的经验函数关系。朱崇辉等[127]通过对粗粒土颗粒级配控制性渗透试验研究和相关性分析，认为粗粒土的渗透系数与反映颗粒级配特征的不均匀系数和曲率系数存在较大的相关性，并在此基础上修正了太沙基渗透系数函数表达式。周中等[128-129]采用室内正交试验，利用常水头渗透仪研究了含石量、孔隙比、颗粒形状（卵石、强风化石块及新打碎的碎石三种形状）三个因素在不同水平下对土石混合体渗透系数的影响，结果表明三者对土石混合体渗透系数的影响主次顺序为砾石含量→孔隙比→颗粒形状，即砾石含量越多渗透系数越大，孔隙比越大渗透系数越大，颗粒磨圆度越大渗透系数越小，并给出了土石混合体渗透系数与三者的关系表达式。许建聪等[130]采用数理统计的方法对碎石土的渗透性进行了分析研究，发现碎块石的含量和以粉粒、黏粒为主的细粒土的含量对碎石土渗透系数的影响最为显著，碎石土的渗透系数随土中碎块砾石含量的增加而呈自然指数增大，随土中小于 0.1mm 粒径的细粒土含量的增加而呈自然指数降低。魏进兵等[131]采用双套环法对三峡库区泄滩滑坡区分布的土石混合体的饱和渗透系数进行了原位试验，并采用相关经验公式分析了土层孔隙率、颗粒级配等因素对试验参数的影响；结合使用张力计和体积含水率仪对土石混合体土-水特征曲线进行了现场模拟试验，并采用 Fredlund 模型对试验结果进行了拟合分析。

1.4.2　土石混合体的渗透稳定性

为了研究土石混合体的渗透稳定性特征，国内外许多学者在含石量对水力破坏坡降的影响方面进行了大量的试验研究[133-133]。郭庆国[48] 在对几种粗粒土试验资料分析的基础上认为水力破坏坡降与含石量有着密切的关系，当含石量大于 70％时由于细粒物质含量少不能完全填充由粗粒构成骨架间的孔隙，粗、细粒间不能紧密接触，在渗透水流的作用下细粒物质容易在孔隙中流动，从而使得粗粒土的水力破坏坡降显著减小，其渗流破坏形式主要为管涌，并指出含石量大于或小于 70％是判别粗粒土渗透稳定性的一个

重要指标。

朱崇辉等[133]通过对粗粒土不同级配的渗透破坏坡降控制性试验,认为粗粒土的渗透破坏坡降与不均匀系数、曲率系数在不同范围内存在不同形式的相关性,并且对于含有一定细粒组分且级配良好的粗粒土渗透破坏坡降比级配不良的粗粒土普遍要高。

1.5 土石混合体内部细观结构与强度关系研究

众所周知,土体的内摩擦角与其颗粒形态、排列方式等内部结构特征密切相关。Morris[134]研究了颗粒形态对土力学行为的影响,并指出土体强度是颗粒形态及结构的函数。

Lebourg et al.[135]利用图像处理技术对法国 Aspe Valley 地区分布的冰碛物内部颗粒形态进行了分析,并通过其力学强度特征对比发现,这类物质的力学性能不但与其内部三维结构特征有关而且与颗粒的形态及岩性有关,并建立了有效内摩擦角(φ')与延展系数(I_{NM})及粗糙指数(R_g)的关系式。谢学斌等[136]应用分形理论研究了矿山排土场内部岩石粒度分布的分维规律,建立了分维数与排土场岩土介质的剪切强度的定量关系,认为排土场岩石块度分布具有良好的分形结构,分维数大小随着排土场高度的增加而增加,并且分维数与岩土体的内摩擦角呈负指数关系。

1.6 土石混合体细观力学数值试验研究

理论分析、实验研究和数值计算是现代科学研究与工程分析的三大支柱。随着现代计算机技术、数值分析技术及岩土力学的不断发展,基于数值分析技术的岩土介质细观力学试验作为一门新兴的试验方法深受国内外研究者的青睐,为研究这类复杂介质的细观力学行为及变形破坏机理提供了有力的手段[137-140]。

Kaneko et al.[141]将离散元及有限元进行耦合建立了用于粒状岩土材料的宏观及细观两种尺度的数值分析方法,并对其相应的整体-局部剪切带发育特征进行了相应的研究。Kristensson et al.[142]基于计算机并行技术对砂土内部含有坚硬块石及软黏土两种情况时内部剪切带的发育特征进行了细观力学数值试验研究,认为块石(或黏土颗粒)形状对其宏观力学相应影响不大,但是这两类混合岩土介质(砂-砾石,砂-黏土)内部应变局部化发育特征有很大的差异。油新华等[3,143-145]分别采用规则几何体(圆形、正多边形)对土石混合体的随机结构进行了二维随机生成,并对其力学性质及变形破坏机理进行了相关研究。李世海等[146]基于离散元数值分析方法对随机生成的土石混合体三维结构模型(颗粒为球形)进行了单向加载试验模拟研究,结果表明:对于不同的土石混合比,在单轴加载下的内部应力场分布会有不同,在土石比为 3:2 时,应力场空间分布不均匀性最明显;岩石块度大小对内部应力场分布影响很大,岩石块体单元集中的地方一般是高应力区;土石混合体的混合比和岩石块度大小是影响其变形和破坏特性的两个重要因素。

1.7 土石混合体物理力学性质研究

国内外对土石混合体物理力学性质的研究取得了很多有意义的成果，也为各类工程建设提供了可靠的依据。土石混合体是一种较土体和岩石（体）更为复杂的岩土介质，随着现代岩土力学及测试技术的不断发展，本书认为对土石混合物理力学性质的研究还存在以下不足之处：

（1）对土石混合体的概念及工程地质分类尚未做出系统合理的阐明。土石混合体中何为土，何为石，它与传统的岩土体分类体系的区别何在，这些问题还有待探究。

（2）土石混合体内部块石的空间分布、形态等细观结构特征在很大程度上影响着土石混合体的物理力学性质，如何从杂乱无章的外表下对土石混合体的细观结构特征做出系统的研究，以提取相应的结构化参数，并从理论上对土石混合体的结构性做出定量描述，目前国内对该方面的研究几乎是一个空白。

（3）由于土石混合体在空间结构上表现出高度的不均匀性，难于采用传统的手段获得原状样并进行物理力学试验，从而难于较为准确地获取其力学及水力学等特征参数[147-148]，也给土石混合体的稳定性分析及加固处理方面带来了很大的困难。土石混合体测试技术也需要进一步发展，如水平推剪试验获取的土石混合体破坏后的三维空间滑动面非常不规则，传统的试验数据处理方式将带有很大的误差。此外，在对土石混合体进行室内试验时，现有规范粗粒组（超径颗粒）的处理是否合理？

（4）由于构成土石混合体的各种组分在外荷载作用下的力学性质有着很大的差异，同时它们之间又存在着极其复杂的相互作用，因此这种岩土材料的力学性能（如应力传递、破坏模式、裂纹扩展、承载能力等）与均质的岩土体有着较大的差别，并且在很大程度上依赖于土石混合体内部结构特征（如粒度组成、颗粒形状、颗粒分布及排列方式等）。目前关于如何从细观结构特征上认识土石混合体的强度、变形破坏、裂纹扩展等尚不完善。

（5）实践表明，由于土石混合体本身的多相性及不连续性等特征，在传统的宏观连续介质基础上建立起来的力学模型及相应的理论分析和数值模拟忽略了材料内部结构特征，从而难以描述其内部不同组相之间的细观力学行为。近年来许多研究者已经逐渐开展了对土石混合体细观力学试验的研究工作，也是随着现代数值计算技术不断发展起来的一个重要的试验方法，它对于从理论上认识土石混合体的变形破坏特征、细观结构控制机理等具有重要的意义。但目前基于数字图像处理技术的土石混合体真实细观结构概念模型的建立方面的系统研究尚不完善。

（6）对土石混合体的随机结构模型的研究主要为规则的几何形态（圆形、正方形、正六边形等）二维分析。对如何根据土石混合体在宏观统计层次上的细观结构特征，建立土石混合体的任意块体形态的二维及三维随机结构模型，并进行一系列相关力学分析的相关技术方法还需要深入发展。

1.8　土石混合体边坡稳定性及变形破坏模式研究

土石混合体边坡（斜坡）是自然界中一种常见的地质体，每年有很多因其失稳而给人类带来的巨大灾难。为探索土石混合体边坡（斜坡）的稳定性及变形破坏机制，国内外众多学者进行了大量的相关研究。

土石混合体边坡内部含石量、粒度分布特征、块体排列方向及形态影响着其内部的应力状态，从而影响着边坡的整体稳定性[149]及相应的地下工程开挖[150-151]。Medley et al.[149]指出：由于含石量的升高使边坡内部滑面变得更加曲折从而提高了其稳定性；当块体排列方向与滑动方向近似正交时也会引起滑动面曲折使边坡稳定性有所提高。Chen et al.[152]在大量野外调查的基础上研究了块体排列方向及边坡坡角与块体形状的关系发现当圆盘状（disk shape）、片状（bladed shape）及筒状（roller shape）的块体含量增加时，边坡坡角近似呈线性增加；当等径状（equant shape）块体的含量增加时，边坡坡角将减小，且当块体的重叠方向（imbrication direction）平行于坡面时其坡角较低。

降雨是造成土石混合体滑坡失稳的重要外部因素[153-158]。Sassa[159]在对日本发生的泥石流研究的基础上，提出滑面处的颗粒破碎引起该部位的土体发生液化（sliding - surface liquefaction），从而造成滑体具有高速、远程滑动的特征。Wang et al.[160]通过室内模型试验的方法研究了降雨触发滑坡的变形破坏机理，结果表明粒径大小在滑坡失稳后的内部孔隙水压力及运动模式方面起了重要的作用，一般的粗砂的内部超孔隙水压力较小并呈现渐进破坏模式，随着细粒含量的增加边坡失稳过程中产生较高的超孔隙水压力且呈快速失稳模式，饱和砂土内部孔隙水压力随着滑动速度的增加而增加；在对 1999 年发生在日本广岛的大规模泥石流灾害现场调查研究的基础上，Wang et al.[161]通过室内环剪试验揭示了滑坡触发泥石流（landslide - triggered debris flow）演变模式及形成机理。Rahardjo et al.[162-163]对新加坡分布的残积土边坡因降雨入渗而引起内部孔隙水压力的变化进行了现场试验研究，认为总降雨量及初始孔隙水压力是控制坡体内部孔隙水压力变化的主要因素，地表径流量将随着总降雨量的增加而增加，较小的降雨量会形成较高的入渗量，但降雨入渗量存在一个最大值。2002 年 10 月意大利中部的一土石混合体古滑坡因在长期降雨作用下产生灾变，形成一巨型泥石流滑坡灾害，Crosta et al.[147]在对其运动、堆积等特征进行了野外调查研究，基于极限平衡法分析了该滑坡各个变形失稳阶段的稳定性，并利用数值分析方法对其运动过程及堆积范围进行了反演、预测。

俞伯汀等[164]通过对碎石土边坡内存在的地下水管道排泄系统的室内物理模型试验研究表明：在管道排泄系统的形成过程中，土体渗透性有一个先减小、后增大、最后趋于稳定的过程，土体深度越大形成管道排泄系统所需的时间越长；若土体中黏粒含量高，则形成管道排泄系统所需的时间长，土体的渗透性也相对较低，反之需要的时间短且渗透性高，当碎砾石含量和粒径较大时有利于管道排泄系统的形成；管道排泄系统的存在使边坡具有良好的渗透性，能有效减小坡体中的渗透力和潜在滑面的孔隙水压力；当管道排泄系统遭到破坏时，边坡的地下水位将明显提高，从而使边坡的稳定性降低。胡明鉴等[165-166]通过大型野外人工降雨试验模拟研究发现，前期降雨入渗未达到临界值时，土石混合体的黏聚力随着含水量的增加而增加，此时相应的边坡稳定性有一定的提高；当超过临界值并且内部含水量超过某一突变值时，黏聚力随着含水量的增加而迅速降低并导致滑坡发生，从而揭示了云南省蒋家沟流域暴雨、滑坡和泥石流的共生关系。

综上看来，目前对土石混合体边坡的稳定性研究主要集中于降雨引起的稳定性问题。随着当今大规模水电工程的相继展开，尤其在土石混合体广泛发育的我国西南山区，库岸土石混合体边坡的稳定性问题成为水电工程预科研及运行阶段普遍关注的焦点。然而，目前对库水位变动、降雨等水动力环境下土石混合体的边坡稳定性问题及变化规律的研究资料并不是很多。

第 2 章

土石混合体概念、分类及意义

2.1　概述

现行岩土体工程分类体系中并没有土石混合体这一岩土类型。土石混合体是随着大规模工程建设及现代岩土力学的不断发展而提出的，也是岩土工程及相关学科发展的必然。

岩土体常用工程分类体系存在哪些不足？土石混合体在常用岩土体工程分类体系中属于哪一类？这些问题是提出土石混合体概念必须面临和回答的问题。同时，将这一类岩土介质从常规的岩土体分类体系中独立出来后，如何对其概念做出明确的定义和解释？如何建立土石混合体的分类体系？土石混合体的细观结构如何量化？……

2.2　岩土体常用的工程分类体系

2.2.1　土的常用工程分类标准

自然界中土的种类很多，其工程性质差别较大，为了研究及满足工程的需要通常按照土的主要特征进行分类。对于土的分类，国内外尚没有统一的标准，通常不同的部门根据各自对土的某种工程性质的重视程度和要求建立了各自的分类标准。如在粗粒土的分类方面，美国陆军工程兵团、美国垦务局及美国材料与试验学会将粒径大于 0.075mm 且质量百分含量约为 50% 的土称为粗粒土；美国公路工作者协会则把粒径为 76.2~0.075mm 且质量百分含量大于 50% 的土称为粗粒土[48]。而日本土质工学会定义粗粒料为块石、碎石（或卵砾石）、石屑、石粉等粗颗粒组成的无黏性混合料，或黏性土中含有大量粗颗粒的混合土[167]。在我国，土的总体分类体系如图 2.1 所示。

总体上，我国土的总体分类体系与一些欧洲国家及美国的分类体系在分类原则上没有大的差别，只是在某些细节上有所不同。一般而言，对粗粒土主要按颗粒组成进行分类，黏性土则按塑性指数分类。

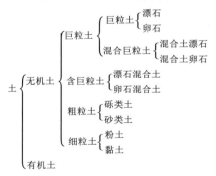

图 2.1　土的总体分类体系

本节将以我国常用土的工程分类标准、规程（规范）对目前国内土的工程分类系统做简要探讨。

2.2.1.1 《土的工程分类标准》（GB/T 50145—2007）

《土的工程分类标准》中将土分为一般土和特殊土，其中根据不同粒组的相对含量又将一般土划分为巨粒土、粗粒土及细粒土三类。《土的工程分类标准》中的粒组划分见表 2.1。

表 2.1　　　　　　　　　　　《土的工程分类标准》中的粒组划分

粒　组	颗　粒　名　称		粒径 d 的范围/mm
巨粒	漂石（块石）		$d>200$
	卵石（碎石）		$60<d\leqslant200$
粗粒	砾粒	粗砾	$20<d\leqslant60$
		中砾	$5<d\leqslant20$
		细砾	$2<d\leqslant5$
	砂粒	粗砂	$0.5<d\leqslant2$
		中砂	$0.25<d\leqslant0.5$
		细砂	$0.075<d\leqslant0.25$
细粒	粉粒		$0.005<d\leqslant0.075$
	黏粒		$d\leqslant0.005$

（1）巨粒土（表 2.2）：巨粒组质量大于总质量的 75% 的土称巨粒土；巨粒组质量为总质量的 50%～75% 和 15%～50% 的土分别称为混合巨粒土和巨粒混合土。

表 2.2　　　　　　　　　　　巨粒土和含巨粒土的分类

土　类	粒　组　含　量		土类代号	土类名称
巨粒土	巨粒含量＞75%	漂石含量大于卵石含量	B	漂石（块石）
		漂石含量不大于卵石含量	Cb	卵石（碎石）
混合巨粒土	50%＜巨粒含量≤75%	漂石含量大于卵石含量	BS1	混合土漂石（块石）
		漂石含量不大于卵石含量	CbS1	混合土卵石（块石）
巨粒混合土	15%＜巨粒含量≤50%	漂石含量大于卵石含量	S1B	漂石（块石）混合土
		漂石含量不大于卵石含量	S1Cb	卵石（碎石）混合土

注　巨粒混合土可根据所含粗粒或细粒的含量进行细分。

（2）粗粒土：粗粒组质量大于总质量的 50% 的土称粗粒土。砾粒组质量大于总质量的 50% 的粗粒土称砾类土（表 2.3）；砾粒组质量小于或等于总质量的 50% 的粗粒土称砂类土（表 2.4）。

（3）细粒土：细粒组质量大于或等于总质量的 50% 且粗粒组质量小于总质量的 25% 的土称细粒土。粗粒组质量为总质量的 25%～50% 的土称含粗粒的细粒土。此外，细粒土中含部分有机质的土又称为有机土。特殊土包括黄土、膨胀土、红黏土，具体可以按其塑性指标在塑性图上的位置加以判别。

表 2.3   砾　类　土　的　分　类

土　类	粒　组　含　量		土类代号	土类名称
砾	细粒含量<5%	级配 C_u≥5　1≤C_c≤3	GW	级配良好砾
		级配：不同时满足上述要求	GP	级配不良砾
含细粒土砾	5%≤细粒含量<15%		GF	含细粒土砾
细粒土质砾	15%≤细粒含量<50%	细粒组中粉粒含量不大于50%	GC	黏土质砾
		细粒组中粉粒含量大于50%	GM	粉土质砾

表 2.4   砂　类　土　的　分　类

土　类	粒　组　含　量		土类代号	土类名称
砂	细粒含量<5%	级配 C_u≥5　1≤C_c≤3	SW	级配良好砂
		级配：不同时满足上述要求	SP	级配不良砂
含细粒土砾	5%≤细粒含量<15%		SF	含细粒土砂
细粒土质砂	15%≤细粒含量<50%	细粒组中粉粒含量不大于50%	SC	黏土质砂
		细粒组中粉粒含量大于50%	SM	粉土质砂

2.2.1.2　《公路土工试验规程》(JTG 3430—2020)

《公路土工试验规程》中根据粒径大小，将粒组划分为巨粒组、粗粒组和细粒组三类（表 2.5），并根据粒组将土分为巨粒土、粗粒土、细粒土及特殊土四类。

表 2.5   《公路土工试验规程》粒组划分

200mm　　60mm　　20mm　　5mm　　2mm　　0.5mm　　0.25mm　0.075mm　0.002mm

巨粒组		粗粒组						细粒组	
漂石 （块石）	卵石 （小块石）	砾（角砾）			砂			粉粒	黏粒
		粗	中	细	粗	中	细		

（1）巨粒土是指巨粒组（粒径>60mm）的质量百分含量超过50%的土。根据巨粒含量的不同，巨粒土又可以划分为漂（卵）石、漂（卵）石夹土及漂（卵）石质土三类（图 2.2）。

$$
\text{巨粒土}\begin{cases}
\text{漂（卵）石}\\
75\%<\text{巨粒}
\end{cases}
\begin{cases}
\text{漂石：漂石粒>50\% B}\\
\text{卵石：漂石粒≤50\% Cb}
\end{cases}
$$

巨粒土
- 漂（卵）石　75%<巨粒 { 漂石：漂石粒>50% B / 卵石：漂石粒≤50% Cb
- 漂（卵）石夹土　50%<巨粒≤75% { 漂石夹土：漂石粒>50% BSI / 卵石夹土：漂石粒≤50% CbSI
- 漂（卵）石质土　15%<巨粒≤50% { 漂石质土：漂石粒>卵石粒 SIB / 卵石质土：漂石粒<卵石粒 SICb

图 2.2　巨粒土分类体系

注　1. 巨粒土分类体系中的漂砾换成块石，B 换成 Ba，即构成相应的块石分类体系。
　　2. 巨粒土分流体系中的卵石换成小块石，Cb 换成 Cba，即构成相应的小块石分类体系。

（2）粗粒土是指粗粒组（粒径>0.074mm）的质量百分含量超过50%的土。根据砾粒含量的不同，粗粒土又可以划分为砾类土和砂类土两大类（图 2.3）

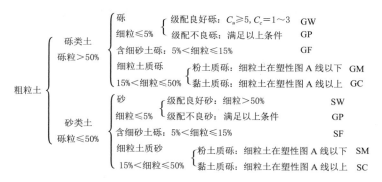

图 2.3 粗粒土分类体系

注 1. 砾类土分类体系中的砾石换成角砾，即构成相应的角砾土分类体系。

2. 需要时，砂可以进一步分为粗砂（粒径大于 0.5mm 的颗粒含量大于 50%）、中砂（粒径大于 0.25mm 的颗粒含量大于 50%）和细砂（粒径大于 0.074mm 的颗粒含量大于 75%）。

（3）细粒土是指细粒组（粒径<0.074mm）的质量百分含量超过 50% 的土。根据细粒组含量及成分的不同，细粒土又可以划分为粉质土、黏质土及有机质土三大类。

（4）特殊土包括黄土、膨胀土、红黏土及盐渍土等。

关于细粒土及特殊土在《公路土工试验规程》中的详细划分情况在此不作赘述。

此外，《铁路桥涵地基和基础设计规范》（TB 10093—2017）及《岩土工程勘察规范（2009 年版）》（GB 50021—2001）等也分别建立了适合各自行业的土的工程分类体系。

2.2.2 岩石及岩体的常用工程分类标准

2.2.2.1 岩石工程分类

目前常用的岩石工程分类方法有按坚硬程度分类法、按风化程度分类法及按软化程度分类法三种。

（1）按坚硬程度分类。按岩石坚硬程度的分类方法又可以分为按单轴抗压强度的定量划分方法及定性鉴定方法两种。总体来说，按坚硬程度分类方法可将岩石划分为坚硬岩、较硬岩、较软岩、软岩及极软岩五大类。具体分类标准可参见《岩土工程勘察规范（2009 年版）》（GB 50021—2001）。

（2）按风化程度分类。根据风化程度，岩石可以划分为未风化、微风化、中等风化、强风化、全风化及残积土六大类（表 2.6）。

表 2.6　　　　　　　　　　　　　　按岩石风化程度分类

风化程度	野 外 特 征
未风化	岩质新鲜，偶见风化痕迹
微风化	结构基本未变，仅节理面有渲染或略有变色，有少量风化裂隙
中等风化	结构部分破坏，沿节理面有次生矿物、风化裂隙发育，岩体被切割成岩块。用镐难挖，岩芯钻方可钻进
强风化	结构大部分破坏，矿物成分显著变化，风化裂隙很发育，岩体破坏，用镐可挖，干钻不易钻进
全风化	结构基本破坏，但尚可辨认，有残余结构强度，可用镐挖，干钻可钻进
残积土	组织结构全部破坏，已风化成土状，镐易挖掘，干钻易钻进，具有可塑性

（3）按软化程度分类。按软化系数 K_R 的大小可以将岩石分为软化岩石（$K_R \leqslant 0.75$）及不软化岩石（$K_R > 0.75$）。

此外，当岩石具有特殊成分、特殊结构或特殊性质时应定为特殊性岩石，如易溶岩、膨胀岩、崩解性岩石及盐岩等。

2.2.2.2 岩体工程分类

目前常用的岩体工程分类方法有结构类型分类法、完整程度分类法、岩体基本质量等级分类法及岩石质量指标（rock quality designation，RQD）分类法等。

（1）结构类型分类法。岩体结构的基本模式是结构面和结构体的组合，它决定了岩体的工程力学性质。岩体结构类型和岩体质量与岩体成因及形成的地质历史具有密切的关系。在岩体结构研究的基础上划分岩体结构类型、进行工程类比评价，也是岩体稳定性力学分析的基础。综合国内岩体结构分类特征，岩体大致可以分为整体状结构、块状结构、层状结构、碎裂结构及松散结构五大类。每一类根据结构面切割程度及结构体类型又可以划分为多个亚类（表 2.7）。

表 2.7　　　　　　　岩 体 结 构 分 类 表[168]

岩体结构类型		岩体地质类型	主要结构体形状	结构面发育情况	岩土工程特征
整体状结构		巨厚层及完整岩体，节理稀少	巨块体	以层面和原生构造节理为主，多呈闭合型，结构面间距大于 1.5m，一般为 1～2 组，无危险结构面组成的落石、掉块	整体性强度高，岩体稳定，在变形特征上可视为均质弹性各向同性体
块状结构	块状	厚层岩层及块状岩体，节理一般发育	方块体，棱块体，柱体	只具有少量贯穿性较好的节理裂隙，结构面间距 0.7～1.5m，一般为 2～3 组，有少量分离体	整体强度高，结构面互相牵制，岩体基本稳定，在变形特征上接近弹性各向同性体
	裂隙块状	中厚层的岩层及块状岩体，节理交叉切割，裂隙发育	棱块体，锥体，楔形体		
层状结构	互层	软硬相间的砂页岩、灰页岩等互层岩体	层块体，层体	层理、片理、节理裂隙，但以风化裂隙为主，常有层间错动面	岩体接近均一的各向异性体，其变形及强度特征受层面控制，可视为弹塑性体，稳定性较差
	间（夹）层	硬层间夹软层	层块体，层体		
	薄层	薄层及片状岩体，片岩，千枚岩	层体，板体，页片体		
	软层	均一软弱沉积岩体，如页岩、黏土岩	板体，页片体，碎块体		

岩体结构类型		岩体地质类型	主要结构体形状	结构面发育情况	岩土工程特征
碎裂结构	镶嵌	均一坚硬岩体的压碎带、劈理带及破碎岩	碎块体	层理及层间结构面发育，结构面间距0.25~0.5m，一般在3组以上，有许多分离体	完整性破坏较大，整体强度很低，并受软弱结构面控制，多呈弹塑性体，稳定性差
	碎裂	均一岩体的破碎岩，裂隙张开夹泥	碎块体、块夹泥、碎屑		
	层状碎裂	层状岩体的破碎岩，层面及裂隙张开、夹泥	碎块体、碎片体、片夹泥、碎屑		
松散结构	松散	岩体破碎成为大小不等碎块、岩屑和团粒	散粒碎屑团	构造及风化裂隙密集，结构面错综复杂，并多充填黏性土，形成无序小块和碎屑	完整性遭到极大破坏，稳定性极差，岩体属性接近松散介质
	松软	岩体由岩块、泥团及岩屑、岩粉、碎块构成	岩块、碎屑、岩粉、泥团		

（2）完整程度分类法。该分类法将岩体划分为完整岩体、较完整岩体、较破碎岩体、破碎岩体及极破碎岩体五大类。

（3）岩体基本质量等级分类法。该分类法根据岩体的完整程度及其坚硬程度将岩体分为Ⅰ~Ⅴ类。

（4）RQD分类法。该分类法根据岩石的质量指标将岩体分为好、较好、较差、差、极差五个等级。

2.3 土石混合体概念提出的必要性

2.3.1 岩土体工程分类体系存在的不足

从上述我国常用的岩土体工程分类体系中可以发现一类特殊的岩土体，它具有以下共性：①在细观结构上具有高度的不均质性；②构成它的主要固体物质——"粗粒相"（巨粒组、粗粒组）和"细粒相"在物理性质及力学强度上具有高度的差异性。在物理力学性质上，这类岩土体与其他岩土体也有着明显的差别，其在很大程度上取决于"粗粒相"的含量及组成特征。因此，这类岩土体的物理力学特征及研究方法应区别于规范中的"细粒土"及"岩石"等。

这类岩土体在土体的分类中被命名为"巨粒土""巨粒混合土""混合巨粒土""块石土""碎石土""粗粒土"等，在岩石工程分类中命名为"全风化岩""残积土"；在岩体结构分类体系中将其划分到"松散结构"类型中。不同行业、不同规范的划分标准和划分方法存在明显的差别，这势必阻碍了对这类岩土体的研究进展及不同行业间的相互协作。此外，在实际工程中常假定这类岩土体的力学强度与基质材料相当，这种假设显然相对保守或仅适用于"粗粒相"（块石）含量较低的情况；当块石含量较高时，由于忽略了块石对其宏观力学行为的影响将造成较大误差。

　　鉴于以上存在的问题，随着岩土工程技术和岩土力学的不断发展，将这类岩土体从传统的岩土体工程分类体系中分离出来，建立相应的研究方法及物理力学特征体系是岩土力学纵深发展的需要，也是岩土工程研究者共同面临的挑战。

2.3.2　土石混合体概念的提出

　　为了研究的需要，Medley[169] 和 Lindquist[76] 刻意忽略地质学上的分类定义，将有工程重要性的块体镶嵌在细粒土体（或胶结的混合物基质）中所构成的岩土介质称为 Bimsoils/Bimrocks（Block - in - matrix soils/rocks）。地质与矿物学辞典将这种"包含不同粒径的本身或外来的碎片及岩块镶嵌在基质泥中所构成的混合岩土体称为 mélange"[170]，中文译为"混杂岩"或"混成岩"[171]。文献［87］也将这种常见的"细粒土壤夹杂较大粒径的粗颗粒岩块（如卵砾石层、冰碛石、火山角砾岩、崩积层等）"称为"混杂岩层"。

　　《工程地质手册》从第三版开始将"由细粒土和粗粒土混杂且缺乏中间粒径的土"称为混合土，并将碎石土中粒径小于 0.075mm 且质量超过总质量的 25％的土定名为粗粒混合土；将粒径大于 2mm 且质量超过总质量的 25％的土定名为细粒混合土。

　　油新华[3] 将"由作为骨料的砾石或块石与作为充填料的黏土和砂组成"的地质体称为"土石混合体"。鉴于对上述复杂的特殊岩土体的定义还不明确，本书在命名方面将继续沿用文献［3］提出的"土石混合体"这一名称，同时为了促进这类岩土体研究的进一步发展，本书在前人研究的基础上将土石混合体的概念作出新的解释。

　　就工程观点而言，只要是软弱的基质材料中镶嵌有硬质岩块，即使形成的成岩作用、地质作用及过程迥异，在工程力学性状的分析模式也应该相似。因此，在从岩土力学的角度对土石混合体定义时无需刻意考虑其成因类型，而着重于对其物理力学特征上作出定性及定量的描述。从这一角度出发，本书对土石混合体定义概述为：土石混合体（Soil - Rock Mixtures，S - RM）是指第四纪以来形成的，由具有一定工程尺度、强度较高的块石、细粒土体及孔隙构成且具有一定含石量的极端不均匀松散岩土介质系统（图 2.4）。

图 2.4　典型土石混合体的构成

2.4 土石混合体概念中的几个关键要素

2.4.1 可视粒径

土石混合体存在于三维空间中，通过现有技术难以获取土石混合体内部块石的三维几何特征参数。由钻孔、平洞等一维线性勘探技术及地表露头、断面等二维量测所获取的块石尺寸为某条弦长或某个断面上的最大尺寸，而不是其真实的粒径（图2.5）。为了研究的方便，将所能测到的块体的最大尺寸定义为块体的可视粒径（Maximum Observable Dimension，MOD）。

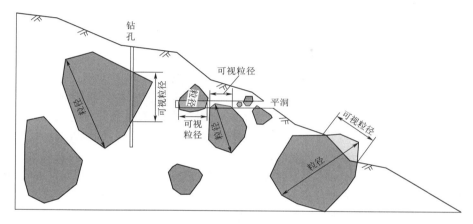

图2.5 土石混合体内部块石粒径示意图

除通过筛分试验获取的试样粒度分布及其他三维空间尺度范围内所述的粒径外，若无特别说明本书所指的块体粒径均为可视粒径。

2.4.2 土/石阈值

在传统的土体分类体系中，粒组的划分是其主要的分类依据。同样，如何确定土石混合体内部的"土"或"石"，即土/石阈值（Soil/Rock Threshold，S/RT），是土石混合体定义中的一个关键要素，也是确定土石混合体含石量的一个重要条件。

2.4.2.1 土石混合体的粒度组成特征

为探索土石混合体土/石阈值的取值问题，本书对云南省虎跳峡龙蟠右岸分布的土石混合体层进行了大量的野外粒度分析研究。粒度分析试验点位于金沙江虎跳峡水电勘查工程龙蟠1号平洞附近，高程约为1892.00m。在不同的位置选取了7个试验点开展试验，每个试验点的试样最小尺寸为30～40cm，表2.8为各试验点现场粒度筛分试验结果。

根据现场颗粒筛分成果，求出各个粒组对应的质量百分含量，即可得小于粒径r的颗粒质量百分含量$P(r)$，并在$P(r)-r$的双对数坐标上绘出各试样的粒度分维曲线（图2.6），通过回归分析得到相应的分维数D和相关系数R（表2.8）。

表 2.8 各试样野外粒度筛分结果

试验点号	各粒组的质量百分含量/%															分维数 D		相关系数 R	
	<0.2	0.2~0.5	0.5~1	1~2	2~3	3~4	4~5	5~6	6~7	7~8	8~9	9~10	10~11	11~12	>12	$r \leqslant 2$	$r > 2$	$r \leqslant 2$	$r > 2$
1	31.95	12.64	21.76	17.18	4.61	3.32	3.02	1.14	2.16	—	0.21	0.91			1.11	2.57	2.91	0.995	0.973
2	12.43	5.32	13.39	18.27	5.05	5.32	6.98	2.66	5.02	3.99	3.32	—	7.64	10.63		2.39	2.63	0.989	0.985
3	27.77	12.61	15.5	17.52	3.69	4.66	5.23	2.1	—	4.2			3.64	3.07		2.49	2.83	0.999	0.991
4	17.22	7.64	14.55	16.2	6.26	6.88	5.52	1.7	1.78	2.17	3.86	3.4	2.61	4.25	5.95	2.48	2.73	0.995	0.995
5	12.57	6.40	8.35	19.49	7.66	6.33	5.67	2.19	2.78	1.04	1.36	4.49	4.21		17.4	2.44	2.67	0.991	0.974
6	15.35	6.88	18.23	19.16	6.92	6.73	5.65	1.91	1.4	3.2		3.01	4.09	0.66	6.82	2.39	2.77	0.99	0.991
7	13.24	5.38	16.14	24.2	6.83	8.11	8.94	3.72	1.45	3.72		2.9	2.07	3.31		2.34	2.71	0.984	0.987

注 表中 r 代表颗粒粒径，所有颗粒粒径单位均为 cm。

尽管试验区土石混合体的颗粒粒径尺寸悬殊分布范围为 2~160mm，甚至更大，但从粒度分维曲线（图 2.6）上可以看出，在 $r=20$mm 处各试样粒度分维曲线发生明显的转折，并将整个粒度分维曲线划分为 $r \leqslant 20$mm 所对应的包含砂粒、粉粒及黏粒的"细粒相"区和 $r > 20$mm 所对应的包含碎石及块石的"粗粒相"区两个分维空间，每个分维空间分别对应不同的维数 D_1（2.34~2.57）和 D_2（2.67~2.91），且满足 $D_1 < D_2$。在两个分维空间内各试样的 $\lg P(r)$ 和 $\lg r$ 之间存在很好的线性相关性，且相关系数 R 均大于 0.97，表明研究区的土石混合体粒度分布具有良好的分形结构，在统计意义上满足自相似规律，同时也表明 20mm 是筛分量测尺度内的一个特征值。

土石混合体粒度分维呈现的这种二重分维乃至多重分维现象，应该从各自的成因上来解释。研究区分布的土石混合体主要是坡积成因的，由于其搬运距离短，其物源多由粒度极其不均匀、分选性很差的块石等组成，这些物质构成了现在的土石混合体的骨架——"粗粒相"；而在数万年的风化及地下水流的冲刷、搬运等作用下，部分大颗粒被分解，形成土石混合体的充填成分——"细粒相"。由于成因上的差别，使得这些"细粒相"相对于作为骨架的"粗粒相"的分选性较好，在粒度分维曲线上表现为分段现象（多重分维现象），而相应的分维数则表现为前文所述的 $D_1 < D_2$。这为土石混合体内土/石阈值的确定提供了一个评定指标。

2.4.2.2 土/石阈值的定义

根据上述试验结果可知，$r=20$mm$\approx 0.05 L_{\min} \sim 0.07 L_{\min}$ 可以作为土石混合体的一个土-石分界特征值，即土/石阈值（S/RT）。Medley[169] 和 Linquist[76] 在对美国加利福尼亚州等地分布的土石混合体的研究中发现，土石混合体具有一个很重要的性质——比例无关性（scale-independence），根据其研究将相应的土/石阈值定义为

$$d_{\text{S/RT}} = 0.05 Lc \tag{2.1}$$

式中：$d_{\text{S/RT}}$ 为土/石阈值；Lc 为土石混合体的工程特征尺度。

对于平面研究区域，工程特征尺度的值等于研究面积的平方根；对于隧道等结构物，其值等于隧道直径；对于边坡而言，其值等于坡高；对于直剪试验试样取试样单个剪切盒高度，对于三轴试验试样取试样直径。

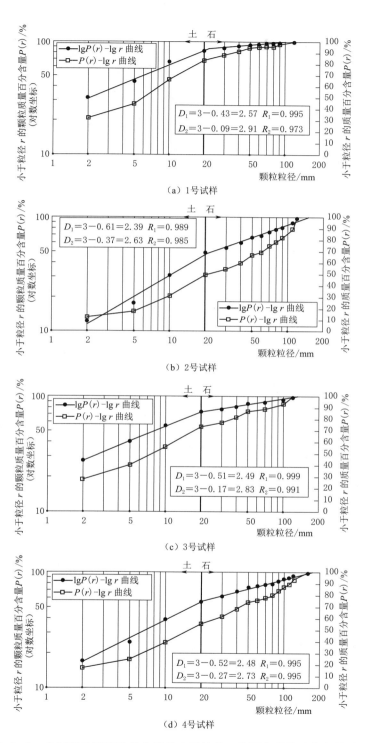

图 2.6 (一)　各试样的粒度分维曲线及小于粒径 r 的颗粒质量百分含量累积曲线

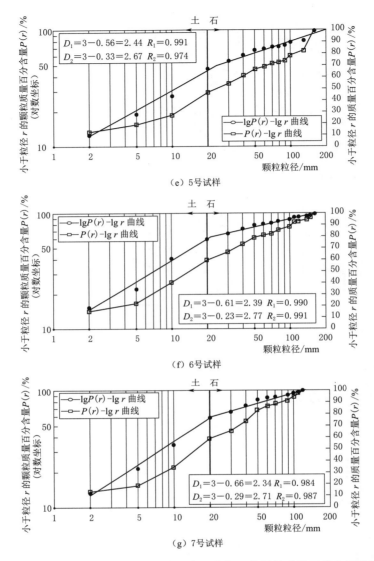

图 2.6（二）　各试样的粒度分维曲线及小于粒径 r 的颗粒质量百分含量累积曲线

根据本书研究成果及 Medley 等提出的有关土/石阈值的选取，本书定义土/石阈值为

$$d_{\mathrm{S/RT}} = (0.05 \sim 0.07) Lc \tag{2.2}$$

据此，根据构成土石混合体的各颗粒大小将其划分为土和石两大类，其相应的判别依据为

$$\begin{cases} d \geqslant d_{\mathrm{S/RT}} & 石 \\ d < d_{\mathrm{S/RT}} & 土 \end{cases} \tag{2.3}$$

式中：d 为量测块体的粒径，mm。

因此，土石混合体中作为充填成分的土为一个相对的概念，它不同于传统概念中的粉土、黏土等细粒土体，其粒度范围随着研究尺度的变化而发生相对的变化，粒径上限可能

由几毫米到几厘米甚至几十厘米。

此外,考虑到块石粒径对土石混合体宏观强度的影响,当块石粒径增大到一定程度后内部细粒组分将不再对其宏观力学性能有任何贡献,因此还需对土石混合体内部块石的最大粒径(d_{max})作出限定,本书选取:

$$d_{max} = 0.75Lc \tag{2.4}$$

据此,土石混合体定义中块石粒径范围应为

$$D_R = d_{S/RT} \sim 0.75Lc \tag{2.5}$$

式中:D_R 为土石混合体试样内部块石粒径,mm;其他符号意义同前。

2.4.3 土与石的强度

当土石混合体内部土与石具有明显的差异时,石才能表现出其在相应土石混合体细观及宏观力学性质上的影响。若两者强度近似,即使在常压下块石也很难影响土石混合体的变形破坏特性。

因此,土石混合体内部的土与石在强度上应该有极端的差异性,本书建议土与石的抗剪强度应满足:

$$\tau_R > 2\tau_S \tag{2.6}$$

式中:τ_R 为石的抗剪强度;τ_S 为土的抗剪强度。

2.4.4 含石量

含石量是土石混合体的一个重要物理参数,它影响着土石混合体内部的细观结构特征(图2.7),进而影响着土石混合体的变形破坏特性及宏观力学性质。

根据国内外相关文献的试验数据及图2.7所示的不同含石量土石混合体内部细观结构可以得出以下结论:

(1)当含石量小于25%时[图2.7(b)],块石悬浮在由土体构成的介质中,块石间的距离较大难于发生相互作用,块石的存在几乎不会影响其宏观变形破坏特征,此时岩土体的强度基本取决于土体。

(2)随着含石量的逐渐增加[图2.7(c)],块石间的距离不断减小并逐渐发生相互作用,进而影响着岩土体的变形特征,岩土体的宏观强度随着含石量的增加而呈上升趋势,此时岩土体的强度取决于其中的土体与块石,其力学强度是两者相互作用的共同反映。

(3)当含石量超过75%时[图2.7(d)~(f)],块石间紧密接触构成整个岩土体的骨架,而土体则充填于其中的间隙。由于此时块石间排列紧密,很难出现土体完全充满其中空隙的现象[图2.7(d)],绝大部分为土体部分充填于块石构成的骨架间隙中[图2.7(e)]。此时岩土的宏观力学强度主要取决于块石之间产生的咬合力及摩擦力,强度基本不会随着含石量的增加而发生变化。

因此,土石混合体作为一种土和石共同作用的岩土介质,含石量是描述土石混合体物理力学性质的一个重要特征值,根据试验研究及上述分析可知,在土石混合体概念中的含石量应在25%~75%范围内。

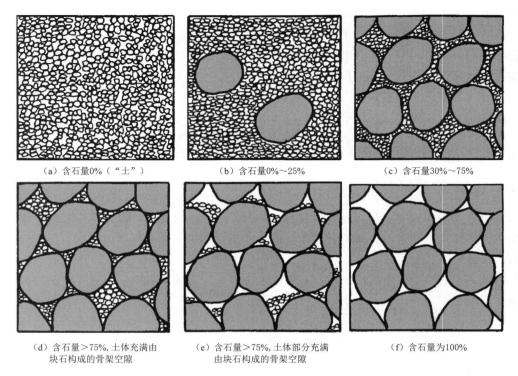

（a）含石量0%（"土"）　　　　（b）含石量0%～25%　　　　（c）含石量30%～75%

（d）含石量>75%，土体充满由　　（e）含石量>75%，土体部分充满　　（f）含石量为100%
　　块石构成的骨架空隙　　　　　　由块石构成的骨架空隙

图 2.7　不同含石量时土石混合体内部细观结构示意图

综上所述，根据土石混合体定义中所述的块石粒径特征、含石量特征，传统意义上的巨砾土、碎石土、粗粒土等土体类型将被划分为以下四类：①土体，含石量小于 25％；②堆石体，含石量超过 75％；③岩块，块石最大粒径 d 超过 $0.75Lc$；④土石混合体，$25％ \leqslant$ 含石量 $<75％$，且块石最大粒径小于 $0.75Lc$。

2.5　土石混合体分类及特征

不同成因的土石混合体，其内部细观结构也存在差异。建立土石混合体的分类系统对于认识土石混合体的内部结构特征及其空间变化规律，并提出合理的物理力学性质研究方法及相应灾害体的稳定性研究、加固处理方法有重要意义。

由于对土石混合体的研究尚处于起步阶段，加之土石混合体的成因及结构相对较为复杂，还未建立成熟的分类体系。本书从成因、"细粒相"特征及胶结程度等方面对土石混合体的成因分类系统提出了一些有意义的结论和建议。

2.5.1　土石混合体的成因分类及特征

土石混合体的物质来源及形成过程决定了其内部块石的形态特征、"细粒相"物质及细观结构等特征，从而影响其相应的物理力学特征及变形破坏机理。从成因上来看，土石混合体大致可以分为重力堆积、水流堆积、冰川堆积、风化残积、构造作用、人工堆积及混合堆积等。

2.5.1.1　重力堆积成因

重力堆积成因的土石混合体，是指上部岩土体受外部因素影响发生失稳破坏，在重力作用下大量的原岩块体、表层所经地段的松散土体向下运动，并堆积于坡脚、缓坡或地形低洼处而形成的堆积物质。总体上，重力堆积成因的土石混合体内部块石的岩性成分较为复杂，其取决于斜坡高处的岩性组成。在内部结构方面，块石粒径分选性差，层理不明显；分布厚度变化较大，在斜坡的上部及较陡部位较薄，坡角及基覆面的低洼部位较厚。

根据重力作用方式的不同，重力堆积成因的土石混合体又可以分为：坠积堆积型土石混合体、崩塌堆积型土石混合体、滑坡堆积型土石混合体等。

（1）坠积堆积型土石混合体（S-RM$_{dro}$），是由岩体在长期的重力作用下发生变形、破坏、坠覆形成的堆积物（图2.8）。

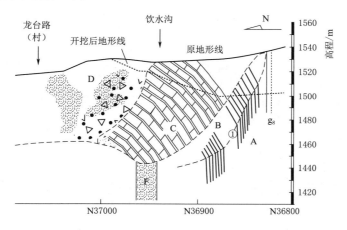

图 2.8　饮水沟顶部倾倒变形体结构模式示意图[17]
A—直立岩体；B—倾倒松弛岩体；C—（倾倒）坠覆堆积；D—松散堆积体（土石混合体）

（2）崩塌堆积型土石混合体（S-RM$_{col}$），是由上部岩体受风化剥蚀、地震、人类活动等因素影响，在重力作用下，突然脱离母体向下崩落、滚动而堆积于坡脚形成的堆积物（图2.9），其在外形上常呈现为锥形，其方量通常情况下较小。崩塌堆积成因的土石混合体，通常内部含石量较高，而且一般较为松散、空隙较多甚至相互连接形成排水或集水通道。

（3）滑坡堆积型土石混合体（S-RM$_{lan}$），是由上部的岩土体受降雨、上覆荷载、地震等因素影响，在重力作用下沿一定的软弱面（或软弱带）整体地向下滑动形成的堆积物。图2.10显示了国内外典型滑坡堆积型土石混合体。滑坡堆积型土石混合体的规模一般较大，通常会造成河流堰塞形成天然土石混合体坝，如著名的西藏易贡滑坡形成约3亿m³的天然土石混合体堰塞坝 [图2.10（a）]。当滑坡的落差较大、滑距较长时，通常会形成高速远程滑坡，由于其滑动速度快在堆积阶段受强烈的冲积夯实作用的影响，该类型的土石混合体通常较为密实。

此外，有些滑坡堆积形成的土石混合体斜坡，在长期的外界因素影响下会再次发生滑坡，因此在这类土石混合体斜坡内除了基覆面处为滑动软弱面外，通常在土石混合体内部

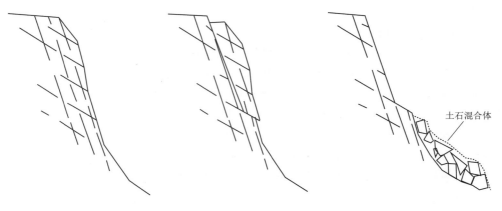

（a）原始边坡受外界因素影响破碎　　（b）触发失稳急速运动　　（c）堆积于坡脚

图 2.9　崩塌堆积体土石混合体形成过程示意图

（a）易贡滑坡形成的天然土石混合体堰塞坝　　（b）意大利 Valcamonica 滑坡形成的土石混合体[172]

图 2.10　典型滑坡堆积成因的土石混合体

也会存在有滑动面或潜在滑动面。

2.5.1.2　水流堆积成因

地表水流是自然界改造地形地貌的一个重要的外部营力，地表水的冲刷、搬运和堆积作用也是土石混合体的一个重要成因类型。根据地表水流的作用方式，可将水流堆积成因的土石混合体划分为泥石流堆积型土石混合体、河流冲积型土石混合体及洪积型土石混合体三类。

图 2.11　泥石流堆积型土石混合体
（云南东川）

（1）泥石流堆积型土石混合体（$S-RM_{df}$），是指上部大量的松散物质在集中降水（暴雨、融雪、冰川融水等）条件下形成的含有大量泥沙、块石等固体物质的特殊洪流，沿山区沟谷急速流下，并在山口平缓地段堆积而成且极不均匀的松散体（图 2.11）。

在地形地貌上，该种成因类型的堆积体在平面上呈扇形，在纵剖面上呈锥形，地面纵坡降，一般为$3°\sim12°$，横坡一般为$1°\sim3°$；表面坎坷不平、垄岗起伏。内部块石大小不一，从几厘米到数米不等，分选性差，但详细观察可发现块石具有定向排列的现象，且表面有碰撞擦痕；对于黏性泥石流堆积形成的土石混合体内部可见有泥球和泥裹石现象；有时在剖面上有成层现象。

（2）河流冲积型土石混合体（$S-RM_{al}$），是地表水流沿河谷（或古河道）搬运并在河流阶地、古河床等部位堆积而成的。该类土石混合体只有在水流速度较大时才能形成，当流速较小时由于受水流搬运能力的限制仅能形成砂或粉砂等细粒土体。该类土石混合体的内部块体岩性成分非常复杂，在结构上一般分选性较好、磨圆度较高、层理清楚，并具有一定的胶结性。由于不同阶段水流速度的差异可能形成粗细相间的多层沉积韵律，如金沙江中游某冲积型土石混合体中共有14层沉积（图2.12）。

（3）洪积型土石混合体（$S-RM_{alp}$），是由暂时性洪流将山区或高地的大量风化碎屑无携带至沟口或平缓地带堆积而成的。洪积型土石混合体内部块石分选性差，往往大小混杂，碎屑多呈次棱角状（图2.13）。从整体上看，堆积体在平面上呈扇形，顶部块石粒径较大，内部层理紊乱呈交错状，透镜体及夹层较多，不具二元结构而呈多元结构；其厚度一般在接近高山区或高地处较大，而在远处较小。

图2.12　河流冲积型土石混合体　　　　图2.13　洪积型土石混合体
　　　（金沙江中游）　　　　　　　　　　　（金沙江中游）

2.5.1.3　冰川堆积成因

冰川侵蚀是冰川对地形、地貌改造的一个重要反映，它包括冰川刨蚀（磨蚀）和挖掘两种作用。冰川运动时以巨大的载荷（如100m厚的冰体，冰床基岩所受的静压力约为900kPa）施加于所滑动的下覆冰床基岩上，故对下覆冰床基岩及所经之处产生强烈的侵蚀作用，并形成大量的碎屑物质（冰碛物）与冰川一起向雪线移动。冰川将最终停滞于雪线附近，随着冰川的消融，一部分冰碛物将滞留下来形成冰碛堆积型土石混合体；另外一部分将随着冰川融水继续前行、堆积形成冰水堆积型土石混合体。这两类冰川堆积型土石混合体有以下特征：

（1）冰碛堆积型土石混合体（$S-RM_{gl}$）：内部块石大小混杂，从几厘米到十几米不等，缺乏分选性，经常是巨大的石块或细微的泥质物的混合物；块石岩性与所在位置的基岩通常有所差别，绝大部分棱角鲜明，有的块石表面具有磨光面或冰擦痕，而有的块石受冰川压力长期作用而弯曲形成"猴子脸"；块石排列不具有定向性，且无成层现象；内部

图 2.14　冰川堆积形成的巨厚
土石混合体层（金沙江流域）

常含有适应寒冷气候的生物化石，如寒冷型的植物孢子等。

（2）冰水堆积型土石混合体（S－RM$_{gfi}$）：受冰雪融水搬运作用的影响，与冰碛型土石混合体有所不同的是其内部块石具有一定的磨圆度和分选性。

我国是一个第四纪冰川作用极为发育的国家，尤其在我国西南地区冰川堆积型堆积体具有广泛的发育，不同期次的冰川作用形成的堆积物互相叠加，通常使得其厚度较大（有的地方可达 200 多 m）而且物理力学性质也有很大

的差异。图 2.14 为我国西南地区金沙江流域冰川堆积形成的巨厚土石混合体层，据钻孔揭露其厚度最大可达 204m。

2.5.1.4　风化残积型土石混合体

原岩经长期的物理（冻融、剥蚀等）、化学（如溶蚀）等风化作用逐渐破碎分解并残留于原地，越接近地表其风化作用越强烈，随着深度的增加风化作用逐渐减弱、块石含量逐渐增多，直至新鲜基岩（图 2.15）。随着深度及分化程度的变化可将岩土体划分为土体、土石混合体及岩石（岩体）。经风化作用而形成的土石混合体，其成分较为单一，取决于原岩成分，且一般不具有层理，块石多呈棱角状，结构松散并含有较大孔隙，厚度受地形控制显著，变化较大。

风化残积型土石混合体通常原岩强度较低，加之结构松散，这类土石混合体边坡在外界因素的触发下（尤其是在地下或地表水作用下）常常会引起不同规模的滑坡灾害现象。如 1996 年 3 月 29 日发生的天荒坪滑坡，其主要物质就是由凝灰岩风化形成的土石混合体（图 2.16），滑坡总体积达 30 万 m³。

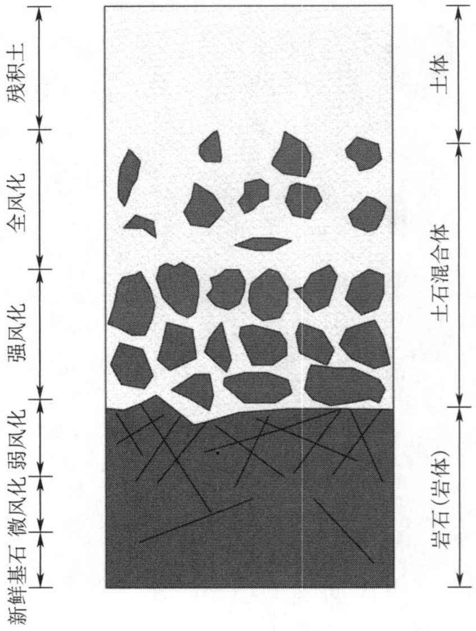

图 2.15　风化带及分化成因的
土石混合体示意图

2.5.1.5　构造成因型土石混合体

因构造作用形成的挤压破碎带、断层破碎带及张性破碎带等通常也会形成土石混合体（图 2.17）。由于特定的构造应力作用，构造成因型土石混合体（SRM$_{str}$）内部块石通常具有一定的定向型，形态上多为扁长状（尤其受挤压错动形成的构造破碎带）。这些破碎带通常构成岩体内的排水或集水通道，其强度较差，对工程影响较大。

2.5.1.6　人工堆积型土石混合体

随着各类大规模工程的不断开展，土石混合体作为一类常用的建筑岩土材料被广泛应用于道路工程、土石坝工程及建筑地基处理等工程中，并在这类工程建设中起了重要的作用。

图 2.16　构成天荒坪滑坡的土石混合体　　　图 2.17　构造成因型土石混合体
（全、强风化凝灰岩）　　　　　　　　　　（断层破碎带）

　　此外，由于人类社会的不断发展，由各种建筑垃圾、废矿石料及采石料等人工弃渣堆积而成的大型土石混合体边坡数量及规模也不断扩大，构成了一类特殊的土石混合体类型——人工堆积型土石混合体（SRM_{ml}）。这些边坡的稳定性问题关系到人民的生命安全，如 1966 年 10 月 22 日发生在英国 Wales Aberfan 煤矿废料堆中的灾难性滑坡，就是其中的一例。

2.5.1.7　混合堆积型土石混合体（SRM_{mi}）

　　自然界中广泛分布的土石混合体，通常经历了多种内外动力作用，因此在成因上有时并不是单一的，如不同重力堆积作用相互伴生、重力作用与水流作用伴生等，为了区别于其他单一成因的土石混合体，本书称其为混合堆积型土石混合体（SRM_{mi}）。

2.5.2　土石混合体的其他分类方法

　　除了上述从成因角度对土石混合体的类型进行划分外，也可根据工程或研究需要以构成土石混合体的"细粒相"（土）或"粗粒相"（块石）特征进行分类：

　　（1）根据"细粒相"粒度特征可以分为砂性土石混合体及黏性土石混合体。

　　（2）根据"细粒相"是否胶结可分为完全胶结土石混合体、半胶结性土石混合体及胶结性土石混合体。

　　（3）根据土石混合体是否具有膨胀性可以分为膨胀性土石混合体及非膨胀性土石混合体。

2.6　土石混合体结构性特征描述

2.6.1　土石混合体结构的相对性与唯一性

　　如前文所述，土石混合体是由粒径相对较大的"粗粒相"及"细粒相"填充成分构成。随着断面规模和尺寸的变化，土石混合体内部结构也将会发生相对的变化。图 2.18 为土石混合体结构与工程尺度的关系示意图，图中Ⅰ、Ⅱ、Ⅲ分别对应了不同的研究尺度。由图 2.18 中可以看出，Ⅰ区仅由细粒土体构成，未包含有任何块石，可以概化为连续介质；Ⅱ区已包含有一定尺度的块石，可以概化为由细粒土体充填、细小碎石为骨架的不连续介质；Ⅲ区不仅包含相对于Ⅱ区不可忽略的碎石，而且还包含了粒径较大的块石，可概化为由相对较大的块石作为骨架，由土、砂土及尺寸相对较小的碎石填充的不连续介质。某种意义上，土石混合体的结构是相对的，只有在确定的地质条件及研究尺度条件下，土石混合体的结构才是唯一确定的。

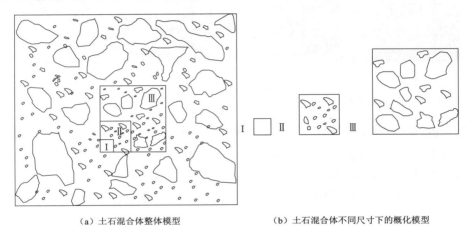

（a）土石混合体整体模型　　　　　　　（b）土石混合体不同尺寸下的概化模型

图 2.18　土石混合体结构与工程尺度的关系示意图

　　因此，在研究土石混合体的物理力学性质时，必须首先确定一定的研究层次，进而建立相应的细观结构模型；同时，也必须在一定的研究层次上来分析土石混合体的物理力学性质。离开了研究层次（或尺度）而盲目地探讨土石混合体的物理力学性质是没有意义的。

2.6.2　土石混合体细观结构参数化描述

　　土石混合体在漫长的形成过程中，形成了其特定的块石含量、粒度组成、块石形态及空间分布等细观结构特征，不同类型的土石混合体在细观结构上差异较大。为了能够更好地分析土石混合体的宏观力学特性及变形破坏特征，同时从宏观层次上建立土石混合体的定量化结构模型，从而为进一步建立土石混合体的结构化本构模型奠定坚实的理论基础，在对土石混合体的细观结构特征进行定性分析的基础上进行定量化分析是必要的。

　　根据土石混合体的细观结构特征，土石混合体的定量化参数可以分为：粒度分布特征参数、块石定向性特征参数及块石形态特征参数三大类。

2.7　土石混合体细观结构力学概念

　　众所周知，由于岩土体在形成演化过程中经历了各种内外动力作用的改造，使其呈现明显的结构性特征。岩土介质在内部微观、细观乃至宏观层次上的结构性，使其力学性质与一般的连续介质有着明显的差别，使得传统的建立在连续介质理论体系基础上的土力学理论在实际工程应用时带来了很大的误差。土的结构性及其在土力学研究中的重要性问题，早在 20 世纪 20 年代土力学之父——Terzaghi 就曾经指出：在评价黏性土的变形及强度特性时应注意其结构的重要性。我国著名的土力学家沈珠江院士曾强调指出：土的结构性本构模型的建立将成为 21 世纪土力学的核心问题[173]。

由于块石的存在使土石混合体与一般岩土介质有着明显的差别：在尺寸上，块石的尺寸通常较土体内部的土粒尺寸要大很多；在强度上，块石的强度要较土体的强度高。即构成土石混合体的块石和土体在尺寸及力学性质上具有极端的差异性，这种差异性使得其结构性研究区别于一般的建立在土颗粒（或土颗粒聚合体）、粒间孔隙等微观层次的土体微结构及微结构力学研究，同时也有别于建立在宏观尺度上的土体连续介质力学研究。但是建立在块石尺度上的土石混合体细观结构特征及其力学行为研究，对土石混合体物理力学性质的研究和纵深发展具有重要的意义，为此本书提出了"土石混合体细观结构力学"的概念。土石混合体细观结构力学（meso - structural mechanics of S - RM）是指以土石混合体内部块石的形态、空间分布、粒度组成及含石量等结构性特征为基础，在细观尺度引入力学分析方法，在土石混合体细观结构与其宏观力学行为之间建立相关关系。土石混合体细观结构力学的发展对土石混合体物理力学性质研究层次的深入及定量化表述具有重要的意义，其主要包括以下研究内容：

（1）土石混合体细观结构特征研究。运用并发展现代先进的精细结构探测（CT 技术、三维图像获取技术、高精度地球物理探测技术等）及分析方法（数字图像处理方法、二维及三维几何重建方法、结构性特征定量表述方法等），建立土石混合体细观结构模型（二维模型和三维模型），并探索土石混合体的内部结构特征及宏观统计规律。

（2）土石混合体细观损伤力学研究。从应力集中、剪切局部化、塑性区的扩展及贯通，以及块石旋转、运动和定向性排列等细观损伤特征出发定量刻画土石混合体变形破坏的孕育及发展过程。

（3）土石混合体细观计算力学研究。通过建立的土石混合体细观结构模型（真实结构模型或随机结构模型），引入现代数值计算分析方法，探索其变形、破坏机理及细观结构对宏观力学行为的影响，并最终实现由细观计算力学到宏观计算力学的跨尺度力学体系研究。

（4）土石混合体细观实验力学研究。发展具有高分辨率的力学测量方法和对试样内部细观变形、损伤、破坏过程及内部细观结构变化的非破坏式测试技术，从而探索土石混合体的细观损伤演化及其对宏观力学行为的影响。

（5）土石混合体结构化本构模型的建立。将土石混合体的结构化定量描述参数引入土石混合体的本构模型，从而建立相应的以结构化参数为基础的土石混合体结构化本构模型，这也是土石混合体结构模型纵深发展的必然。

第 3 章

基于数字图像处理技术的土石混合体
细观结构特性研究

3.1　概述

自然界中的各种岩土介质在形成过程中，其内部各组分在空间分布上存在差异性，同时形成后受各种内、外动力作用及人类工程活动的强烈改造作用影响，使其物理力学行为在微观、细观乃至宏观尺度上表现出明显的不连续性和各向异性，并呈现出非常复杂的非线性结构特征。例如，本书的主要研究对象——土石混合体，由强度较高且具有不同尺度和形态的块石、强度相对较低的细粒土体及孔隙组成，在细观结构上呈现显著的结构性 [图 3.1（a）]；受各种地质作用的影响，被多组不连续结构面切割而成的岩体，在宏观结构上具有明显的结构性 [图 3.1（b）]；土体内部孔隙及颗粒空间分布的不连续性，使得其在微观尺度上具有明显的结构性特征 [图 3.1（c）]；构成花岗岩的主要矿物（石英、长石、云母等）空间分布的不连续性，使得花岗岩在细观尺度上具有明显的结构性特征 [图 3.1（d）]。此外，沥青混凝土、水泥混凝土等建筑材料，因其内部骨料（块石）、孔隙及微裂隙等在空间上的不连续性也使得这类材料具有明显的结构性特征 [图 3.1（e）、（f）]。

天然岩土材料或人工合成建筑材料在内部结构上普遍存在着上述结构性特征，由于其内部各组分在外荷载作用下的力学性质有着很大的差异，同时它们之间又存在着极其复杂的相互作用关系，因此岩土材料的力学性能（如应力传递、破坏模式、裂纹扩展、承载能力等）因结构特征（如粒度组成、颗粒形状、颗粒分布、节理裂隙发育、产状及排列方式等）的不同而呈现出很大的差别。这种微观、细观乃至宏观尺度上力学行为的非连续性和不确定性，给工程性状分析和评价带来了巨大的困难，传统的连续介质理论及其评价方法体系难以适应当今工程建设大规模、高层次发展的需求。地质体（力学）空间分布模型的准确建立一直是地质和岩土工作者研究的前沿课题[174]，岩土材料结构性问题及结构性数学模型的建立，意味着在理论上可以有效地摆脱连续介质力学的长期束缚，从而在深化岩土力学本质性认识方面实现新的飞跃。

岩土工程新理论的发展及目前各类工程建设的要求，促使国内外众多学者探索新型技术来定量描述和研究岩体材料内部结构特征及其力学行为。随着计算机硬件技术及图像理论的迅速发展，数字图像处理（digital image processing，DIP）已经成为现代科学技术发

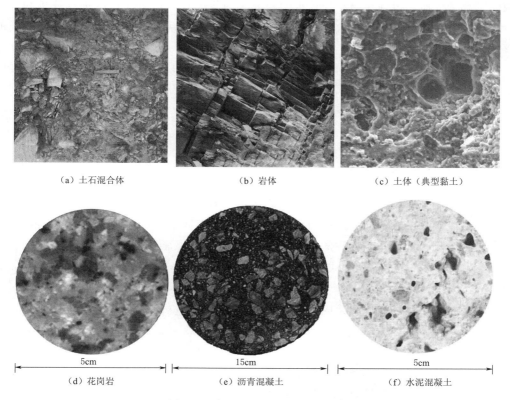

  （a）土石混合体   （b）岩体   （c）土体（典型黏土）

5cm   15cm   5cm

  （d）花岗岩   （e）沥青混凝土   （f）水泥混凝土

图 3.1 常见岩土介质的内部结构

展过程中必不可少的技术手段，相继应用于多种学科领域，并取得了可喜的成果。同时，数字图像处理技术也为岩土材料内部细观不同介质的空间分布进行精确测量和数值表述提供了可行途径[174]，为全面认识岩土材料的非均质性、内部结构特征、各组分的形态特征及相应的细观力学特性开辟了新的道路。如 Kwan et al.[175] 采用数字图像处理技术对水泥混凝土中粗骨料的形状、分布及骨料的延伸率等进行了研究；Yue et al.[176] 运用数字图像处理技术对沥青混凝土中骨料的大小、形状、分布及排列方式进行了研究；Lebourg et al.[177] 基于数字图像处理技术对冰水堆积物中块体的大小和形状进行了研究。

  本章将以土石混合体为例，对数字图像处理技术在岩土材料细观结构定量化研究方面的基本理论及方法进行系统的论述，并在此基础上研究土石混合体的细观结构特征及规律，为进一步研究和认识这类岩土体奠定理论基础。

3.2 土石混合体细观结构概念模型的建立

3.2.1 数字图像处理技术

  数字图像处理技术是计算机图形深入应用和高层应用的一个极其广泛的领域，它把来自照相机、摄像机、扫描装置、电子计算机断层扫描（computer tomography，CT）等的图像经过数学变换，得到存储在计算机中的数字图像信息，再由计算机进行分析和处理，最后得到所需要的各种结果。数字图像在计算机中是由一系列矩形排列的像素点构成的，在灰度图像中每个像素点对应一个整数值，用以表示该点的亮度，即灰度。常见的 256 色和二值化图像的灰度值分别为 $0 \sim 255$ 和 $0 \sim 1$。整个图像由具有不同灰度值的像素点阵构成，该像素点阵的灰度值则构成了一个离散函数 $f(i, j)$（i、j 分别代表像素点在整个图像对应像素点阵中的行号和列号）：

$$f(i, j) = \begin{bmatrix} f(1,1) & \cdots & f(1,M) \\ \vdots & & \vdots \\ f(N,1) & \cdots & f(N,M) \end{bmatrix} \tag{3.1}$$

式中：N、M 分别为图像中所包含的像素点阵的行数和列数。

在该离散函数中，不同的灰度值代表了图像中的不同信息，这些像素点对应的各个离散数据成为下一步数字图像处理的基础。对于一个二值化图像（只有黑白两色），其灰度值仅有 0（代表灰色）和 255（代表白色）两种 [图 3.2（a）]。图 3.2（b）为二元图像对应的离散函数 $f(i, j)$，其中 $N=5$、$M=6$。因此，材料表面或内部不同介质的空间位置和分布特征可以通过其对应数字图像的灰度值或色度的离散函数来准确体现。

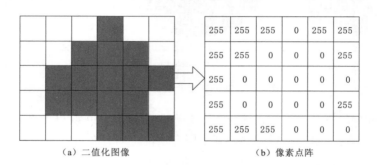

（a）二值化图像　　　　　　　　　（b）像素点阵

图 3.2　二元图像与对应的像素点阵 $f(i, j)$ 示意图

早期的数字图像处理技术主要应用于医学、天文学及遥感领域，19 世纪 70 年代，CT 技术的出现成为数字图像处理技术在医学诊断领域的一个突破。同时，由于 CT 技术是一种无损探测技术，它不仅可以在不破坏试验材料的情况下建立材料的微观和细观结构模型，并用于数值试验开展细观与宏观力学研究，而且其相应的试样仍然可以用于宏观的力学性能测试，这对于像岩土这类典型的结构性材料而言无疑具有重要的应用前景。随着数字图像处理理论的不断成熟，数字图像处理技术已经成为集容信号处理、数学、体视学、模式识别、人工智能等于一体的边缘性学科，并不断渗透到各个科学领域。

通过各种图像获取设备得到的岩土材料图像中包含了丰富的结构信息，这些信息可以通过相应的灰度值或色彩来反映。因此岩土体内部块体的形态、大小、含量、定向性等微观和细观结构特征及岩体内部不连续结构面的分布特征等可以通过现代图像处理技术进行快速的定量分析，以代替传统的定性判定，节省了大量的人力、物力。同时，可以利用数字图像处理技术建立岩土体的微观和细观结构概念模型（二维或三维）进行岩土体结构力学分析，对进一步认识岩土材料的变形损伤机理，并建立相应的结构性本构模型具有重要的意义。图 3.3 为基于数字图像处理技术的岩土材料细观结构特征及物理力学特征研究框架体系。

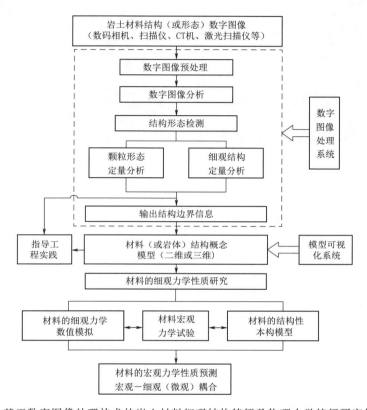

图 3.3　基于数字图像处理技术的岩土材料细观结构特征及物理力学特征研究框架体系

3.2.2　土石混合体数字图像预处理

土石混合体物质组成的复杂性决定了在研究过程中难于取得相应的原状试样，因此难以利用现有的新技术手段（如 CT 机、扫描电镜等）来精确获取其内部细观结构的数字图像。只有借助现有技术手段（如相机、摄像机等设备）现场获取土石混合体一定尺寸的断面照片，以研究土石混合体现场真实的细观结构特征，建立较为符合实际的"概念结构模型"。

为此，首先在试验研究场地开挖一定尺寸的断面（或选取已有的断面），并将表面进行平整处理并清理干净；然后，在选取断面的适当位置水平放置具有一定尺度的刻度尺，以标定经过图像处理后试样图像的实际尺寸及图像方位；最后，利用高精度的数码相机或光学相机等对选取的断面进行拍照，并输入计算机存储。

由于外界各种因素（如光照、断面的平整度、块体与周围填充土体的色彩差异性等）的影响，通过上述方法获得的断面图像通常存在有大量的图像噪声而难以直接用于数字图像分析［图 3.4（a）］。为此，需要利用现有图像处理软件（如 Photoshop 等）对原始图像进行处理，以消除这些不良因素，提取需要研究的对象。

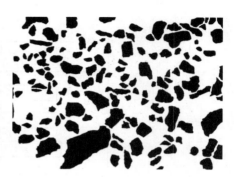

（a）现场获取的土石混合体图像　　　　　　（b）经过图像预处理及二值化后的数字图像

图 3.4　土石混合体数字图像预处理

3.2.3　像素与实际尺寸转换比例

数字图像由一系列矩形排列的像素点构成，其中每个像素点对应于一个正方形，相邻像素点间的距离（水平或垂直）与图像所代表的实际尺寸（长度或高度）间存在一定的比例关系。为了便于开展对土石混合体的内部细观结构特征及数值模拟等的研究，需要对图像像素对应的实际尺寸进行转换，转换比例为

$$S = \frac{L}{N} \tag{3.2}$$

式中：S 为数字图像中每个像素单位对应的实际尺寸；L 为图像在横向或纵向上所对应的实际尺寸；N 为图像在横向或纵向上的像素点数目。

图 3.4 所示的数字图像的像素点数为 1280×960，因此其相应的转换比例为：$S = 118/1280 = 0.09219$（cm/pixel）。

3.2.4　土石混合体的细观结构概念模型

据第 2 章所述土石混合体的概念，利用式（2.1）可得图 3.4（a）所示图像中土石混合体的土/石阈值为 $d_{\text{S/RT}} = 0.05\sqrt{A} \approx 5.1\text{cm}$（$A$ 为图像面积）。所以，粒径 $d < 5.1\text{cm}$ 的颗粒为构成所研究土石混合体的土体成分；而粒径 $d \geqslant 5.1\text{cm}$ 的颗粒（或块体）为土石混合体的块石成分。

为了便于对土石混合体内部细观结构特征进行系统分析，本书编写了集边缘检测、特征值量测、数据统计与分析等于一体的数字图像处理程序。基于数字图像处理程序，对利用上述方法得到的各试样对应的二值化图像［图 3.4（b）］进行分析，将粒径大于土/石阈值的块体分离出来，并利用边缘检测技术得到试样块体边界的二元图像（图 3.5），建立相应的细观结构概念模型。

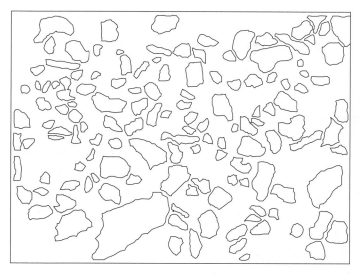

图 3.5 土石混合体的边缘检测结果

3.3 土石混合体细观结构定量描述

3.3.1 块石粒径

由于现有技术条件的限制，难于获取天然土石混合体在三维空间中的断面图像序列，即难于获取原位土石混合体的三维结构特征（或内部块石的三维几何特征参数），从而无法得到土石混合体的真实含石量（三维空间）特征。若未作特别说明，本书所指的图像均为基于二维图像获取方法（相机、扫描仪及扫描电子显微镜等）得到的试样二维断面图像。

众所周知，由于块石在三维空间的分布具有不确定性，通过二维断面获取的块石粒径并不一定为其在三维空间的真实粒径，称之为"可视粒径"（maximum observable dimension，MOD），即二维断面上块体的最大可视尺寸，如图 3.6 所示。由于土石混合体在形成过程中其内部块石的分布具有随机性，从统计意义上讲通过这种二维断面获取的块石"可视粒径"分布特征可以近似地反映块石在三维方向上真实的粒度分布特征。

3.3.2 含石量

根据构成土石混合体的块石密度（ρ_R）及土体密度（ρ_S），求得构成土石混合体的块石粒度累积分布曲线：

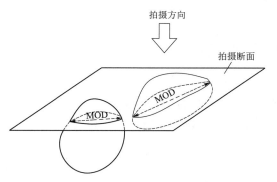

图 3.6 土石混合体内部块石"可视粒径"与拍摄断面的关系

$$P_r = \frac{RA_r}{RA \cdot \rho_R + SA\rho_S} \tag{3.3}$$

式中：P_r 为小于某一粒径 r 的块石粒度质量累积百分含量，%；RA 为测量区域内块石所占面积；SA 为测量区域内土体所占面积；RA_r 为测量区域内小于某一粒径 r 的块石面积。

3.3.3　块石形态特征定量描述

块石形态特征参数大致分为形状（form）、棱角性（roundness/angularity）及表面纹理（surface texture）三类[5]，如图 3.7 所示。形状特征反映了块体整体的外部形态变化，表征宏观形态特征；棱角性特征反映了块体边界拐角变化的剧烈程度，表征中观形态特征；表面纹理反映了块体表面的粗糙性等信息，表征局部细观形态特征。目前，用于块体形态特征定量表述的方法大致可以分为确定性表述和非确定性表述两大类。

3.3.3.1　块石形态特征确定性表述

块石形态特征的表述是通过数字图像处理的方法直接对块体的几何参数（如长轴、横轴、短轴、周界、面积等）进行量测（图 3.8），然后通过公式计算获得相应的形态参数。

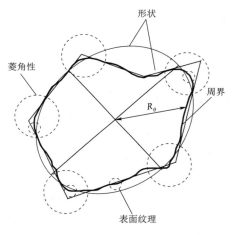

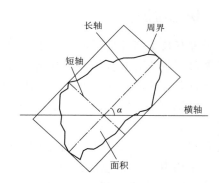

图 3.7　块石形态特征参数示意图[178]　　　　图 3.8　块石的几何特征

在块石形态特征的确定性表述中，通常采用形态因子（shape factor，SF）来描述块体的几何形态：

$$SF = \frac{P}{2\pi r} \tag{3.4}$$

式中：SF 为块石的形态因子（无量纲）；P 为块石的边界周长；r 为块石的等效半径。

块石的等效半径的计算公式为

$$r = \sqrt{\frac{A}{\pi}} \tag{3.5}$$

式中：A 为块石的面积。

据式（3.4）可知，圆形的形态因子为 1.0；长短轴比为 2：1 的椭圆的形态因子为

1.09；长短轴比为 1∶2.5 的椭圆的形态因子为 1.16；长短轴比为 1∶3 的椭圆的形态因子为 1.23；长短轴比为 1∶4 的椭圆的形态因子为 1.38。因此，可以利用块体的形态因子将其概化为与之相对应的规则几何体。

3.3.3.3.2 基于傅里叶级数的块体形态非确定性表述[179]

块体形态的非确定性表述即利用数字图像处理技术，将傅里叶分析[180-182]、小波分析[183-184]、球谐函数[185-187] 及分维几何等数学、非线性科学方法引入颗粒形态的定量描述中。其中较为常用的非确定性表述参数有块体表面分维数及傅里叶形态参数等，本节重点对傅里叶形态参数的表述方法进行阐述。如图 3.7 所示，颗粒的边界轮廓可以通过傅里叶级数来描述：

$$R(\theta) = a_0 + \sum_{n=1}^{\infty} \left[a_n \cos(n\theta) + b_n \sin(n\theta) \right] \tag{3.6}$$

其中

$$a_0 = \frac{1}{2\pi} \int_0^{2\pi} R(\theta) \mathrm{d}\theta \tag{3.7}$$

a_n、b_n、n 为傅里叶系数及相应频率：

$$a_n = \frac{1}{\pi} \int_0^{2\pi} R(\theta) \cos(n\theta) \mathrm{d}\theta \qquad n = 1,2,3 \tag{3.8}$$

$$b_n = \frac{1}{\pi} \int_0^{2\pi} R(\theta) \sin(n\theta) \mathrm{d}\theta \qquad n = 1,2,3 \tag{3.9}$$

式中：$R(\theta)$ 为从颗粒质心到边界的直线长度（图 3.7），其值随 θ 的变化而变化，为周期函数；θ 为方位角，$0° \leqslant \theta \leqslant 360°$；$a_0$ 为颗粒的平均半径。

由于 $R(\theta)$ 及 θ 为已知的离散变量，则由式（3.7）~式（3.9）可得：

$$a_0 = \frac{1}{2\pi} \sum_{\theta=0}^{2\pi-\Delta\theta} \left[\frac{R(\theta+\Delta\theta) + R(\theta)}{2} \right] \Delta\theta \tag{3.10}$$

$$a_n = \frac{1}{\pi} \sum_{\theta=0}^{2\pi-\Delta\theta} \left[\frac{R(\theta+\Delta\theta) + R(\theta)}{2} \right] \left[\sin(n\theta+\Delta\theta) - \sin n\theta \right] \tag{3.11}$$

$$b_n = \frac{1}{\pi} \sum_{\theta=0}^{2\pi-\Delta\theta} \left[\frac{R(\theta+\Delta\theta) + R(\theta)}{2} \right] \left[-\cos(n\theta+\Delta\theta) + \cos n\theta \right] \tag{3.12}$$

根据上述算法，本书得到了基于傅里叶级数的块体形态与原始形态对比图系，见附录 A。从附录 A 中可以看出式（3.6）中 n 的取值越大，越能反应颗粒的真实剖面。当 n 处于低频（$1 \leqslant n \leqslant 4$）时仅表现为形状属性的变化，当 n 处于中频（$5 \leqslant n < 25$）时主要表现为颗粒棱角特征的变化，而当 n 处于高频（$25 \leqslant n$）时则主要表现为表面纹理特征的变化，则颗粒的形状、棱角特征及表面纹理特征可以分别表述为

$$\alpha_s = \frac{1}{2} \sum_{n=1}^{n=n_1} \left[\left(\frac{a_n}{a_0} \right)^2 + \left(\frac{b_n}{a_0} \right)^2 \right] \tag{3.13}$$

$$\alpha_r = \frac{1}{2} \sum_{n=n_1+1}^{n=n_2} \left[\left(\frac{a_n}{a_0} \right)^2 + \left(\frac{b_n}{a_0} \right)^2 \right] \tag{3.14}$$

$$\alpha_t = \frac{1}{2} \sum_{n=n_2+1}^{n=\infty} \left[\left(\frac{a_n}{a_0} \right)^2 + \left(\frac{b_n}{a_0} \right)^2 \right] \tag{3.15}$$

式中：n_1 为形状与棱角特征频率分界值，一般取 $n_1=4$；n_2 为棱角与表面纹理特征频率分界值，一般取 $n_2=25$。

根据上述方法可求得相应的基于傅里叶级数的颗粒形态定量参数：

（1）傅里叶形状指数（form index using Fourier，FFI）。颗粒的二维剖面形状可以采用傅里叶级数表示：

$$FFI=1+\alpha_s \tag{3.16}$$

式中：FFI 为颗粒的形状指数，其大小反映了颗粒形状上的变化，圆形颗粒的形状指数为 1。

（2）傅里叶棱角指数（angularity index using Fourier，FAI）。如前文所述，傅里叶级数中 n 的取值处于中频范围内时可以用于定量表征颗粒的棱角特征[6]，则颗粒的傅里叶棱角指数可以表述为

$$FAI=\alpha_r \tag{3.17}$$

式中：FAI 为傅里叶棱角指数。

（3）傅里叶纹理指数（texture index using Fourier，FTI）。颗粒表面纹理特性可以用傅里叶纹理指数来定量表征[179]：

$$FTI=\alpha_t \tag{3.18}$$

式中：FTI 为傅里叶纹理指数。

3.4　土石混合体细观结构特征研究

为了探索土石混合体在细观结构上的规律性，为进一步研究土石混合体的物理力学特性提供丰富的基础性资料，本书选取云南省丽江市金沙江虎跳峡地区龙蟠右岸斜坡分布的土石混合体为研究对象，对土石混合体细观结构参数进行了定量化分析。现场钻探结果表明，该斜坡表层土石混合体的分布厚度为 5.0～40.0m 不等，其成因主要为崩坡积及冰水堆积。该区域土石混合体中的块石主要由砂岩组成，其表面较为粗糙、棱角分明、形状较为不规则。

本书在研究区共选取了 4 处试验点进行采样，并通过现场拍照的方式获取土石混合体的断面图像，同时对各试样进行了现场粒度筛分试验。为便于在内部块体的定向性研究中使各试样的处理结果具有可比性，选取的各试验点断面均平行于斜坡中的轴线方向。表 3.1 显示了通过数字图像处理技术及现场筛分试验得到的各试样相关信息。

表 3.1　　　　　　　　　　　　各试样相关信息一览表

试样编号	土/石阈值 $d_{S/RT}$/cm	图像面积 /cm²	块石总数	含石量/%		误差 /%
				数字图像处理	现场筛分	
1	5.1	10384	129	36.3	45.2	19.7
2	2.1	1787	48	22.0	28.6	23.1
3	1.8	1331	40	16.8	19.3	12.9
4	2.2	1972	102	23.2	28.5	18.5

3.4.1　土石混合体粒度特征研究

利用各土石混合体断面数字图像处理后得到的二值化图像（图 3.4），基于测量图像

内部各块体（黑色区域）对应的像素点数，可以获得各块体相应的像素面积，从而通过比例转换（面积转换比例，S^2）进一步得到对应的实际面积。然后，再根据土体和块石的密度得到各组分的质量百分含量及不同粒径的块石质量百分含量累积曲线。

根据现场及室内试验结果，本书采用的块石（砂岩）的密度为 $2.41g/cm^3$、充填成分（土）的密度为 $1.80g/cm^3$（因图像面积的不同而造成各试样的土/石阈值有所差异，这可能会导致试样填充成分的密度不同。考虑到各试样的土/石阈值差别不是很大，为便于研究本书中的各试样填充成分的密度保持一致）。图 3.9 显示了各试样测量块体在双对数坐标下的颗粒质量百分含量累积曲线，各试样相应的含石量见表 3.1。为验证利用数字图像处理技术得到的含石量的可靠性，在现场对图像拍摄区的土石混合体进行了现场颗粒筛分试验并获得了相应的含石量（表 3.1）。

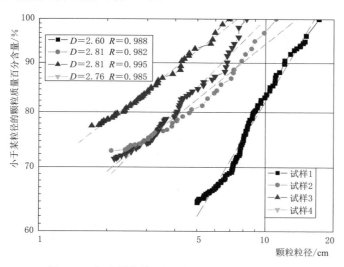

图 3.9　各试样块体颗粒质量百分含量累积曲线

在利用由二维数字图像获取的含石量来反映真实（三维空间）情况下的含石量时，土石混合体中块体的形状和排列方向起到了决定性的作用。当量测块体在三维方向上的尺寸近似时，通过二维图像处理获得的块石形态才能近似反映构成土石混合体内部块石的三维特征。如果块体在空间三维方向上的尺寸近似，那么其在二维数字图像上所显示的二维尺度也将近似；如果在二维数字图像上显示的二维尺度有较大的差别，则其在三维方向上的尺寸差别也将较大。为此，本书利用数字图像处理技术对各试样中所含的块体的长轴和短轴进行了量测，并对各个块体的长短轴比进行了统计（图 3.10）。从图 3.10 中可以看出，各试样不同长短轴比所对应块体的质量百分含量累积曲线趋于近似。同时，可以看出，在各试样量测的块体中约有 80% 块体的长短轴比大于 1.3，最大者可达 3.8。据此可以推断该区域土石混合体中所含块体在三维方向上的尺度极其不均匀，这也与现场观察的结果一致。由二维数字化图像获得的含石量与现场筛分试验得到的实际含石量（三维空间）有所差异，最大误差可达 23.1%（表 3.1）。因此，该区域土石混合体的二维图像不能完全反映土石混合体真实的含石量情况，只能是对实际含石量的一种近似。

但是，从图 3.9 所示的块体颗粒质量百分含量累积曲线（双对数坐标）上可以看出，二维图像所显示的土石混合体中的块体有明显的自组织特征，其分维数为 $2.60\sim2.81$，这与现场测定（三维空间）的分维数 $2.67\sim2.91$（本书第 2.4.2 节）非常相近。

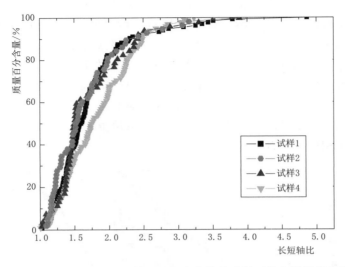

图 3.10　各试样不同长短轴比所对应块体的质量百分含量累积曲线

3.4.2　土石混合体内部块石定向特征研究

土石混合体在外动力堆积形成及固结的过程中，内部的块石将以趋于力学稳定的方式进行排列，定义长轴与水平面（即数字图像中的水平扫描线）的夹角（α）为块石的方位角（图 3.8），其值域为 $[0,\pi]$。一般地，块石的定向性评价指标主要包括定向频率和定向分维数。

（1）定向频率直观地反映了各个倾角内块石出现的频率。图 3.11 为各试样断面内块石的倾角定向频率分布曲线。从图 3.11 中可看出，各试样所含块石在整个定向频率分布曲线上近似呈 M 形，且从总体上看其在 $10°\sim40°$ 及 $130°\sim170°$ 两个区间内的定向频率较高，而在 $40°\sim130°$ 的定向频率较低。这表明块体从堆积到固结这一段时间内，经历过多种改造作用（如坡体的变形等），使其不断向着排列最稳定的方向发展，长轴倾角逐渐向近顺坡向或反坡向发展，而仅有少数块石长轴平行于重力方向，即与水平方向的夹角近 $90°$。

（2）块石的定向分维数反映了块体的定向程度大小，其值越大，则土石混合体的定向程度越差，混乱度越大；反之则表明定向性越好。图 3.12 为各试样块石的定向分维数，从图中可以看出各试样所对应曲线具有较好的线形回归关系，其定向分维数为 $0.49\sim0.724$。这表明，虽然土石混合体内部块石取向具有较大的随机性，但是在"混乱"中仍然表现出良好的统计定向分维特征，这与图 3.11 所示的频率分布曲线相吻合，从而也证实了采用块石定向分维数来反映土石混合体定向程度是符合实际的。同时，由于块石分布的位置不同可能会导致各自的定向分维数有所差异（如本书中 4 个试样的定向分维数最大差异可达 0.234）。

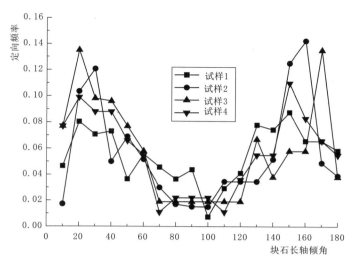

图 3.11 各试样块石定向频率分布曲线

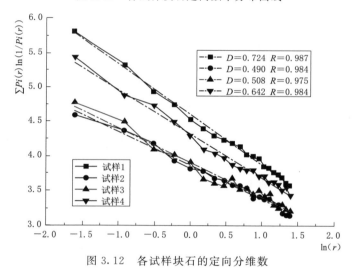

图 3.12 各试样块石的定向分维数

3.4.3 土石混合体内部块石形态特征研究

如前文所述，块体的形态特征参数表述可以分为确定性表述和非确定性表述，为了对土石混合体内部块石的形态特征作出定量分析，以研究其在宏观层次上的规律性，本节从块体形态的确定性表述及非确定性描述两方面进行研究。

3.4.3.1 块体形态的确定性表述特征

为了获得试样内部块石的形态因子，本书利用各试样数字图像的边缘检测结果测量得到了各块体的周长。利用式（3.4）计算得到了试样内部块石的形态因子，并进行了统计分析，如图 3.13 所示。

由图 3.13 可知，各试样内部块石的形态因子集中分布在 1.2 附近，其数量超过总量测块体的 50%。结果表明，研究区土石混合体中所含块体的二维形态多数近似于长短轴

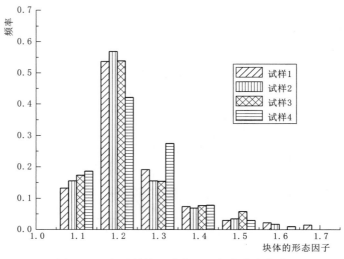

图 3.13　各试样块石形态因子频率分布曲线

比为 1∶2.5～1∶3 的椭圆。

3.4.3.2　块体形态的非确定性表述特征

1. 土石混合体内部块石表面分维数特征

颗粒表面特征在分形几何中通常用分维数来表示，分维数的大小表征了颗粒表面的粗糙程度，分维数越大，颗粒表面起伏度越大，即越粗糙。对于土石混合体中的块体来说，其表面的分维数大小从某种程度上也反映了其表面的风化程度。

利用二维数字图像处理技术得到了各试样所含块体边缘检测分界线的分维数，并以此来代表各个块体的表面分维数，对土石混合体中块体的表面形态特征进行研究。图 3.14 为各试样内部块石表面起伏分维数分布曲线，从图中可以看出：①该区域土石混合体各试样内部块石表面起伏分维数分布曲线非常接近；②该区域土石混合体各试样内部块石的表面分维数一般较为稳定，变化不大，其中约有 90% 以上的块体表面分维数介于 1.04～1.09 之间，平均值为 1.065。这也反映了研究区土石混合体中所含块石的来源、成因及风化程度具有一致性。

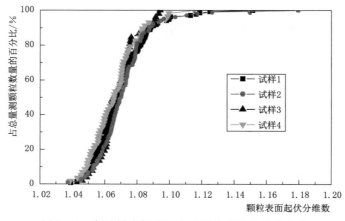

图 3.14　各试样内部块石表面起伏分维数分布曲线

2. 土石混合体内部块石傅里叶形态特征表述

基于上述傅里叶形态表述方法，利用数字图像处理技术获取的土石混合体内部块石的边界几何信息，分别对试样内部每个块石进行傅里叶形态分析，获得其相应的傅里叶形态指数，通过统计分析获得各试样内部块石的傅里叶形态特征指数频率分布图（图 3.15）。从图 3.15 中可以看出，各试样内部块石的傅里叶形态特征指数分布具有明显的相似性，且各形态指数分布较为集中。

土石混合体内部块石傅里叶形态特征指数平均概率分布如图 3.16 所示。由图 3.16 可知，研究区土石混合体内部块石傅里叶形状指数主要分布在 1.0～1.2（约占 80％以上）；

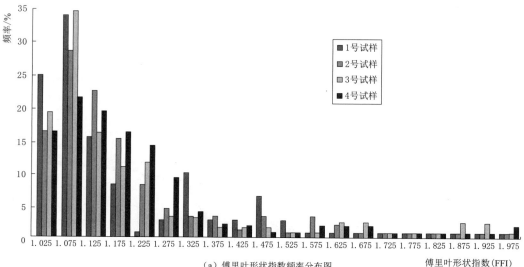

（a）傅里叶形状指数频率分布图

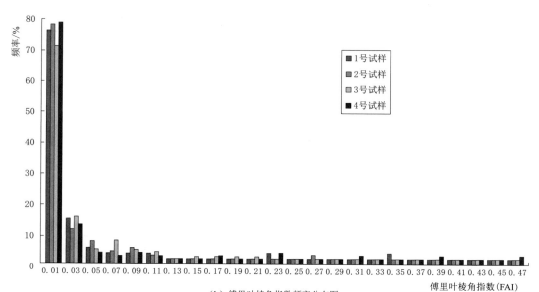

（b）傅里叶棱角指数频率分布图

图 3.15（一） 土石混合体内部块石傅里叶形态特征指数频率分布图

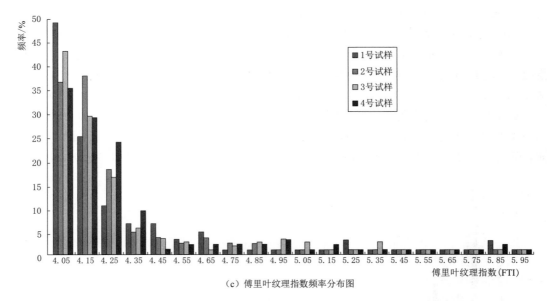

（c）傅里叶纹理指数频率分布图

图 3.15（二）　土石混合体内部块石傅里叶形态特征指数频率分布图

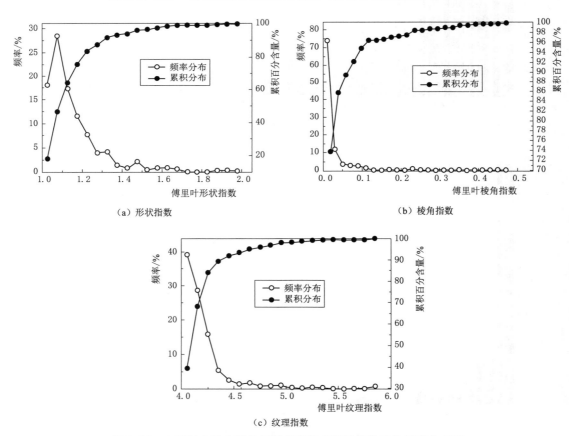

（a）形状指数　　　　　　　　　　　　　　（b）棱角指数

（c）纹理指数

图 3.16　土石混合体内部块石傅里叶形态特征指数平均概率分布图

傅里叶棱角指数主要分布在 0～0.05 之间（约占 70％以上）；傅里叶纹理指数主要分布在 4.0～4.5 之间（约占 85％以上）。

3.5 土石混合体细观结构定量评价指标体系

岩土体细观结构定量化研究是岩土力学研究的一个重要领域，也是一个复杂的跨学科研究课题。岩土体细观结构定量评价指标体系的建立，是岩土体细观结构研究纵深发展的必然，它对于建立岩土体的细观结构统计模型（或随机细观结构模型）及结构化本构模型具有重要意义。由于土石混合体自身的工程地质性质决定了其结构性特征的重要性。影响土石混合体物理力学性质的因素，除了土体及块石自身的物理力学性质外，很大程度上取决于其细观结构性特征，这些特征主要包括：①块石的组成、含量、排列等结构性特征；②块石的形态特征。因此，土石混合体细观结构定量评价指标体系大致可分为结构性特征指标和形态特征指标两个方面（图 3.17）。

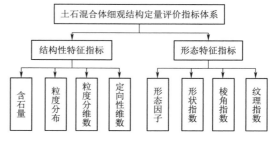

图 3.17 土石混合体细观结构定量评价指标体系

土石混合体的结构性特征指标主要包括含石量、粒度分布、粒度分维数及定向性维数，它们是决定土石混合体细观乃至宏观物理力学性质及变形破坏机制的重要指标。土石混合体的形态特征指标主要包括形态因子、形状指数、棱角指数和纹理指数，它们反映土石混合体内部块石的宏观形态特征及表面粗糙程度，从而在一定程度上也反映了其对土石混合体细观结构力学性质的影响。

第 4 章

块石三维模型数据库及形态特征

4.1 概述

颗粒是岩土体最基本的单元。对于土石混合体而言，内部块石的大小、形态等几何特性对于其物理力学性质有着显著的影响，也是其区别于其他一般岩土体的内在机制。本书第 3 章基于二维数字图像处理技术及对土石混合体断面图像的分析实现了对土石混合体内部块石几何形态的分析。本章将针对构成土石混合体的块石及其他典型的岩土颗粒，以三维表面重建技术为支撑，重建颗粒三维几何模型，并构建数据库以实现对块石形态的统计分析及规律性研究。

三维表面重建技术是通过一定的技术手段获取物理世界的表面信息，进而在数字世界建立几何模型的方法。随着数字图像处理、三维扫描等技术的发展和普及，也为三维表面重建技术的应用带来了广阔的空间。目前，三维表面重建技术已经在测绘、定位、导航、自动驾驶、数字孪生、工业制造、游戏及电影等领域得到了广泛的应用。

三维点云是三维表面重建技术中重要的数据信息，其核心就是获取几何体表面空间点的坐标。常用的设备为三维扫描仪，它是集机、光、电于一体的三维表面点云获取设备，其工作原理是利用光学成像技术，将物体表面的空间点转化成数字信息，得到物体三维数字坐标。三维扫描仪主要分为接触式和非接触式两种，早期的三维扫描仪主要为接触式，由坐标测量机通过探针在物体表面移动，得到各个点的三维坐标。这种方法的特点是扫描的精度比较高，但是由于探针须在物体表面移动，这就要求物体表面要有较高的刚度。在高精度的要求下，需要对物体表面进行大数目的点采集，而探针的移动速度有限，因而导致扫描效率较低。

随着光电技术、信息技术以及计算机技术的飞速发展，出现了非接触式三维扫描仪。根据扫描所用信号源的不同非接式三维扫描仪又分为光学式、声学式、磁学式等。尤其随着光学技术和图像技术的发展，基于光信息传播而发展起来的光学式三维扫描技术也得到了飞速发展。利用光学性质，可以避免扫描仪与被扫描物体直接接触，不仅可以有效地保护物体，而且也可以提高扫描效率。相对于传统的机械式三维扫描仪，光学式三维扫描仪对物体材料的刚度没有要求，基本上可应用在任何材料上。目前已实现商业化的主流三维扫描仪主要有以下几种：结构光法、双目立体视觉法、三维激光扫描法、倾斜摄影法、飞行时间法及光场成像法等，其中结构光法、双目立体视觉法及三维激光扫描法又是常用的方法。

（1）结构光法（又称主动结构光法）是通过投射点结构光或线结构光等到物体表面（图4.1），被待测物体表面高度调制的结构光经摄像系统采集，通过对拍摄物体的图像分析可得到物体表面各点的像素信息和坐标信息，利用坐标系的转化计算得到每个点在统一世界坐标系下的坐标值。该类设备中应用最广泛的是光栅结构光投影技术，其性价比较高，获得的点云精度较高（最高可达微米级），但是该技术对环境光线要求比较高，通常适用于室内拍摄。

（2）双目立体视觉法（又称被动双目立体视觉法）是模拟人的视觉成像原理（图4.2），利用两台位置固定的摄像机，使其与被扫描物体构成一个三角形，已知两个摄像机之间的位置关系和物体在左右图像中的坐标，便可获得两个摄像机公共视场内物体的三维尺寸及空间物体表面各点的三维空间坐标。基于双面立体视觉技术，出现了多种不同类型的双目立体相机，在机器人、无人驾驶、体感游戏、运动识别、场景重建、VR 等领域有着广泛的应用。其优点是硬件成本较低，对环境光要求相对较低，在室内和室外都可以使用；缺点是不适用于缺乏纹理的单调场景，精度相对结构光较低；此外，测量范围与两个摄像头间的距离（基线）有很大关系，基线越大，测量范围越远，但精度会下降。

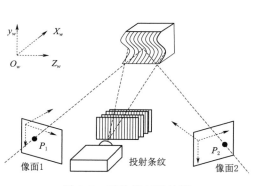

图 4.1 结构光扫描法图

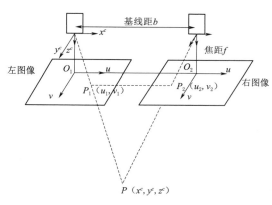

图 4.2 双目立体视觉匹配法

（3）三维激光扫描技术（3D laser scanning technology）的出现和发展为空间三维信息的获取提供了全新的技术手段，也为信息数字化发展提供了必要的生存条件。三维激光扫描技术是一种先进的全自动高精度立体扫描技术，又称三维激光成像技术或实景复制技术，是继 GPS 空间定位技术之后的又一项测绘技术革新。它克服了传统测量技术的局限性，采用非接触主动测量方式直接获取高精度三维数据，能够对任意物体进行扫描，且不受白天和黑夜的限制，能够快速将现实世界的信息转换成可以处理的数据；它具有扫描速度快、实时性强、精度高、主动性强、全数字特征等特点，可以极大地降低成本、节约时间，而且使用方便，其输出数据的格式可直接与 CAD、三维动画等软件建立接口。三维激光扫描系统大致可划分为机载型激光扫描系统、地面型激光扫描仪和手持型激光扫描仪三种类型。

三维激光扫描技术基本原理示意如图 4.3 所示。由图 4.3 可知，三维激光扫描仪发射器发出一个激光脉冲信号（A_r），经物体表面漫反射后，沿几乎相同的路径反向传回到接收器（A_R），然后，根据激光脉冲往返时间间隔 t_L 计算目标点与扫描仪的距离 S，计算公式为

$$S = ct_L/2 \qquad (4.1)$$

式中：S 为测点距离扫描仪的距离，m；c 为光速，m/s；t_L 为激光脉冲往返时间间隔，s。

在扫描过程中，精密时钟控制编码器会同步测量每个激光脉冲横向扫描角度观测值 α 和纵向扫描角度观测值 β。三维激光扫描测量一般为仪器自定义坐标系（图 4.4），对于目标点 P 经下式计算获得相应的坐标：

$$\begin{cases} X_P = S\cos\beta\cos\alpha \\ Y_P = S\cos\beta\sin\alpha \\ Z_P = S\sin\beta \end{cases} \qquad (4.2)$$

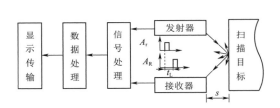

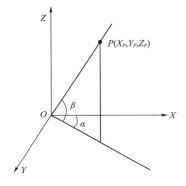

图 4.3　三维激光扫描技术基本原理示意图　　　图 4.4　三维激光扫描仪三维坐标计算示意图

由于基于非接触式的三维扫描与重建技术较传统的测量技术有明显的优越性，被广泛应用于土木工程、文物保护、古建筑物复原、建筑业、城市规划、医学、汽车制造、逆向工程等领域，并显示了其高效、高精度的独特优势。

4.2　三维颗粒表面重建

颗粒是岩土体的基本单元，其粒径尺度从微米到米甚至数米不等，这使得不同粒径的颗粒对三维重建精度的要求不同，因此采用的点云获取技术方法也有差别。颗粒粒径越小，对三维重建精度的要求也越高。一般而言，对于毫米及以下的颗粒可以采用 CT 技术，对于厘米级的颗粒可采用结构光扫描技术，对于大于 10cm 的颗粒可采用三维激光扫描技术，对于更大的颗粒——米级以上的巨石还可以采用双目立体视觉法。

4.2.1　基于 CT 技术扫描的砂颗粒三维表面获取

由于砂颗粒粒径太小，难以通过激光或结构光扫描方法获得精细的表面模型。计算机

断层扫描（CT）技术已被广泛用于三维精细结构重构，然而，当直接对砂颗粒集合体进行扫描时，由于砂颗粒间接触紧密，在三维重建过程中很难将其相互分离。众所周知，除了扫描仪设备的性能会影响 CT 技术重建结果的分辨率和准确性外，试样大小和试样组分之间的密度差也会影响重建结果。为了分离砂颗粒，可使用硅胶（密度远小于砂颗粒）生成的"砂-胶"混合试样。首先，将砂颗粒与硅胶混合并搅拌均匀，确保砂颗粒悬浮在硅胶中，且砂颗粒之间几乎没有相互接触。然后，将搅拌均匀的"砂-胶"混合物放入圆柱状的模具。为了便于拆样，在模具表面涂上一层薄薄的凡士林。制作的试样大小可以根据拟采用的扫描设备情况确定，一般而言可以选择直径为 2.0cm、高度为 3.0cm 的圆柱模具。当混合物凝固后，将样品从模具中取出，并利用 CT 技术进行扫描。利用 CT 技术扫描的砂颗粒试样如图 4.5 所示。

基于 CT 技术的砂颗粒三维重建方法如图 4.6 所示。其中，图 4.6（a）为 Diondo D5 X 射线 CT 系统示意图。对于 Diondo D5，探测器由图像增强器和 3072×3072 像素的 $427\text{mm} \times 427\text{mm}$ 电荷耦合器件（charge coupled device，CCD）组成。在扫描过程中，为了获得 $5\mu\text{m}$ 的有效源光斑尺寸，电压和电流分别保持在 25kV 和 $100\mu\text{A}$。在这种情况下，扫描的分辨率约为 0.015mm。

采用 CT 设备对制作的"砂-胶"混合物试样进行扫描，获得试样的 CT 序列图像。基于 CT 序列图像，实现试样的三维重建。在三维重建过程中，由于使用以前的样品制备方法导致砂颗粒接触不紧密，通过图像分离方法很容易将样品内的砂颗粒彼此分离。图 4.6（b）为砂颗粒三维重建过程示意图，可以看出，试样内的每个砂颗粒的三维几何模型重建效果都很好。在 3D 模型中，每个粒子被描述为一系列非结构化三角化曲面，并另存为 STL 文件格式，该格式是一种描述三维物体表面几何形状的通用三维模型文件格式。

（a）砂颗粒　　　　　　　　　（b）砂颗粒-硅胶混合试样

图 4.5　利用 CT 技术扫描的砂颗粒试样

4.2.2　基于光学扫描的块石表面获取

目前结构光、激光三维扫描仪的精度基本可以达到 0.1mm，甚至更高。而对于基于立体视觉的双目相机或深度相机而言，其精度相对低一些。但对于巨石（如尺寸在 1m 以上）重建精度不需要太高的情况下，采用双目相机或深度相机仍是非常便捷的方法，而且还可以得到满意的结果。

对于较小的块石，为了确保扫描精度，需要将被扫描物体放置到特殊的支架上，使得

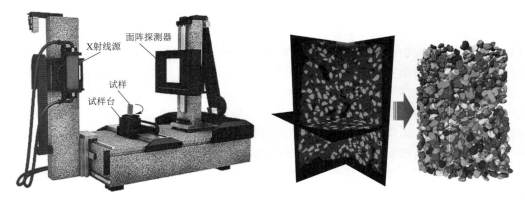

(a) Diondo D5 X射线CT系统示意图　　　　　(b) 砂颗粒三维重建过程示意图

图 4.6　基于 CT 技术的砂颗粒三维重建方法

支架结构与被扫描物体间为"点"接触，以确保扫描后的点云处理是便于删除与被扫描物体无关的"噪点"。同时，当采用结构光、三维激光等扫描设备时，为了保证点云分片拼接的精度，还需要采用标识靶点。图 4.7 中展示了使用手持式 Faro 三维激光扫描仪获取粒径约为 3.0cm 块石表面点云的实验过程。

对于较大的块石，可将其放置在地面（或野外），将标识靶点在其周围固定，并利用三维激光扫描仪对物体周围（360°）进行缓慢扫描，得到三维点云，可直接将数据导出用于三维重建。为了获得地面上较大块石整个表面的点，需要将块石翻转过来进行扫描，并根据块石表面的标记点拼接点云。图 4.8 中展示了采用手持式 Faro 三维激光扫描仪进行室外扫描的实验过程。

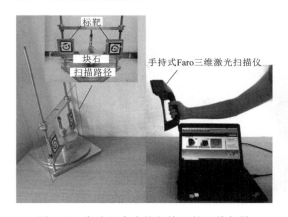

图 4.7　实验室内小粒径块石的三维扫描

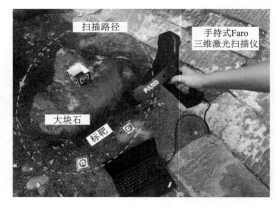

图 4.8　大粒径块石的室外三维扫描

由于激光扫描仪在扫描过程中会受到周边环境的干扰，产生一定的噪点，因而需要手动将这些噪点去除，以得到较为精确的多个块石三维点云数据［图 4.9 (a)］。为了得到单个块石的三维坐标点云数据，还需要将每个块石的点云数据抓取出来。在得到单个块石的点云数据后，再生成块石的三角网格信息及三角面片，从而可以生成一个真实的块石形态结构［图 4.9 (b)］。

（a）带噪点的点云　　　　　　　（b）去除噪点后的三维重建模型

图 4.9　噪点处理及块石表面三维重构

4.2.3　基于双目立体视觉的巨石表面获取

双目立体相机已成为立体视觉重建中常用的设备，比较有代表性的如微软的 Kinect
深度相机、英特尔的 Real Sense 深度相机及
StereoLabs 的 ZED 深度相机等。

采用双目立体相机进行三维扫描重建，与
手持三维激光扫描相似，同样需要对噪点数据
进行剔除、去噪处理，以及对点云数据的拼接
等。在扫描每个视角的点云数据时，保证了相
邻两个视角的点云数据有一部分是重叠的，利
用重叠的这部分面，将两个视角的颗粒三维点
云数据重合部分移动到比较接近的位置。再利
用三维点云配准的迭代最近点（iterative closest
point，ICP）算法，相同位置的点坐标相同，
从而可以实现两个角度的颗粒三维点云数据的

图 4.10　基于 Kinect 深度相机的
巨石三维扫描模型

拼接。将其他多个角度的三维点云数据依次拼接，得到整个颗粒的三维点云数据。
图 4.10 展示了基于 Kinect 深度相机在野外扫描、重建得到的直径为 2m 的巨石三维
模型。

4.3　颗粒三维几何特征表征

4.3.1　颗粒三维模型数学表达

球谐函数是拉普拉斯方程在球坐标系下的形式解的角度部分，被广泛应用于量子力
学、计算机图形学、渲染照明处理和球面映射等领域，近些年也被用于表征不规则颗粒的
表面形态。根据表征块石的三维表面离散点坐标，以块石质心为原点，通过球谐级数建立
用于描述颗粒三维形态的数学表达式，从而实现颗粒形态的三维数学表征。

为了进行点云的去噪，采用（$\theta_i \sim \theta_i + \mathrm{d}\theta$，$\varphi_i \sim \varphi_i + \mathrm{d}\varphi$）范围内所有点的平均值方

法。通常，$d\theta$ 和 $d\varphi$ 都等于5°。然后，可以自动去除粒子表面点云的噪声，并将用于颗粒模型的三维重建。颗粒三维表面球谐函数表达如图4.11所示，θ 和 φ 分别为球坐标系下的角度。

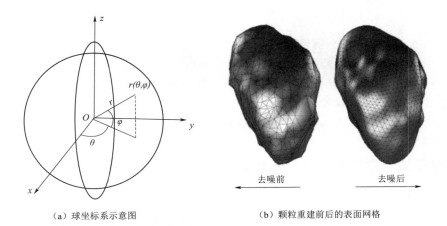

（a）球坐标系示意图　　　　　　（b）颗粒重建前后的表面网格

图4.11　颗粒三维表面球谐函数表达

基于球谐函数的颗粒表面三维重建过程大致可以分为以下几个步骤。

（1）在球坐标系中建立单位球体：

$$r(\theta,\varphi) = \sum_{n=0}^{\infty} \sum_{m=-n}^{n} a_n^m Y_n^m(\theta,\varphi) \tag{4.3}$$

式中：$r(\theta,\varphi)$ 为球坐标下颗粒质心到颗粒表面的连线长度（极半径）；$\theta \in [0,\pi]$、$\varphi \in [0,2\pi]$ 分别为球坐标下的方位角和仰角；$Y_n^m(\theta,\varphi)$ 为球谐函数。

球谐函数的计算公式为

$$Y_n^m(\theta,\varphi) = \sqrt{\frac{(2n+1)(n-m)!}{4\pi(n+m)!}} P_n^m(\cos\theta) e^{im\varphi} \tag{4.4}$$

式中：$P_n^m(\cos\theta)$ 为连带勒让德（Legendre）函数。

连带勒让函数的计算公式为

$$P_n^m(x) = \frac{(-1)^m}{2^n n!} (1-x^2)^{\frac{m}{2}} \frac{d^{n+m}}{dx^{n+m}} (x^2-1)^n \tag{4.5}$$

式中：n、m 分别为连带勒让德函数的阶和次，n 为0至无穷大的非负整数，n 决定了重建颗粒表面的精度，同时也决定了线性方程组的个数 $(n+1)^2$。

（2）将表征颗粒的三维点云数据，以颗粒的质心为中心，从笛卡儿坐标系的坐标 $v(x,y,z)$ 转换为球坐标系坐标 $r(\theta,\varphi)$。

（3）基于构成颗粒的三维点云的 r 除以 Y_n^m 得到球谐函数的系数 a_n^m，并转为单位球体的 $r(\theta,\varphi)$，然后通过等比例放大至实际颗粒尺度，从而构建表征颗粒表面形态的球谐函数。

图4.11（b）展示了直接根据扫描点云重建的颗粒表面三角网和基于球谐函数表征后

的表面三角网。从图中可以看出，两者在几何形态上几乎没有区别，但是经过球谐函数处理后的颗粒表面三维网格会更加均匀规则，更有利于后续的计算分析。

4.3.2 颗粒形态特征

根据上述重建后的颗粒三维模型，可以对颗粒形态进行定量化表征。

1. 大小

大小（size）是颗粒最基本的特性。在过去几十年的研究中，引入了几种方法来定量表征颗粒形状。对于不规则的颗粒，通常采用沿着颗粒的最小包围盒（minimum volume bounding box，MVBB）的长轴（长度，L）、中轴（宽度，W）和短轴（厚度，T）进行描述，这也是描述颗粒大小的最重要的参数特征。颗粒包围盒及大小表征如图 4.12 所示。

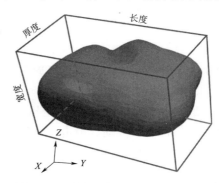

图 4.12 颗粒最小包围盒及大小表征

2. 长宽比

描述颗粒长宽比（aspect ratio）的方法包括延长指数（elongation index，EI）、扁平指数（flatness index，FI）及细长比（slenderness ratio，SR）：

$$\text{EI} = \frac{W}{L}, \quad \text{FI} = \frac{T}{W}, \quad \text{SR} = \frac{T}{L} \tag{4.6}$$

式中：EI，FI 和 SR 的值分布在 [0，1] 区间。

基于延长指数和扁平指数两个参数，Zingg[188] 将颗粒形状分为粒状（EI>2/3 和 FI>2/3）、片状（EI>2/3、FI<2/3）、柱状（EI<2/3、FI>2/3）和板条状（EI<2/3、FI<2/3）四种。

此外，细长比也是描述颗粒球形度的重要参数。

3. 等体积球直径

颗粒的等体积球直径（volume equivalent spherical diameter，VESD）也是表征颗粒形态的一个重要参数，是指体积与颗粒体积（V）相等的球颗粒的直径：

$$\text{VESD} = \left(\frac{6V}{\pi}\right)^{1/3} \tag{4.7}$$

式中：V 为颗粒的体积。

4. 球度

块石的球度是描述块石形态特征的一个重要参数，可以很好地反映块石三维几何形状。球度（sphericity）是指与颗粒等体积球的表面积与颗粒表面积的比值，通常用于描述颗粒接近于球的程度。

$$S = \frac{\sqrt[3]{36\pi V^2}}{Sa} \tag{4.8}$$

式中：S 为球度，取值区间为 [0，1]，对于球形颗粒的球度为 1；V 和 Sa 分别为颗粒的体积及表面积。

5. 表面积比

颗粒的表面积比（surface ratio）是指颗粒的表面积（Sa）和体积（V）的比值，是描述一个块石与外界接触面积一种十分重要的参数，对于块石的形态学分析必不可少。

$$Sr = Sa/V \qquad (4.9)$$

式中：Sr 为颗粒的表面积比，对于相同尺寸的颗粒，越接近球形，Sr 值越小。

6. 凸度

凸度（convexity）是用于表征颗粒粗糙度的参数，定义为颗粒体积（V）与其凸包的体积（V_C）之比。

$$C = \frac{V}{V_C} \qquad (4.10)$$

式中：C 为凸度，表示颗粒接近凸多面体的程度，其值越大越接近于凸多面体。

7. 磨圆度

磨圆度（roundness）也是描述颗粒表面特征的一个重要参数，它表征了颗粒在搬运过程中经冲刷、滚动、撞击、棱角被磨圆的程度。磨圆度通常被定义为表面特征曲率相对于颗粒最大内切球体半径的平均半径。对于三维颗粒的磨圆度，Zhao et al.[189] 提出了一种基于局部曲率的计算方法：

$$R = \frac{\sum \left(A_n \dfrac{K_s}{K_i} \right)}{\sum (A_n)} \qquad (4.11)$$

$$K_G = K_1 K_2 \qquad (4.12)$$

$$K_M = \frac{K_1 + K_2}{2} \qquad (4.13)$$

式中：R 为磨圆度；A_n 为构成颗粒棱角的第 n 个三角面的面积；K_s 和 K_i 分别为棱角处的最大内切球和棱角处的曲率，K_i 可以被定义为棱角处的不同的曲率值，如高斯曲率（K_g）、平均曲率（K_M）、最大主曲率（K_1）和最小主曲率（K_2）。

4.4　颗粒三维模型数据库

4.4.1　颗粒三维几何模型数据标准

为了保证颗粒三维模型的通用性，可采用 STL 和 OBJ 的数据格式进行文件的存储。

（1）立体光刻（STereoLithography，STL）是由 3D Systems 软件公司创立、原本用于立体光刻计算机辅助设计软件的文件格式，也是一种标准三角网语言（standard triangle language），被广泛用于快速成型、3D 打印和计算机辅助制造（computer aided manufacturing，CAM）。STL 文件格式也是较为通用的三维模型数据文件，包括 ASCII 明码格式和二进制格式两种。

ASCII 格式的 STL 文件逐行给出三角面片的几何信息，每一行以 1 个或 2 个关键字开头。在 STL 文件中的三角面片的信息单元 facet 是一个带矢量方向的三角面片，STL 三维模型就是由一系列这样的三角面片构成的。整个 STL 文件的首行给出了文件路径及文件名。在一个 STL 文件中，每一个 facet 由 7 行数据组成，facet normal 是三角面片指向实体外部的法矢量坐标，outer loop 说明随后的 3 行数据分别是三角面片的 3 个顶点坐标，3 个顶点沿指向实体外部的法矢量方向逆时针排列。ASCII 格式的 STL 文件结构如下：

Solid filename//文件件名
facet normal xyz//三角面片法向量的 3 个分量值
　　outer loop
　　Vertex x y z//三角面片第一个顶点坐标
　　Vertex x y z//三角面片第二个顶点坐标
　　Vertex x y z//三角面片第三个顶点坐标
　　endloop
endfacet//完成一个三角面片定义
……//其他 facet
Endsolid filename//整个 STL 文件定义结束

无论是 ASCII 格式还是二进制格式的 STL 文件格式都非常简单清晰，易于理解、易于生成及分割，效率高。因此 STL 已经成为快速原型系统事实上的数据标准，应用广泛；其不足是只能描述三维物体的表面几何信息，不支持描述表面上的特征，比如颜色、材质等信息。

（2）OBJ 文件则不但可以表征几何模型，而且还可以表述 STL 文件无法表征的纹理信息。OBJ 文件开头是一系列的特征标签，提示存储的是什么样的数据，然后是三维空间坐标、纹理坐标、法向量等其他信息。常用的 OBJ 标签有顶点几何信息、纹理坐标、顶点法向量、三角面等信息，其他的标签还可以包括对象名字、所用材料、曲率和阴影等。金字塔模型如图 4.13 所示。

图 4.13 所示的金字塔模型的 OBJ 文件结构如下：

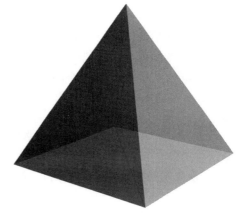

图 4.13　金字塔模型

```
# Pyramid model OBJ File：
o Pyramid
v 1.00 −1.00 −1.00
v 1.00 −1.00 1.00
v −1.00 −1.00 1.00
v −1.00 −1.00 −1.00
v 0.00 1.00 0.00
vt 0.515829 0.258220
vt 0.515829 0.750612
vt 0.023438 0.750612
vt 0.370823 0.790246
vt 0.820312 0.388210
vt 0.820312 0.991264
```

```
vt 0.566135 0.988689
vt 0.015625 0.742493
vt 0.566135 0.496298
vt 0.015625 0.250102
vt 0.566135 0.003906
vt 1.000000 0.000000
vt 1.000000 0.603054
vt 0.550510 0.402036
vt 0.023438 0.258220
vn 0.000000 −1.000000 0.000000
vn 0.894427 0.447214 0.000000
vn −0.000000 0.447214 0.894427
vn −0.894427 0.447214 −0.000000
vn 0.000000 0.447214 0.894427
s off
f 2/1/1 3/2/1 4/3/1
f 1/4/2 5/5/2 2/6/2
f 2/7/3 5/8/3 3/9/3
f 3/9/4 5/10/4 4/11/4
f 5/12/5 1/13/5 4/14/5
f 1/15/1 2/1/1 4/3/1
```

OBJ 文件结构中各行的含义如下：

♯是注释行，编译器忽略注释的这几行。

o 为 OBJ 文件的名字，编译器会忽略该行。

v 表示四面体的 5 个点的相对于原点（0，0，0）的 X、Y、Z 坐标，原点在模型的中心。

vt 代表纹理坐标，数量比顶点数量多，因为一个顶点可能参与多个三角形，在不同三角形中有不同的纹理坐标。

vn 表示不同的法向量，法向量的行数通常比顶点的行数多，是因为有一些顶点同时在不同三角形中。

s 表明这些面不该被平滑，编译器会忽略该行。

f 表示三角形关系，每个面有三个元素，使用/分隔。以金字塔第三个面为例，f 2/7/3 5/8/3 3/9/3 是指：①第一个数，2 5 3 是 v 顶点坐标 id 三角形；②第二个数，7 8 9 是 vt 纹理坐标 id 三角形；③第三个数，3 3 3 是 vn 法向量 id，三个点组成的面有一样的法向量，因此有一样的法向量 id。

三角面信息可以灵活组合。例如，若有 f 2 5 3，只有顶点 id，不包括纹理坐标和法向量；若有 f 2/7 5/8 3/9，则有纹理坐标，没有法向量；若有 f 2//3 5//3 3//3，则没有纹理坐标，只有法向量。

可以根据标签 v、vt、vn、f 写出 OBJ 文件，这在模型融合时很有用。

4.4.2　颗粒模型数据库

为了系统分析自然界中岩土颗粒的三维几何特征，为后续构建土石混合体三维结构模型提供支撑，本书分别对滑坡崩塌堆积块石、人工破碎块石、珊瑚碎屑及石英砂等采用不同的三维扫描重构技术获取了不同成因、不同粒径的颗粒三维模型（表 4.1、图 4.14 和图 4.15）。同时，为了便于分析和使用，三维模型分别采用 STL 和 OBJ 两种文件格式进行表达。

表 4.1　　　　　　　　　　　　颗 粒 三 维 模 型 重 建

颗粒类型	粒径范围/cm	重建方式	数量/个	取样地/岩性
滑坡崩塌堆积块石	10～800	双目视觉/三维激光扫描	1000	2008 年四川汶川地震诱发的多处滑坡，石灰岩；2000 年西藏易贡滑坡（图 4.14），片麻岩
人工破碎块石	3～5	三维激光扫描	300	花岗岩、石灰岩等
珊瑚碎屑	0.5～10	CT 扫描/三维结构光扫描	1000	南海岛礁
石英砂	0.05～0.3	CT 扫描	15000	福建标准砂

基于扫描重构的颗粒三维模型构建相应的数据库，对于实现大量模型的存储、分析及应用以及系统分析颗粒形态宏观统计特征具有重要的意义。为了建立具有相对普适性的数据库，便于不同领域和方向的应用，本节将从数据库结构、数据库查询和数据库管理工具三个方面对颗粒三维模型数据库（MEGGS – Particle 3D）进行阐述。

图 4.14　2000 年西藏易贡滑坡形成巨石

1. 数据库结构

颗粒三维模型数据库中存储的主要是颗粒的三维模型及其他一些参数信息，数据结构较为简单。整个块石数据库中仅包含一张表，该表一共有 14 列，每一列的字段名称和参数类型见表 4.2。各个字段的名称及其对应的含义、数据类型、字段长度及数据精度都可以从表 4.2 中读取。在表 4.2 中，FileName 是指块石的存储路径及名称，在调用数据库中某一个块石的三维数据信息时，调用的是该存储目录下的块石；comment 是存储块石的备注信息，将块石的一些特殊信息存储到数据表格中，便于描述单个块石独有的性质或者信息。对于颗粒的体积、表面积及其他形态参数，可根据颗粒几何特征表征算法通过数据库自动计算。

表 4.2　　　　　　　　　　　　颗粒数据库表格字段

字段名称	字段含义	数据类型	字段长度	数据精度
name	块石名称	varchar	20	——
Origin	产地	varchar	20	——
Factor	成因	varchar	20	——
lithology	岩性	varchar	20	——

续表

字段名称	字段含义	数据类型	字段长度	数据精度
FileName	路径和名称	varchar	50	—
comment	备注	varchar	20	—
volume	体积	float	20	0.001
equdia	等效直径	float	20	0.001
area	表面积	float	20	0.001
varatio	体表比	float	20	0.001
length	长	float	20	0.001
width	宽	float	20	0.001
thickness	厚	float	20	0.001
slenratio	长细比	float	20	0.001

（a）巨石，最长轴6.2m（易贡）

（b）人工破碎块石，最长轴5.6cm

（c）珊瑚碎屑，最长轴5.5cm

（d）石英砂，最长轴2.4mm

图 4.15　重建的不同种类颗粒的三维模型示例

2. 数据库查询

为了便于用户查询数据库中颗粒的详细信息，MEGGS‐Particle 3D 数据库提供了数据查看功能，可实现所有颗粒数据信息自动分析查询。图 4.16 展示了数据库中部分块石的详细信息，还可根据表格属性进行自动排序。

	name	volume	equdia	area	varatio	length	width	thickness	slenratio	origin	factor	lithology	comment
1	Block1	0.156	0.666	0.686	0.227	0.634	0.432	0.369	1.468	Tsinghua Concrete	Manual	Limestone	
10	Block10	0.072	0.515	1.483	0.048	0.851	0.777	0.453	1.094	Tsinghua Concrete	Manual	Limestone	
100	Block100	0.033	0.397	1.37	0.024	1.009	0.615	0.432	1.631	Tsinghua Concrete	Manual	Limestone	
101	Block101	0.506	0.989	1.314	0.385	0.818	0.631	0.489	1.297	Tsinghua Concrete	Manual	Limestone	
102	Block102	0.713	1.108	2.611	0.273	1.477	1.022	0.534	1.446	Tsinghua Concrete	Manual	Limestone	
103	Block103	0.036	0.41	0.115	0.314	0.297	0.145	0.137	2.04	Tsinghua Concrete	Manual	Limestone	
104	Block104	0.343	0.869	1.758	0.195	0.757	0.695	0.661	1.09	Tsinghua Concrete	Manual	Limestone	
105	Block105	0.114	0.601	0.318	0.359	0.397	0.278	0.242	1.428	Tsinghua Concrete	Manual	Limestone	
106	Block106	0.502	0.986	1.562	0.321	1.031	0.66	0.521	1.562	Tsinghua Concrete	Manual	Limestone	
107	Block107	0.652	1.076	1.936	0.337	1.085	0.791	0.587	1.371	Tsinghua Concrete	Manual	Limestone	
108	Block108	0.959	1.224	5.011	0.191	1.832	1.196	0.858	1.531	Tsinghua Concrete	Manual	Limestone	
109	Block109	0.003	0.185	0.346	0.01	0.486	0.372	0.182	1.308	Tsinghua Concrete	Manual	Limestone	
11	Block11	0.238	0.769	0.766	0.311	0.779	0.36	0.301	2.161	Tsinghua Concrete	Manual	Limestone	
110	Block110	0.333	0.86	3.46	0.096	1.492	1.044	0.678	1.429	Tsinghua Concrete	Manual	Limestone	
111	Block111	0.567	1.027	2.33	0.243	1.159	1.08	0.613	1.073	Tsinghua Concrete	Manual	Limestone	
112	Block112	0.379	0.896	2.181	0.174	1.013	0.75	0.747	1.351	Tsinghua Concrete	Manual	Limestone	
113	Block113	0.033	0.399	1.043	0.032	0.702	0.54	0.557	1.3	Tsinghua Concrete	Manual	Limestone	
114	Block114	0.624	1.06	1.178	0.529	0.922	0.58	0.445	1.59	Tsinghua Concrete	Manual	Limestone	
115	Block115	0.467	0.962	1.394	0.335	0.836	0.652	0.544	1.283	Tsinghua Concrete	Manual	Limestone	
116	Block116	0.068	0.506	0.117	0.578	0.261	0.159	0.135	1.641	Tsinghua Concrete	Manual	Limestone	
117	Block117	0	0.049	0.027	0.002	0.165	0.066	0.06	2.526	Tsinghua Concrete	Manual	Limestone	
118	Block118	0.02	0.339	0.027	0.745	0.165	0.058	0.057	2.865	Tsinghua Concrete	Manual	Limestone	
119	Block119	1.432	1.398	4.866	0.294	1.804	1.212	0.692	1.489	Tsinghua Concrete	Manual	Limestone	
12	Block12	0.319	0.848	0.35	0.911	0.424	0.36	0.238	1.178	Tsinghua Concrete	Manual	Limestone	
120	Block120	1.274	1.345	4.984	0.256	2.092	1.459	0.731	1.435	Tsinghua Concrete	Manual	Limestone	
121	Block121	0.091	0.557	2.677	0.034	1.16	0.891	0.689	1.302	Tsinghua Concrete	Manual	Limestone	
122	Block122	0.585	1.038	2.078	0.281	1.042	0.822	0.62	1.267	Tsinghua Concrete	Manual	Limestone	
123	Block123	0.343	0.869	2.017	0.17	1.105	0.809	0.613	1.366	Tsinghua Concrete	Manual	Limestone	
124	Block124	0.317	0.846	1.582	0.2	0.851	0.745	0.624	1.143	Tsinghua Concrete	Manual	Limestone	
125	Block125	0.189	0.712	2.117	0.089	1.096	0.858	0.574	1.207	Tsinghua Concrete	Manual	Limestone	

图 4.16　数据库的详细信息

数据库允许用户根据名字、产地、等效直径、成因等关键词进行查询和分析（图 4.17）。其中，用户可以在 Name 栏中输入任意字段，系统便会对满足该字段的块石进行模糊查询，例如，输入"RGPS"后名字中含有"RGPS"的所有块石都将被查询出来。Origin 栏以备选框的形式呈现，可以供用户输入产地查询条件，所有备选条件来自数据库中所有块石的统

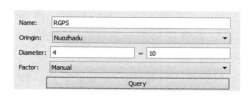

图 4.17　查询模块界面

计结果。和 Origin 栏类似，Factor 栏也是以备选框的形式呈现，供用户输入成因条件，所有备选条件都来自数据库中所有块石的统计结果，如 Manual（人工破碎）、Qcol‐dl（崩坡积）等。

查询功能中输入的所有查询条件在逻辑关系上都是"与"的关系，也就是要同时满足输入的所有条件，目标块石才会在结果列表里面显示。若对其中某个查询条件无要求，可不做选择。图 4.18 是根据图 4.17 的查询条件查询得到的结果。

3. 数据库管理工具

MEGGS‐Particle 3D 数据库中包含的数据库管理工具共有三项，即添加（Add），删除（Delete）和查询统计（View）。

（1）数据添加（Add）。通过数据添加功能，用户可以选择任意多个 STL 格式的块石

文件，选择完成后，点击确定按钮，将会进入到另外一个对话框，该对话框如图 4.19 所示。

	name	equdia	area
1	RGPS001	4.045	56.934
2	RGPS008	4.164	59.938
3	RGPS010	4.092	58.134
4	RGPS015	4.035	56.498
5	RGPS016	4.172	61.221
6	RGPS017	4.094	58.73
7	RGPS021	4.025	55.772
8	RGPS023	4.054	60.496
9	RGPS025	4.082	61.194
10	RGPS032	4.297	66.013

图 4.18　颗粒查询结果

图 4.19　颗粒添加参数输入界面

在添加颗粒的时候，可为这些颗粒赋予 Origin（产地）、Factor（成因）、Lithology（岩性）和备注四个参数，以及数据的单位。其中，Origin（产地）、Factor（成因）和 Lithology（岩性）三个参数的输入方式相同。以 Origin（产地）为例，Origin（产地）的所有备选条件来自数据库中所有颗粒的统计结果，若备选框中有所需要的块石产地信息，对应的 Origin（产地）列会自动刷新，所有颗粒的 Origin（产地）值都将变成可选择的值（图 4.19）。若备选信息里面没有需要的 Origin（产地）值，则可以点击 New Origin，添加新的 Origin（产地）。

对于描述颗粒的其他定量指标参数，数据库系统可以自动计算得到。同时为了统一管理方便，在数据库中对长度取了一个统一的单位"cm"，由于扫描数据源的单位可能不同，因此需要选择数据源的单位，以便在计算这些参数时进行单位换算。

（2）删除（Delete）。删除功能是数据库管理工具中一个重要的功能。当在主界面简要信息栏里面选中若干个颗粒，数据库中的颗粒将会被删除，并且会提示一共有多少个块石被删除成功。

（3）查询统计（View）。在数据库中存储了大量颗粒三维几何模型，查询统计功能是用于定量地分类研究颗粒的统计信息，其主要功能有：查询颗粒各个参数的统计柱状图；选定参数增加限定条件；同一限定参数可以选择多个数值，生成颗粒的参数统计对比图。图 4.20 展示了数据库中冲积成因的砂及卵石的统计结果。

其中成因限制、产地限制、岩性限制可以选择多个参数值，生成该限制条件不同参数值的对比图。如果几个限制条件都选择了多个参数值，则按照优先原则，绘制排在前面的限制条件的对比图。图 4.21 为不同成因块石的厚度累积百分含量对比图。

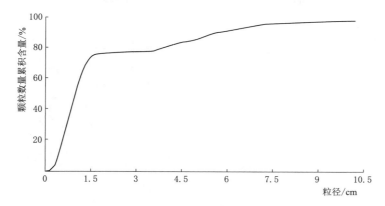

图 4.20 冲积成因的砂及卵石等效粒径累积分布曲线

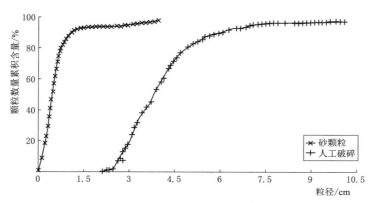

图 4.21 不同成因块石的厚度累积百分含量对比

4.5 块石三维形态特性统计分析

4.5.1 砂颗粒三维形态特征

图 4.22（a）展示了砂颗粒的长轴分布曲线。可以看出，砂颗粒的最长轴（L）在 1.0～3.4mm 范围内，约有 25% 的颗粒大于采用筛分试验得到的 1.2～2.0mm 粒径范围。在采用筛分试验进行颗粒的粒度分析时，大多数颗粒将随着主轴垂直于筛子下落，如图 4.22（a）所示。因此，实际上通过筛分试验得到的颗粒尺寸不是其最大尺寸，而根据重建的三维模型几何分析可以准确地测量颗粒的大小。从颗粒的三个长度值的直方图［图 4.22（a）］可以看出，采用筛分试验得到的颗粒粒度分布更接近颗粒的宽度（W）尺寸。

图 4.22（b）显示了砂颗粒形状的分析结果，从中可以看出大部分颗粒被归类为粒状；图 4.22（c）显示了砂颗粒表面积和体积之间的关系，表明两者之间存在密切的相关性，并可使用指数函数来描述：

$$SA = 5.8V^{2/3} \tag{4.14}$$

式中：SA 和 V 分别为砂颗粒的表面积和体积。

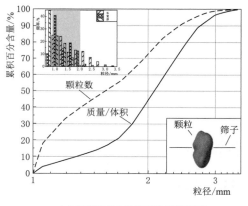

（a）粒度分布曲线（横轴为对数坐标）

（b）基于Zingg的颗粒形态分类

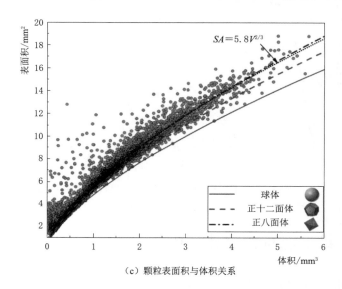

（c）颗粒表面积与体积关系

图 4.22　砂颗粒几何特征分析

图 4.22（c）所示的与球体、正八面体和正十二面体三种经典的几何形状对比表明，砂颗粒更接近于八面体。

图 4.23 展示了砂颗粒的球度及表面积比与其长度（最长轴的尺寸）的关系，可以看出它们之间有良好的相关性。如图 4.23（a）所示，球度与颗粒长度之间呈线性关系，即球度随着颗粒长度的增加而减小，说明越小的颗粒将越趋向于球形。此外，大多数砂颗粒的球度位于立方体和十二面体之间。从图 4.23（b）可以看出，颗粒长度越小，表面积比越大，且颗粒的表面积比与其长度呈幂函数关系。

基于砂颗粒的三维重建模型，可以实现颗粒三维几何形态的精细化表征和分析，比传统的筛分法更准确。从上述对砂颗粒三维几何形态的统计分析表明，其三维形态特征表现出较强的规律性。

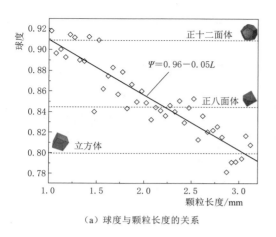
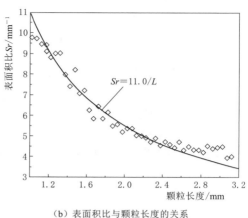

（a）球度与颗粒长度的关系　　　　　　　（b）表面积比与颗粒长度的关系

图 4.23　砂颗粒几何形态特征

4.5.2　颗粒形态特性相关性分析

根据前文对颗粒形态参数之间的分析可以看出，各参数之间存在某种关联特性。基于上述不同种类颗粒的形态参数，研究它们的相关性对于颗粒模型的随机生成具有重要意义[190]。

相关性分析用于表征两个变量的相关程度，表征方法包括皮尔逊相关系数[191]、斯皮尔曼相关系数[192]和肯德尔相关系数[193]等。其中，皮尔逊相关系数是最常用的方法，用于衡量两个数据集是否具有线性关系。皮尔逊相关系数的范围从—1 到 1，其绝对值反映了相关程度，越接近 1 或—1 相关性越强，而越接近 0 相关性越弱。通常，变量间的相关程度可根据相关系数的绝对值划分为非常强的相关性（0.8~1.0）；强相关性（0.6~0.8）；中等相关性（0.4~0.6）；弱相关性（0.2~0.4）；非常弱或无相关性（0.0~0.2）五个等级。

基于前文构建的块石三维模型数据库，本书分别对福建省标准砂颗粒、取自云南省糯扎渡水电站工程现场的人工破碎块石（B_N）、西藏自治区 2000 年易贡滑坡形成的块石（B_Y）及 2008 年汶川地震诱发的四川省小岗剑滑坡形成的块石（B_X）等的形态特征进行了系统的统计分析。表 4.3 展示了同一种颗粒任意两个形态参数间的相关性，表 4.4 展示了不同颗粒的形态参数间的相关性特征。

表 4.3　　　　　　　　　　　　　　颗粒形态参数相关矩阵

砂	B_N	VESD		S		C		V/S		SR		R	
B_X	B_Y												
VESD		1		−0.064	−0.380	−0.162	−0.300	0.936	0.965	0.071	−0.174	−0.228	−0.297
				0.089	0.094	0.008	−0.223	0.998	0.987	0.099	0.241	0.057	−0.005
S		−0.064	−0.380	1		0.745	0.642	0.288	−0.125	0.792	0.844	0.534	0.098
		0.089	0.094			0.684	0.615	0.150	0.248	0.724	0.675	0.020	0.080

续表

砂 / B$_X$	B$_N$ / B$_Y$	VESD		S		C		V/S		SR		R	
C		−0.162	−0.300	0.745	0.642			0.105	−0.140	0.408	0.362	0.377	0.172
		0.008	−0.223	0.684	0.615	1		0.053	−0.119	0.247	0.144	−0.019	0.169
V/S		0.936	0.965	0.288	−0.125	0.105	−0.140			0.347	0.047	−0.037	−0.304
		0.998	0.987	0.150	0.248	0.053	−0.119	1		0.144	0.341	0.058	0.012
SR		0.071	−0.174	0.792	0.844	0.408	0.362	0.347	0.047			0.305	−0.055
		0.099	0.241	0.724	0.675	0.247	0.144	0.144	0.341	1		−0.035	−0.044
R		−0.228	−0.297	0.534	0.098	0.377	0.172	−0.037	−0.304	0.305	−0.055		
		0.057	−0.005	0.020	0.080	−0.019	0.169	0.058	0.012	−0.035	−0.044	1	

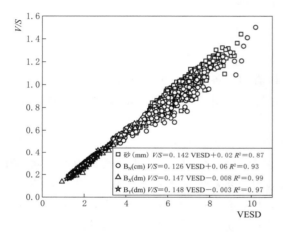

图 4.24　不同类型颗粒的 V/S 和 VESD 关系

从表 4.3 可以看出，VESD 与体表比（V/S）之间存在较强的正线性相关关系（图 4.24）。颗粒的体表比（V/S）与粒径（颗粒长轴）呈正相关，而 VESD 可以间接表示为粒径，因此 VESD 与体表比（V/S）这两个参数之间必然会存在很强的相关性。

$S-C$ 和 $S-SR$ 具有较强的线性相关性，表明 SR 和 C 都是描述颗粒球度的重要参数。SR 越大，颗粒越均匀，颗粒的三个主要轴向尺寸彼此接近，颗粒更接近球形；而 C 越大，球度越大。

图 4.25 和图 4.26 展示了不同类型颗粒球度和凸度分布，从图中可以看出两者都服从偏态分布。分析的四种不同颗粒的球度和凸度的偏度分别为 $-0.83 \sim -1.05$（砂）、$-0.83 \sim -1.43$（B$_N$）、$-1.02 \sim -0.97$（B$_X$）和 $-0.68 \sim -0.71$（B$_Y$），从而说明所分析的四种颗粒的球度和凸度之间均存在较强的相关性。

再看四种颗粒的其他形态参数如 $C-$VESD，$SR-$VESD，$V/S-S$，$C-V/S$ 和 $V/S-$SR 等基本为弱相关性或不相关性，从而也说明这些参数之间相互独立，分别表征了颗粒的不同形态特征。

从表 4.4 可以看出，不仅人工破碎的块石颗粒（B$_N$）与滑坡堆积形成的块石颗粒（B$_X$）的几何特征参数间相关性较弱，不同滑坡形成的岩块石（如，B$_X$ - B$_Y$）间的形态参数也表现出较弱的相关性或无相关性。虽然从分析上来看，不同颗粒的同一几何参数间的相关性较弱，但从单个参数的相关性方面来看，B$_X$ - B$_Y$ 的相关系数明显大于 B$_N$ - B$_X$，表明相同成因的块石颗粒还是具有一定的相关性。因此，构建不同类型的颗粒三维模型数据库，对于颗粒形态分析，并为其随机生成和结构及力学研究具有重要的价值。

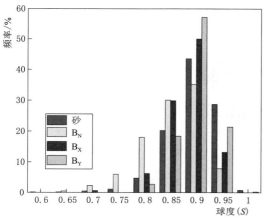

图 4.25 不同类型颗粒的球度分布频率

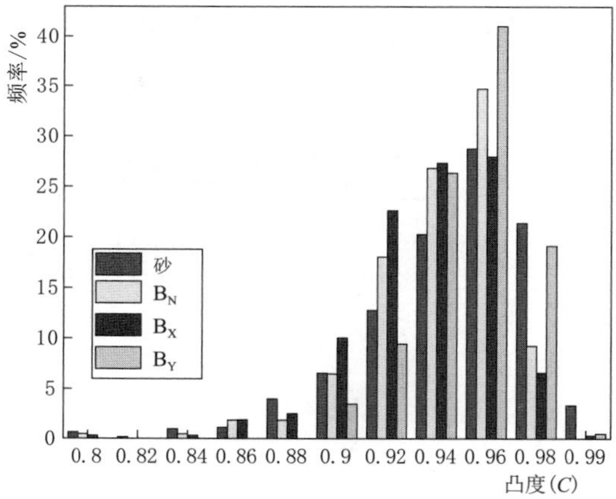

图 4.26 不同类型颗粒的凸度分布频率

表 4.4 不同颗粒的形态参数间的相关矩阵

B_Y-B_X \ B_N-B_X	VESD	S	C	V/S	SR	R
VESD	0.031 / −0.098	0.073	0.011	0.048	0.119	0.028
S	−0.015	−0.020 / −0.088	−0.036	−0.020	−0.015	0.020
C	0.018	−0.022	0.005 / −0.046	0.017	−0.073	0.040
V/S	−0.095	−0.029	0.042	0.050 / −0.098	0.121	0.036
SR	0.016	−0.091	−0.012	0.011	0.023 / −0.098	0.019
R	−0.066	0.057	0.041	−0.060	−0.031	−0.003 / 0.053

正如 Medina et al.[190] 的研究，其提出了一种基于 DNA 技术的颗粒随机生成方法。然而，找到不同类型颗粒的"DNA"对于颗粒材料的研究非常重要。根据对大量不同成因颗粒几何形态特征的相关性分析，其可能存在"DNA"序列，如 $VESD-S-R$，或 $VESD-C_x(SR)-R$，或 $V/S-S-R$，或 $V/S-C_x(SR)-R$。

第 5 章

土石混合体物理力学特性大尺度原位试验研究

5.1 概述

岩土体在外荷载作用下的力学响应及变形破坏机理是岩土力学研究的一个重要方面。建筑物地基、堤坝、基坑、边坡等的损伤、微裂纹的产生、扩展及颗粒的运动等细观结构上的变化，主要是由于作用在岩土体的外部荷载超过了其极限荷载而引起的。岩土体的失稳正是由于这种细观结构上的量变发展为质变（如裂纹的贯通、塑性区的扩张发展为宏观上的断裂或塑性带）的最终结果。

土石混合体是一种极端不均质的岩土介质，构成它的块石和土体在物理力学性质上有着很大的差别，含石量、块石的形态、空间分布等细观结构特征均影响（甚至控制）着土石混合体的细观应力场分布、变形、损伤及裂隙扩展等特征，进而影响着其宏观力学性质及失稳模式。

岩土力学试验是目前研究岩土体力学强度及变形破坏机理的主流方法。对于土石混合体这类特殊的岩土介质，虽然国内外众多学者已经展开了相关研究工作，但是目前还未形成统一的、具有针对性的试验研究体系。因此，如何借鉴并不断改进现有岩土力学试验技术方法，是研究土石混合体力学性质的必经之路。

岩土体的野外试验研究是岩土体力学试验的一个重要分支，其最大的优点是在不破坏（或，仅有轻度扰动）岩土体的内部细观结构的情况下研究其物理力学性质。根据国内岩土工程规范[168]，目前可用于土石混合体的野外试验方法主要有以下五种。

（1）重型圆锥动力触探试验：用于获取土石混合体地基承载力、变形模量，评价参数为锤击数 N63.5。

（2）载荷试验：用于获取浅层地基承载力及变形模量。

（3）预钻式旁压试验：用于获取土石混合体地基承载力、旁压模量、变形模量及压缩模量。

（4）大尺度直剪试验及水平推剪试验：用于获取土石混合体的力学强度特征。

（5）大尺度渗透试验：用于获取土石混合体的渗透系数。

本章将围绕土石混合体的野外大尺度原位水平推剪试验、直剪试验及渗透试验进行阐述，并对原有的试验方法及设备进行改进，以更适应土石混合体自身的特色。

5.2　土石混合体大尺度水平推剪试验研究

水平推剪试验是一种常用的岩土体野外试验方法，其基本原理是通过对试验岩土体施加水平推力，使其达到极限强度后失稳滑动。当推力作用于试样上时，试样受到挤压，使得岩土体向临空面（试样顶面）挤出。当试样滑动体（挤出体）滑动面上的滑动力等于抗滑力时，试验岩土体将处于极限平衡状态，从而求取岩土体的抗剪强度指标。

水平推剪试验的特点是剪切面为曲面，能够较准确地反映土石混合体内部较软弱面的抗剪强度，主要适用于洪坡积的混砂砾碎石土、弱胶结或风化砂砾岩和黏性土层。

5.2.1　天然状态下土石混合体水平推剪试验方法及步骤

（1）步骤一：在选定的试验点，挖掉表层土，并根据要制备的试样尺寸开挖有三个临空面的试样。正面为施加推力设备（千斤顶）的安装坑，宽度根据设备而定；一侧面开挖宽度为 20cm 左右的小槽；为观察滑面的变形破坏过程，另一侧面开挖宽度为 1.5m 左右的小槽。开挖过程中，同时测定试样的天然容重并进行粒度分析，完毕后对开挖剖面进行现场拍照，最后将预留的三个临空面用黏土找平。试样尺寸应满足：试样高度应大于大粒径的 2 倍，宽高比为 1/3～1/4。

（2）步骤二：为克服试验时确定滑面的困难，分别在两侧面和顶面弹有间隔为 5cm 的墨线网格［图 5.1（a）］。

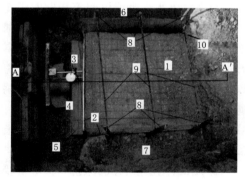
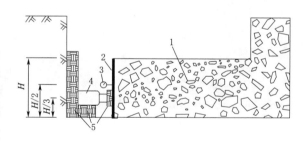

| （a）试验装置全貌图 | （b）A—A′断面示意图 |

图 5.1　天然状态下土石混合体水平推剪试验装置
1—试样；2—试验钢板；3—百分表；4—水平千斤顶；5—木枕；6—观察窗；7—回填土体；
8—钢钎；9—拉杆；10—有机玻璃板

（3）步骤三：在开挖小槽的一侧放置钢板使试样与周围土体分开，并用黏土回填，予以夯实；另一侧面（观察面）放置厚度约为 1cm 的有机玻璃板，并用钢钎及拉杆固定，以防止侧向位移。钢板和有机玻璃板靠近试样的一侧涂抹润滑油以减少摩擦阻力，放置钢板时务必使钢板直立并与试样侧面紧贴。

（4）步骤四：在试样的正面（顶推面）分别依次安装钢板（钢板内侧涂抹润滑油，并务必使其直立与试样侧面紧贴）、枕木和施加推力的千斤顶及压力泵，同时安装测量用的大量程百分表和油压表（或压力传感器）等测试设备。将千斤顶活塞的中心与钢板宽度的 1/2 及高度的 1/3 处保持在同一直线上，相互贴紧密合［图 5.1（b）］。

（5）步骤五：待准备完毕后，摇动压力泵分级施加水平推力，并控制加载速率，使变形控制在每 15~20s 的水平位移在 2mm 左右。每分钟记录一次百分表及压力表的读数，当压力表读数达到最大值，且继续加压压力表读数不增加反而降低时的压力表读数为最大水平推力 P_{max}；松开千斤顶油阀，使油压表读数缓慢回落到某一稳定值后继续加压，使压力表读数再次达到一试验峰值，此时压力表读数为最小水平推力 P_{min}。

（6）步骤六：拆卸试验设备，确定试样破裂面的位置，并绘制滑动面断面图。

（7）步骤七：为移除上部滑体以便观察土石混合体的三维破坏滑面，待试验结束后，再次用千斤顶对试样进行顶推（侧面无需进行限制）；然后卸掉千斤顶，即可方便将上部滑体移除，对三维滑面进行描述、拍照、测量并记录三维滑面信息。

5.2.2　饱和状态下土石混合体水平推剪试验方法及步骤

饱和状态下土石混合体水平推剪试验装置如图 5.2 所示，水平推剪试验步骤如下：

（1）步骤一：试样预处理同 5.2.1 节天然状态下土石混合体水平推剪试验方法中的步骤一。此外，需待黏土晾干后抹一薄层砂浆以防止黏土浸水后被破坏。

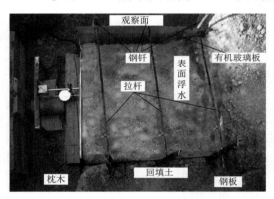

图 5.2　饱和状态下土石混合体
水平推剪试验装置

（2）步骤二~步骤四同 5.2.1 节天然状态下土石混合体水平推剪试验方法中的步骤二~步骤四。设备安装完毕后，在试样顶面连续均匀喷水 6~12h（具体时间可根据土石混合体的透水性试验结果来确定），并选取邻近的土石混合体进行试验以测定喷水速率，使水完全渗透入试样中。

（3）步骤五同 5.2.1 节天然状态下土石混合体水平推剪试验方法中的步骤五。

为保证试样在整个试验过程中完全浸水，要在试样顶面进行全程喷水，并根据需要确定喷水速率，保证试样顶面在整个试验过程中保持有表面浮水。

（4）步骤六：拆卸试验设备，并确定试样破裂面的位置，绘制滑动面断面图。同时用取土容器在试样某一部位取土测定试样在该浸水试验条件下的容重和饱和度。

（5）步骤七同 5.2.1 节天然状态下土石混合体水平推剪试验方法中的步骤七。

5.2.3　水平推剪试验数据分析方法

土石混合体在细观结构上的高度不均匀性，使得其变形破坏及剪切滑动面在很大程度上受控于内部块石的几何特征及空间分布。通常水平推剪试验得到的土石混合体试样三维滑动面形态并不像土体试样滑动面那样近似呈圆弧形，而是具有明显不规则性（即顶部开裂位置的不规则性及三维滑动面的非圆弧性和无规则性等），其凹凸程度受控于剪切面处块石尺寸及分布特征（图 5.3）。

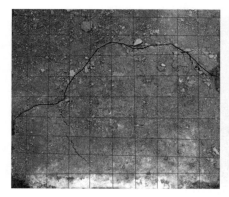 

（a）试样顶面破裂形状　　　　　　　　　（b）试验三维剪切破坏面

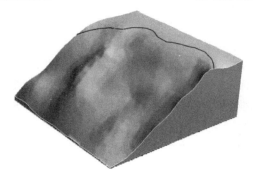

（c）三维数据表面处理结果

图 5.3　土石混合体水平推剪试验滑动破坏面

鉴于土石混合体水平推剪试验得到的剪切面在三维空间上的不规则性，本书在研究过程中对文献［194］所述的水平推剪试验二维计算方法进行了改进，并基于三维极限平衡理论提出了相应的三维计算方法。

5.2.3.1　符号表述

为了便于后续公式表达，将本章涉及的公式符号作如下说明：

φ——内摩擦角（°）；

c——黏聚力（kPa）；

$P_{\max}$——最大水平推力（kN）；

$P_{\min}$——最小水平推力（kN）；

G——滑动体总重量（kN）；

α_i——第 i 条块滑动面与水平面的夹角（°）；

l_i——第 i 条块滑动线的长度（m）；

g_i——第 i 条块的重力（kN）；

g——重力加速度（N/kg）；

h_i——第 i 条块的中线高度（m）；

W_i——第 i 条块的滑面处的水压力（kN/m）；

ρ_w——水容重（kg/m^3）；

γ——试样的容重（kN/m^3）；

γ'——试样的浮容重（kN/m^3）；

m——试样滑动块体的划分列数；

n——第 j 列试样滑动分块的划分行数；

$A^{i,j}$——第 j 列、第 i 行滑动条块底滑面的面积（m^2）；

$g^{i,j}$——第 j 列、第 i 行滑动条块的重力（kN）；

$\alpha^{i,j}$——第 j 列、第 i 行滑动条块底滑面与 x 轴夹角（°）；

$\beta^{i,j}$——第 j 列、第 i 行滑动条块底滑面的法线与铅垂线的夹角（°）；

$W^{i,j}$——第 j 列、第 i 行滑动条块底滑面处的水压力（kN）；

$g'^{,j}$——采用浮容重计算得到的第 j 列，第 i 行滑动条块的重力（kN）；

$\Delta v^{i,j}$——第 j 列、第 i 行块体的体积（m^3）。

5.2.3.2　水平推剪试验二维数据分析方法

由于土石混合体的三维滑动面极其不规则，为了能够获得较为准确的强度参数，在采用二维方法计算土石混合体的强度参数时，本书建议在选取计算滑动面时采取如下措施：首先将现场处理得到的三维滑动面沿纵向（垂直于顶推面）每隔一定间距（本书取 10cm）测量一滑动断面，然后将所测得的各个滑动面进行几何平均处理，从而得到平均意义上的

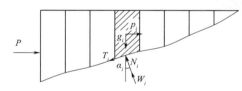

图 5.4　滑动体断面及分析图

滑动面——平均滑动面，该平均滑动面为进行二维数据分析的滑动体计算断面。

1. 天然状态下强度计算公式

根据文献 [194]，天然状态下原位水平推剪试验的二维计算方法为：首先将获得的平均滑动面根据各滑面的转折点将滑动体划分为若干条块（图 5.4），进而计算各试样的强度参数指标。

（1）黏聚力的计算公式

$$c = \frac{P_{max} - P_{min}}{\sum_{i=1}^{n} l_i} \tag{5.1}$$

（2）内摩擦角的计算公式

$$\tan\varphi = \frac{\dfrac{P_{max}}{G}\sum_{i=1}^{n} g_i \cos\alpha_i - \sum_{i=1}^{n} g_i \sin\alpha_i - c\sum_{i=1}^{n} l_i}{\dfrac{P_{max}}{G}\sum_{i=1}^{n} g_i \sin\alpha_i + \sum_{i=1}^{n} g_i \cos\alpha_i} \tag{5.2}$$

2. 浸水状态下强度计算公式

由于土石混合体在浸水状态下受到孔隙水压力的影响，故在参数计算过程中应加入相应的孔隙水压力项，对公式（5.2）的修改如下：

$$\tan\varphi = \frac{\dfrac{P_{max}}{G}\sum_{i=1}^{n}g_i\cos\alpha_i - \sum_{i=1}^{n}g_i\sin\alpha_i - c\sum_{i=1}^{n}l_i}{\dfrac{P_{max}}{G}\sum_{i=1}^{n}g_i\sin\alpha_i + \sum_{i=1}^{n}g_i\cos\alpha_i - \sum_{i=1}^{n}W_i} \tag{5.3}$$

其中

$$W_i = \rho_w g h_i l_i \tag{5.4}$$

此外，式（5.3）中 g_i 的计算采用浮容重，黏聚力（c）的计算同式（5.1）。

5.2.3.3　水平推剪试验三维数据分析方法

虽然基于平均滑动面的二维计算分析方法在一定程度上减小了水平推剪试验数据处理过程中因滑动面的选择而带来的误差，但仍然不能充分利用现场测得的试样三维滑动面信息。三维极限平衡法目前已被广泛应用于边坡的稳定性研究中，并取得了很好的进展[3-6]。基于传统的二维数据处理的基本思想及目前成熟的三维极限平衡理论，本节建立了原位水平推剪试验三维条件下的强度参数计算公式。

1. 滑动体的三维离散

采用三维极限平衡分析时，首先需要将计算滑动体离散为垂直的条块。为了便于计算，本书将滑动体分别沿着平行于试样的侧面和顶推面离散为一系列正交的垂直条块（图5.5）。

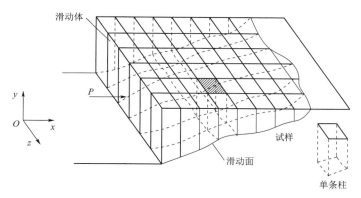

图 5.5　水平推剪试验滑动体三维离散图及相应坐标系

2. 基本假定

根据现场量测的数据，建立试样滑体的三维模型，将试样滑体分成具有垂直界面的条柱；建立如图 5.5 所示的坐标系，x 轴的正方向与试样水平推力方向相同，y 的正方向与重力方向相反，z 轴的正方向按照右手定则确定，xOy 平面为主滑动平面。

为了简化计算，在对试样滑动条柱受力分析时引入以下假设（图 5.6 和图 5.7）：

（1）滑动条块的底滑面由平面拟合而成。

（2）在平行于 xOy 平面的列界面（即图 5.6 中的 $BCC'B'$ 和 $ADD'A'$ 面）仅存在水平方向的作用力 $E^{i,j}$，其方向与 z 轴平行，因此在对滑动条块进行稳定受力分析时可不予考虑。

（3）在试样最大水平推力 P_{max} 作用下，试样滑动块体处于极限平衡状态，满足莫尔-库仑平衡准则。在此水平推力作用下，滑动体处于临界状态，即安全系数 F_s 等于1；

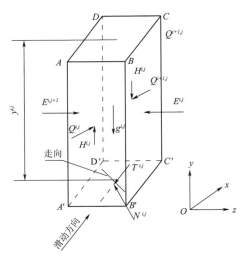

图 5.6　滑动条柱的受力分析示意图

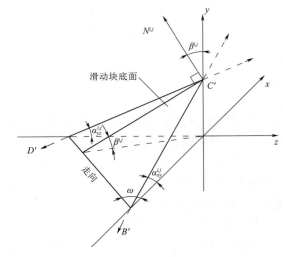

图 5.7　滑动条柱底滑面的三维表示

（4）试样滑动体只沿 x 轴方向滑动，此时剪切力 $T^{i,j}$ 位于 xOy 平面内，与 $\alpha_{yz}^{i,j}$ 无关。

3. 强度参数的获取

（1）黏聚力。根据现场试验获得的最大水平推力 $P_{\max}$ 和最小水平推力 $P_{\min}$ 可知试样的黏聚力为

$$c = \frac{P_{\max} - P_{\min}}{\sum\limits_{j=1}^{m}\sum\limits_{i=1}^{n} A^{i,j}} \tag{5.5}$$

（2）内摩擦角。由图 5.6 及图 5.7 可得试验滑动体的在最大水平推力 $P_{\max}$ 下的安全系数 F_{S} 的计算公式：

$$
\begin{aligned}
F_{\mathrm{S}} &= \frac{\sum\limits_{j=1}^{m}\sum\limits_{i=1}^{n}\{N^{i,j}\tan\varphi + cA^{i,j}\}}{\sum\limits_{j=1}^{m}\sum\limits_{i=1}^{n} T^{i,j}} \\
&= \frac{\tan\varphi\left\{\dfrac{P_{\max}}{G}\sum\limits_{j=1}^{m}\sum\limits_{i=1}^{n} g^{i,j}\sin\alpha_{xy}^{i,j} + \sum\limits_{j=1}^{m}\sum\limits_{i=1}^{n} g^{i,j}\cos\beta^{i,j}\right\} + c\sum\limits_{j=1}^{m}\sum\limits_{i=1}^{n} A^{i,j}}{\dfrac{P_{\max}}{G}\sum\limits_{j=1}^{m}\sum\limits_{i=1}^{n} g^{i,j}\cos\alpha_{xy}^{i,j} - \sum\limits_{j=1}^{m}\sum\limits_{i=1}^{n} g^{i,j}\sin\alpha_{xy}^{i,j}}
\end{aligned}
\tag{5.6}
$$

根据假设（3），$F_{\mathrm{S}}=1$，代入式（5.6）可得试样的内摩擦角 φ 满足：

$$\tan\varphi = \frac{\dfrac{F_{\max}}{G}\sum\limits_{j=1}^{m}\sum\limits_{i=1}^{n} g^{i,j}\cos\alpha_{xy}^{i,j} - \sum\limits_{j=1}^{m}\sum\limits_{i=1}^{n} g^{i,j}\sin\alpha_{xy}^{i,j} - c\sum\limits_{j=1}^{m}\sum\limits_{i=1}^{n} A^{i,j}}{\dfrac{P_{\max}}{G}\sum\limits_{j=1}^{m}\sum\limits_{i=1}^{n} g^{i,j}\sin\alpha_{xy}^{i,j} + \sum\limits_{j=1}^{m}\sum\limits_{i=1}^{n} g^{i,j}\cos\beta^{i,j}} \tag{5.7}$$

在进行浸水或模拟降雨条件下的土石混合体水平推剪试验时，计算过程需考虑水压力作用。为此，需要在式（5.7）中添加相应的静水压力项 $W^{i,j}$：

$$\tan\varphi = \frac{\dfrac{P_{\max}}{G}\sum\limits_{j=1}^{m}\sum\limits_{i=1}^{n}g'^{i,j}\cos\alpha_{xy}^{i,j} - \sum\limits_{j=1}^{m}\sum\limits_{i=1}^{n}g'^{i,j}\sin\alpha_{xy}^{i,j} - c\sum\limits_{j=1}^{m}\sum\limits_{i=1}^{n}A^{i,j}}{\dfrac{P_{\max}}{G}\sum\limits_{j=1}^{m}\sum\limits_{i=1}^{n}g'^{i,j}\sin\alpha_{xy}^{i,j} + \sum\limits_{j=1}^{m}\sum\limits_{i=1}^{n}g'^{i,j}\cos\beta^{i,j} - \sum\limits_{j=1}^{m}\sum\limits_{i=1}^{n}W^{i,j}} \tag{5.8}$$

其中

$$W^{i,j} = \rho_{w}gy^{i,j}A^{i,j} \tag{5.9}$$

$$g'^{i,j} = \gamma'\Delta v^{i,j} \tag{5.10}$$

4. 编程实现

基于三维极限平衡的水平推剪试验数据处理方式，较传统的二维数据处理方式更为复杂。根据试样滑动条块的划分，充分结合空间解析几何知识获取各条块的空间几何变量，通过程序不断循环累加计算试样的强度参数。

（1）底滑面法线与铅垂线的夹角 $\beta^{i,j}$。据空间解析几何，结合图 5.7 分析可知：

$$\cos\beta^{i,j} = \frac{\sin\beta^{i,j}\sin\omega^{i,j}}{\tan\alpha_{xy}^{i,j}} \tag{5.11}$$

其中，ω 为水平面上的走向线与 x 轴的夹角，有

$$\sin\omega^{i,j} = \left(1+\frac{\tan^2\alpha_{xz}^{i,j}}{\tan^2\alpha_{yz}^{i,j}}\right)^{-1/2} \tag{5.12}$$

将式（5.12）代入式（5.11）并结合三角函数关系整理得

$$\cos\beta^{i,j} = [1+\tan^2\alpha_{xz}+\tan^2\alpha_{yz}]^{-1/2} \tag{5.13}$$

（2）底滑面面积 $A^{i,j}$。根据假设（1），滑动条块的底滑面为平行四边形，其几何特征分析如图 5.8 所示。图中 Δx、Δz 分别为滑动条块沿着行平面和列平面在 x 轴及 z 轴方向的增量长度。

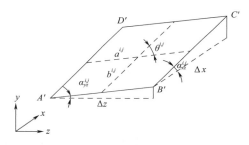

图 5.8 滑动条块底滑面几何特征分析

分析可知，滑动条块的底滑面面积 $A^{i,j}$ 的计算公式为

$$A^{i,j} = a^{i,j}b^{i,j}\sin\theta^{i,j} \tag{5.14}$$

其中，$\theta^{i,j}$ 为底滑面平行四边形的一内角，根据空间几何知识可得

$$\cos\theta^{i,j} = \sin\alpha_{xy}^{i,j}\sin\alpha_{yz}^{i,j} \tag{5.15}$$

$$\sin\theta^{i,j} = \sqrt{1-\sin^2\alpha_{xy}^{i,j}\sin^2\alpha_{yz}^{i,j}} \tag{5.16}$$

此外，对于底面平行四边形的两边长 $a^{i,j}$、$b^{i,j}$，有 $a^{i,j} = \Delta z/\cos\alpha_{yz}^{i,j}$，$b^{i,j} = \Delta x/\cos\alpha_{xz}^{i,j}$，代入式（5.14）得

$$A^{i,j} = \Delta x\Delta z\frac{\sqrt{1-\sin^2\alpha_{xy}^{i,j}\sin^2\alpha_{yz}^{i,j}}}{\cos\alpha_{yz}^{i,j}\cos\alpha_{xy}^{i,j}} \tag{5.17}$$

（3）滑动条块的重力 $g^{i,j}$。由于滑动块体的列平面及行平面均为直立面且相互平行，顶面为与 xOz 坐标面相平行的平面，底滑面为平行四边形。由图 5.8 分析可知，$y^{i,j}$ 为滑动块体底滑面到试样顶面的距离，则滑动条块的重力 $g^{i,j}$ 为

$$g^{i,j} = \gamma \Delta x \Delta z y^{i,j} \tag{5.18}$$

5.2.4　土石混合体水平推剪试验成果与分析

5.2.4.1　研究区试验点概述

图 5.9　虎跳峡龙蟠右岸土石混合体

龙蟠右岸变形体位于云南省丽江市虎跳峡地区的龙蟠乡,高程在 1820.00～2240.00m 之间,总体积约 0.24 亿 m³。勘查资料表明,龙蟠右岸表层土石混合体的分布厚度为 5.0～40.0m 不等,碎石粒径以 1～5cm 居多,其块石主要由砂岩组成,少量为板岩风化碎屑,块石形状较为不规则(图 5.9);填充物为黏土,含量甚少。

关于研究区试验点的选定,一方面要使其具有代表性,能够尽量代表研究区土石混合体的实际情况;另一方面为方便研究土石混合体在浸水条件下的力学响应,本书在研究过程中将浸水条件下的试验点选取在天然状态下的试验点附近,以便保证构成土石混合体试样的土体与块石含量及结构的近似性,并使天然状态下和浸水条件下的试验结果具有可比性。本书选定位于虎跳峡水电勘查工程龙蟠 1 号平洞附近的土石混合体作为本次试验研究的对象,试验点高程 1892.00m,共选取 6 个试样,其中 1～3 号试样用于天然状态下的试验;4～6 号试样用于浸水条件下的试验。各试验点的具体布置如图 5.10 所示。

图 5.10　各试验点的布置图

　　根据研究区的土石颗粒直径及试验结果的相似性分析,试验过程中选取的试样尺寸均为 80cm×80cm×30cm。对于浸水状态下的水平推剪试验,在试验前连续对试样均预喷水 8h,喷水速率约为 65L/h;试验过程中的喷水速度与试验前的预喷水速度近似;在试验后期随着试样的破裂，透水性能增加，需适当加大喷水速度。

5.2.4.2　试验点粒度成分分析

根据各试验点的分布，本书分别对 1 号、2 号、3 号试验点的碎石土进行了粒径分析，筛分取样质量分别为：1 号试验点 24.2kg；2 号试验点 27.1kg；3 号试验点 19.6kg（图 5.11）。从图 5.11 中可以看出：

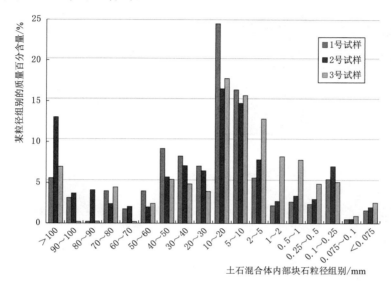

（a）各粒组质量百分含量柱状图

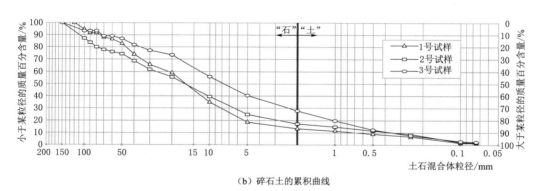

（b）碎石土的累积曲线

图 5.11　1～3 号试验点的粒径筛分结果

（1）研究区土石混合体各粒径分布极其不均匀，不均匀系数（C_u）达到 50，曲率系数（C_c）约 5.68。但多数粒径小于 20mm，占 50% 以上，甚至达到 72%（3 号试验点）；局部可见粒径较大的砾石，平均粒径约为 14mm。

（2）研究区土石混合体的含石量（粒径大于等于 2mm）约为 80%，其细粒（粒径小于 2mm）主要为粒径 0.1～2mm 的砂粒，约占总细粒含量的 90%，而粒径小于 0.1mm 的粉粒和黏粒的含量很少。

5.2.4.3　土石混合体破坏滑面特征

为了进一步研究土石混合体的变形破坏机理，在试验完成两天后再次对试样进行了大位移推剪，一方面便于移去上部滑体，另一方面保证可以较好地获得三维滑面信息。可采用手持式三维激光扫描仪器、三维立体视觉扫描或者人工测量的方法，获得三维滑面信息，进而重建滑面的三维几何模型（图 5.12）。

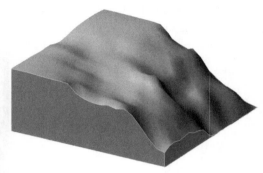

（a）1号试样三维破坏面

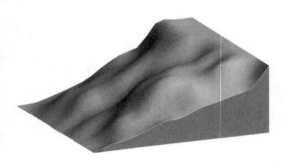

（b）2号试样三维破坏面

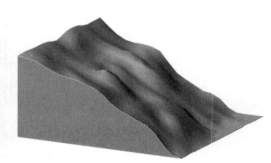

（c）3号试样三维破坏面

图 5.12　天然状态下各试样的三维破坏面（左图为试验得到的滑面；右图为三维重建的滑面）

图 5.12 中展示了天然状态下各试样的三维滑面形态，其中 3 号试样因细粒含量较多，其上部滑体较为完整，处理过程中未被破坏；1 号试样和 2 号试样因碎石含量较多，较为松散，处理过程中上部滑体已破碎，但滑动破坏面保持完好。此外，根据现场测得的各试样的三维滑动面信息，沿着垂直于剪切方向图 5.13、图 5.14 分别展示了天然状态及浸水状态下各试样的平均滑动面形态。

（1）由图 5.12 中可以看出含石量较少的土石混合体的滑面较为平整（如 3 号试样），

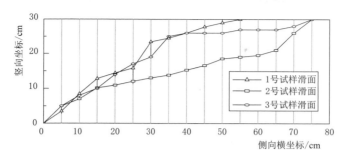

图 5.13 天然状态各试样破坏的平均滑动面

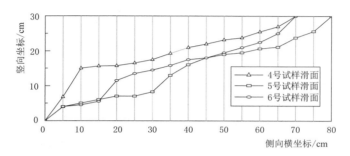

图 5.14 浸水状态下各试样破坏的平均滑动面

而含石量较高且含有粒径较大的块石的土石混合体,其滑面极其不规则(如 1 号试样和 2 号试样),以上表明块石含量和粒径成分是影响该区域土石混合体力学性质的重要因素,它在某种程度上控制了滑面的形成和形态,加之该区域土石混合体中所含块石菱角较多及其大多由强度较高的砂岩组成,从而导致土石混合体具有较大的内摩擦角。

(2)由于土石混合体本身的不均匀性,导致其破坏面极其不规则性,为考虑总体效应,在采用二维计算方法获取强度参数时本书采用了平均滑面作为试样总的计算破坏面。

(3)此外,在现场处理过程中会清晰地看到土石混合体的破坏形态多以滑面绕过块石的形式出现,即经过块石上面或经过块石下面(图 5.15),仅有个别呈现穿过极其软弱的板岩风化碎块的现象。这种绕石现象使得滑动面较一般土体的滑动面更为曲折,从而提高了其整体强度。

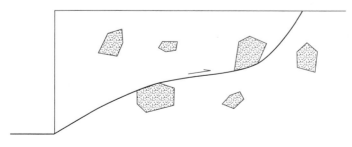

图 5.15 块石与滑面关系示意图

5.2.4.4　土石混合体原位水平推剪试验结果

根据前文土石混合体试样水平推剪试验结果及相应的滑动面信息，利用开发的水平推剪试验数据处理系统，计算得到了各试样的强度参数，见表 5.1。

表 5.1　　　　　　　　　　龙蟠右岸土石混合体水平推剪试验结果

试验条件	试样编号	饱和度/%	容重 γ /(kN/m³)	最大水平推力 P_{max} /kN	最小水平推力 P_{max} /kN	强度参数 二维计算方法 c /kPa	二维计算方法 φ /(°)	三维计算方法 c /kPa	三维计算方法 φ /(°)
天然状态	1号	—	17.41	6.00	5.71	0.42	47.83	0.37	51.1
天然状态	2号	—	17.46	6.53	5.46	1.58	49.81	1.64	53.1
天然状态	3号	—	17.89	6.70	5.29	2.09	42.61	2.15	45.6
浸水状态	4号	92	19.55	4.41	4.23	0.27	57.96	0.23	60.8
浸水状态	5号	89	19.65	5.29	4.11	0.25	60.31	0.26	63.5
浸水状态	6号	85	19.78	5.64	5.46	0.28	59.83	0.30	63.1

5.2.4.5　天然状态下土石混合体的强度特征分析

根据天然状态下的试验结果绘制各试样的剪应力-剪切位移曲线，如图 5.16 所示。

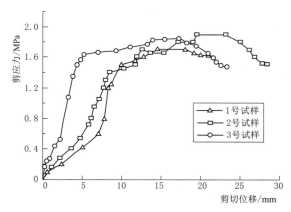

图 5.16　天然状态下各试样剪应力-剪切位移曲线

（1）对各试验点的强度指标与粒径分析结果比较可以看出，该区域土石混合体在天然状态下的强度指标与含石量密切相关，即随着含石量的增加土石混合体的强度指标发生急剧的变化。1 号试样的含石量达到 85%，内摩擦角为 47.83°，黏聚力仅为 0.42kPa；而 2 号试样的含石量为 83%，内摩擦角为 49.81°，黏聚力迅速升高至 1.58kPa。对比 1 号试样和 2 号试样所含碎石成分可以明显看出：1 号试样粒径在 1～2cm 之间的含量（24.2%）远大于 2 号试样在同粒径范围内的含量（16.2%），但 2 号试样粒径大于 10cm 的含量较多（12.8%）。3 号试样虽然粒径在 1～2cm 之间的含量（17.52%）与 2 号试样在同粒径范围内的含量相近，但是其细粒含量（27.8%）远远大于 2 号试样在相应粒径范围内的含量（17.2%）。致使 3 号试样获得的黏聚力（2.09kPa）较 2 号试样获得的黏聚力大，而内摩擦角（42.61°）反而降低。

综上所述，该区域分布的土石混合体的黏聚力大小并非单纯由含石量控制，还与其中的碎石成分尤其是粒径在某一范围内（如本地区的 1～2cm）的碎石含量密切相关，该粒径范围本书称为关键粒径；而对于内摩擦角则主要由土石混合体中的含石量控制，在某一含石量范围内，随着细粒物质含量的增多，导致试样在塑性屈服后表现出的"润滑"作用突显，进而使其内摩擦角相对降低。

（2）从天然状态下获得的剪应力-剪切位移曲线上（图5.16）可以看出，试验区土石混合体天然状态下的剪应力-剪切位移曲线与一般土（或岩石）在曲线形状上有很大的差别，大致可以分为以下五个阶段（图5.17）：

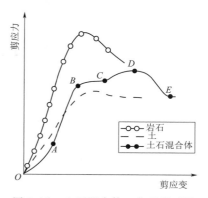

图5.17 土石混合体、典型岩石及
土体的剪应力-剪应变曲线

1）OA段为土石混合体的压密阶段。土石混合体中的孔隙逐渐被压密，A点对应的应力为压密强度。本阶段随着土石混合体中土石比及密实度的不同而有很大的差别，对于含石量较高或较松散的混合体而言该阶段较为明显（如1号试样和2号试样）；而对于含石量较小的或密实度较大的混合体而言该阶段则不明显，甚至不显现（如3号试样）。

2）AB段为弹性变形阶段。该阶段剪应力-剪切位移曲线近似为直线型，相应B点对应的应力为弹性极限。该阶段也随着土石混合体中土石含量的变化而有很大的差别，有的表现较为明显（如3号试验点），有的则表现不明显甚至没有（如1号和2号试样）。

3）BC段为初始屈服阶段。由于土石混合体是由强度较高的块石及相对软弱的土体构成，在变形增加的过程中由于分布于块石间强度相对较低的土体首先进入塑性屈服状态，在剪应力-剪切位移曲线上表现得较为平缓，局部伴随有新的裂纹产生，C点对应的应力为屈服强度。本阶段因含石量的不同也有很大的差异，含石量较小的表现较为明显（如3号试样），而含石量较多的则表现不明显甚至没有（如1号试样）。2号试样在达到1.7MPa时出现了一个"凸点"，经分析表明该试样局部碎石含量较高，致使该部位首先达到破坏，但整体还保持完整。

4）CD段为应变硬化阶段。该阶段由于混合体中的充填成分（细粒土）被破坏，块石逐渐接触并发生相互作用（相互抵抗、转动、滑移、定向等），其结构导致土石混合体的强度在整体上有所提高，并伴随着裂纹的扩展，形成一应变硬化阶段（在剪应力-剪切位移曲线上表现为曲线的斜率相对变大，直至试样完全被破坏，D点对应的应力为"峰值抗剪强度"。

5）D点以后为破坏后阶段。该阶段裂纹快速发展，并相互联合逐渐形成宏观的滑动面，E点对应的应力为残余强度。

在试验过程中能从侧面透过有机玻璃板清晰地看到，某些局部（如"块石"分布密度较大的部位）首先出现裂纹（图5.18），然后随着裂纹的扩展逐渐贯穿形成完整的滑面，但在贯穿过程中受土石混合体成分及其非均匀性的影响，有时还伴随有多条次生裂纹贯穿的现象。

5.2.4.6 浸水条件下土石混合体的强度特征分析

根据浸水条件下的试验结果绘制各试样的剪应力-剪切位移曲线（图5.19）。

为了进一步研究土石混合体在浸水后的变形破坏机理，本书对浸水前后4号试样的各细粒组别在总的细粒中所占的质量百分比（图5.20）及孔隙比做了相应的分析。

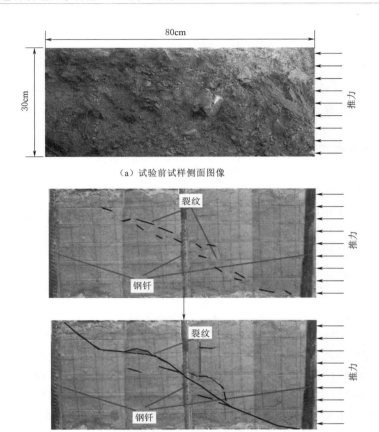

（a）试验前试样侧面图像

（b）试验过程中裂纹发展过程

图 5.18　1 号试样在某阶段的观测结果

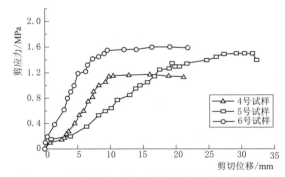

图 5.19　浸水状态下各试样剪应力-剪切位移曲线

（1）由图 5.20 不难看出浸水后试样的细粒结构发生了明显的变化：粒径小于 0.25mm 的细粒，尤其是粒径为 0.1～0.25mm 的细砂含量相对降低。其孔隙比在浸水前后也发生了变化，由浸水前的 0.35，增大为浸水后的 0.43。

土石混合体的孔隙度较大而且贯通性良好，在整个试验过程中注水产生的渗流将其中的细粒成分带走，对土石混合体起到了潜蚀作用，破坏了其细粒含量结构，增大了其孔隙度。

（2）表 5.1 中浸水条件下土石混合体的最大水平推力和最小水平推力较天然状态下相同含石量的土有明显下降，但含石量较少的 4 号试样（较相应的天然状态下相同含石量的 2 号试样）的最大水平下降幅度比含石量较多的 5 号试样和 6 号试样（较相应的天然状态下相同含石量的 1 号试样）更强烈。在浸水条件下，含石量较少的 4 号试样的黏聚力仅为 0.27kPa，

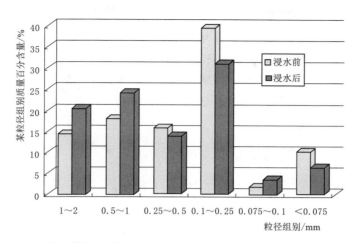

图 5.20　4 号试样浸水前后各细粒组别占细粒总量的质量百分含量柱状图

下降幅度较大，含石量较大的 5 号试样和 6 号试样的下降幅度较小，最后得到的浸水条件下的各试验点的黏聚力非常相近；而内摩擦角在浸水条件下反而出现增大的现象。

在浸水后土石混合体内的填充成分（土）遇水会发生软化、崩解，有些细粒甚至被水流带走（图 5.20），削弱了土在块石颗粒之间的黏结作用，混合体变得松散，从而使其黏聚力明显降低，尤其是含石量较低的混合体的黏聚力降低幅度更加剧烈。同时由于细颗粒被水带走，使块石和块石之间变为直接接触，引起内摩擦角的急剧增加，这种作用在某一含石量范围的土石混合体中随着土体含量的增加而更加明显。如含石量较少的 4 号试样在浸水条件下的内摩擦角（57.96°）较 2 号试样在天然条件下的内摩擦角（42.61°）增加 15.35°；而含石量相对较多的 5 号试样和 6 号试样的内摩擦角较 1 号试样的内摩擦角分别增加 12.48°和 12°。

（3）虽然 5 号试样和 6 号试样的粒径成分近似（试验点位置临近），且最大水平推力和最小水平推力也近似，但其剪应力-剪切位移曲线却有很大的差别，原因在于 5 号试样较为松散，在试验开始时要经历一段相对较长的压密阶段。

（4）从图 5.19 的剪应力-剪切位移曲线看出，浸水条件下该区域土石混合体的全应力-应变曲线变化不明显，其原因需要进一步研究。

5.2.5　循环荷载下土石混合体力学特性野外试验研究

1. 试验区概述

试验区位于云南省平锁高速公路 K96＋200～K96＋310 残坡积型土石混合体边坡，原岩为泥质粉砂岩。边坡坡高约为 20m，厚度为 3～15.5m，坡顶高程为 1195.00m，整个边坡长度约为 110m。

根据现场勘查，试验区土石混合体内部土体泥质粉砂岩风化形成的亚黏土的颜色主要为褐色、褐黄色；块石主要为泥质粉砂岩，其粒径大都小于 8cm，仅有少数粒径较大的块石，在试验点位置测量到的最大粒径为 12.5cm，且块石菱角较多。根据现场粒度分析试验结果，粒径大于 2cm 的碎石含量为 30％左右。现场水平推剪试验试样尺寸为 100cm×

100cm×40cm。

2. 土石混合体循环加载下的变形破坏特征

为了研究土石混合体在循环加载及单调加载下的剪切位移-剪应力曲线特征，本书选取了三个试验点（1 号、2 号、3 号）分别进行了单调加载（1 号）、循环加载一次（2 号）及多次循环加载（3 号）试验，得到相应的剪应力-剪切位移曲线如图 5.21 所示。

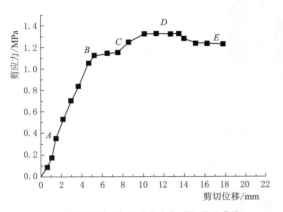

（a）1 号试样单调加载的剪应力-剪切位移曲线

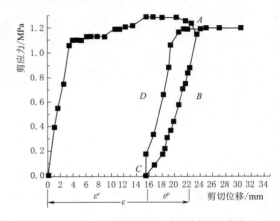

（b）2 号试样循环加载的推剪试验曲线

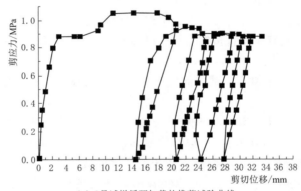

（c）3 号试样循环加载的推剪试验曲线

图 5.21　土石混合体在循环加载条件下水平推剪试验剪应力-剪切位移曲线

由图 5.21（a）可知，在单调加载时 1 号试样的剪应力-剪切位移曲线的变化过程大致经历了 5.2.4.4 节所述的五个阶段。由图 5.21（b）和（c）可知，在第二次加载后随着剪切位移的增加，并不会出现如同初始加载时的应变硬化阶段（CD 段）。这表明初始状态时试样内部块石处于"无序"状态，经历初次推剪后使得剪切破碎带附近的块石发生转动、滑移，相对软弱的块石发生破碎等细观结构的变化，这种结果会导致滑动面附近的块石在总体上形成新的有序定向排列结构（图 5.22），这种排列将使得滑动面附近的强度大幅度降低。当再次剪切时，试样将沿着最初形成的主滑面滑动，此时由于该区的块石已基本趋于定向，将不会出现如同初始加载时那种大幅度的调整。因此，在以后的加载过程中没有明显的应变硬化阶段。

图 5.22　3 号试样循环加载下推剪形成的滑动面

由图 5.21（c）所示的循环加载下土石混合体的推剪试验剪应力-剪切位移曲线上可以看出：随着循环加载次数的增加，每次加载过程所达到的最大剪应力将逐渐趋于一稳定值，且该值低于第二次加载时的最大剪应力，称之为"残余抗剪力"。

由图 5.21 可知，土石混合体经过一个加荷、卸荷循环后再加荷，其得到的加荷曲线（CDA）与其相应的卸荷曲线（ABC）并不重合，而形成环状曲线，在土力学中称为回滞环。回滞环的存在表明土石混合体在卸荷再加载过程中发生了能量消耗，并产生了不可恢复的塑性变形。

并且随着加荷、卸荷循环次数的不断增加，回滞环将不断减小（即加荷曲线不断靠近卸荷曲线），表明经过多次循环加载后其相应的塑性变形不断减小。

表 5.2 显示了各试验点的数据处理结果，从中可以看出该边坡表层土石混合体的黏聚力较小，仅位于 0.42~0.58kPa 之间，而内摩擦角相对较大，位于 32.11°~38.54° 之间。

表 5.2　　　　　　　　　　　　循环荷载作用下野外水平推剪试样数据结果

试样编号	密度 / （g/cm³）	最大水平推力 P_{max}/kN	最小水平推力 P_{min}/kN	黏聚力 /kPa	内摩擦角 /（°）
1	1.99	5.47	4.93	0.58	37.53
2	1.95	5.29	4.93	0.46	38.54
3	1.84	4.06	3.75	0.42	32.11

根据 3 号试样多次循环加载水平推剪试验得到其相应的残余抗剪力为 3.53kN，此时最大水平推力（P_{max}）与最小水平推力（P_{min}）相等，值为 3.53kN，从而可以得到试样的残余黏聚力为 0.0kPa，残余内摩擦角约为 29.25°。与其原强度参数相比，经过多次重复滑动后，由于滑动带处块石的滑移、转动及重排列等细观结构特征的变化，其强度大大降低。

5.2.6　土石混合体土钉加固效应野外试验研究

土钉支护是一种常用的边坡加固技术[199]，为研究土石混合体土钉加固机理，本书在 5.2.5 节所述的试验区中选取一试验点开展了土钉加固下的土石混合体水平推剪试验（图 5.23）。

图 5.23　土石混合体土钉加固效应野外试验研究装置

　　试验采用直径为 6mm、长度为 50cm 的钢筋模拟土钉；钢筋端部焊接厚度为 5mm、面积为 20cm×20cm 的钢板模拟土钉垫板。试验前将两根试验土钉插入试样，土钉间距为 40cm，土钉距顶推面距离约 25cm，并平行于顶推面排列。待准备完毕后，按照 5.2.1 节所述方法进行试验。

　　根据试验结果获得土钉加固后土石混合体的宏观强度参数：黏聚力为 15.2kPa；内摩擦角为 45.1°。由 5.2.5 节可知，未加土钉时土石混合体的黏聚力为 0.42～0.58kPa，内摩擦角为 32°～39°，由此可以看出加入土钉后土石混合体的宏观强度有了显著的提高。

　　由加土钉与未加土钉时的剪应力-剪切位移曲线上可以看出（图 5.21 和图 5.24），加土钉后的剪应力-剪切位移曲线在弹性变形阶段较未加土钉时的斜率要大，这表明施加土钉后试样的整体刚度也大幅度提高。

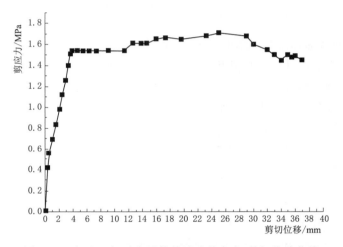

图 5.24　加入土钉时水平推剪试验剪应力-剪切位移曲线

　　从试样破坏后的状态（图 5.25）看来，加入土钉后的试样破坏状态呈现整体的破坏，滑动体较为完整，而且滑动体体积也较不加土钉时的试样大。

（a）试验完毕后试样顶部破坏情况　　　　　　（b）试样滑动面情况

图 5.25　土钉加固试验试样破坏状态

综上所述，土钉的施加不但提高了土石混合体的抗剪强度，也大大提高了土石混合体的整体刚度，同时也增加了土石混合体的整体性。

5.3 土石混合体大尺度直剪试验研究

直剪试验的基本原理是利用 3～4 个相同的试样，采用不同的垂直压力，根据试验结果绘制抗剪强度与法向应力之间的关系曲线，从而求得抗剪强度指标。由于直剪试验具有设备简单，土样制备及试验操作方便等优点，尤其在卵石土、砾石土等对大颗粒土的试验中容易实现，至今仍为国内外确定岩土强度参数的一种重要方法。

如前文所述，土石混合体的含石量是影响其物理力学性质的一个重要参数，在进行土石混合体的重塑样时必须首先确定所要研究对象的含石量，然后据此配置相应的重塑样。土石混合体内部块石粒径通常较大，难以利用传统的筛分试验进行获取。基于本书第 3 章采用 DIP 实现土石混合体的细观结构分析的方法，本节针对这类岩土介质提出了一种重塑样试验的研究方法（图 5.26），从而为其试验研究方法开拓了新的思路。其基本思路为：利用现场获取的土石混合体断面照片，并基于数字图像处理技术得到其内部含石量及粒度分布特征，在此基础上制备代表所研究土石混合体的重塑样，以用于相应的试验研究。

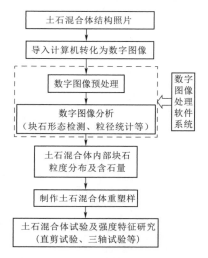

图 5.26 土石混合体试验研究方法

常规的基于重塑样的直剪试验通常在试验室内进行，由于土石混合体试验通常需要的试样材料方量较大，而且在有些试验区还受到交通条件的限制，为此本节提出的试验方法为现场土石混合体人工重塑样大尺度直剪试验研究，它同样适用于室内土石混合体强度及变形破坏机理试验研究。

本节所采用的试样剪切盒的长和宽均为 60cm，高为 40cm，试样采用的土/石阈值为 $0.05Lc=0.05×40cm=2cm$，块石最大粒径为 $0.75Lc=0.75×40cm=30cm$。

5.3.1 试验方法及步骤

（1）步骤一：预置试验台。在选择的试验场地开挖一深为 20cm 左右的坑槽，坑槽的宽度等于或略大于试样宽度，长度根据试验设备（千斤顶长度）、试样长度等确定。

待坑槽开挖完毕后，用碎石充填并夯实，随后灌注水泥砂浆制成现场直剪试验台的基础。根据试样尺寸（60cm×60cm×80cm），预制如图 5.27 所示的下部直剪盒及千斤顶后座反力台。其中，下部剪切盒两侧为开口，用作试验观察窗，在试验时用有机玻璃板予以固定。

（2）步骤二：制作上剪切盒。由于现场试验条件的限制，无法制作钢板材质的剪切盒，为此本书使用的上部剪切盒是采用木板加工制作而成的。为了保证剪切盒具有一定的

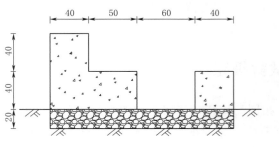

（a）试验台剖面图　　　　　　　　　　　（b）试验台三维效果图

图 5.27　野外大尺度直剪试验台（单位：cm）

刚度而不发生变形，取 30mm 厚的坚硬木板，用钢钉按预定尺寸（长×宽×高＝60cm×60cm×40cm）予以定制。定制完毕后，用钢绞线及预紧螺栓捆绑，确保在试验过程中不发生变形，以满足试验规范要求（图 5.28）。

图 5.28　现场制作的木制剪切盒
（60cm×60cm×40cm）

（3）步骤三：安装反压系统。直剪试验中通常采用的反压装置有侧壁摩擦反压、地锚反压及堆载反压等，可以根据现场条件及工程需求选用相应的反压施加方法。本书在试验过程中采用的反压系统为堆载反压法。

（4）步骤四：制作试验用料。根据土石混合体原状样内部"土体"含水量，配置试验用"土料"；根据试验用"块石"粒度特征配置试验用"块石"成分。

为保证重塑样制作过程中填料的均匀性，将上述两种组分进行成分搅拌混合，且配置后的总量约为实际用料的 2 倍。

（5）步骤五：装样。在下部剪切盒两侧分别用 1.5cm 厚的有机玻璃板封装，并予以固定确保其不发生侧向变形，用于观测土石混合体在试验过程中的剪切带发展及变形破坏机理等。将步骤四配置的土石混合体试样分层（每层 15cm 左右）放置于剪切盒中，予以夯实。

为尽量保证各分层填筑用料的均匀性，并尽量防止出现土石分离现象，在装料时用尺寸大于最大粒径 1.5 倍的铁铲随机铲取。此外，为确保相邻两层间接触良好不会产生有层理现象，每一层夯实完毕后将夯实层面挖松 5cm 左右，然后再放置下一层。

待下部剪切盒装满至剩余 10cm 左右时，放置上部剪切盒，并使得上、下两剪切盒间留有 6cm 左右的开缝。而后将上部剪切盒固定，并继续装样。为了满足上、下两个剪切盒间试样的连续性，此时装入试样的厚度约 25cm，并予以夯实。此后，按下剪切盒装样方式继续装样，直到装满剪切盒为止。

为便于研究土石混合体在剪切过程中剪切带的扩展机理，在下部剪切盒靠近侧面有机玻璃板处每隔 5cm 垂直放置面条作为变形标识，如图 5.29（a）所示。

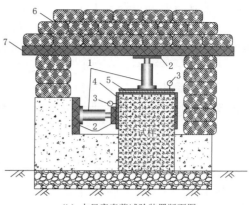

（a）试验现场　　　　　　　　　　　　　（b）大尺度直剪试验装置断面图

图 5.29　野外土石混合体大尺度重塑样直剪试验装置

1—千斤顶；2—垫枕；3—百分表；4—剪切盒；5—滑动钢板；6—反压载荷；7—枕木

（6）步骤六：安装试验装置。待装样完毕后，依次在试样顶部放置滑动钢板及千斤顶（千斤顶的中轴线应与试样中轴线一致，且千斤顶应垂直于试样顶面以满足千斤顶垂直施加法向应力），并确保试样在剪切过程中滑动钢板的滚珠排及上部钢板不会与剪切盒接触。

在试样的水平顶推面分别放置垫枕及千斤顶，并调整好千斤顶的垂直高度，将其放平，使得千斤顶中轴线位于试样的中轴面内，确保剪切力正确施加。

待法向及水平千斤顶放置完毕后，安装相应的测试设备：与千斤顶配套的压力传感器及数字显示器（精度 5‰）；用于测量水平位移及垂直位移的百分表。

撤除装样时用于固定上部剪切盒的固定装置，安装完毕后的试验装置如图 5.29 所示。

（7）步骤七：固结。根据预定施加的法向应力，分级施加。每一级荷载施加完毕，待压力表稳定后记录压力表及百分表读数，继续施加压力。逐级施加直到达到相应的预定荷载，并保持稳定 1～2h。

（8）步骤八：剪切。待试样固结完毕后，缓慢摇动千斤顶进行分级施加水平剪切力，控制水平位移速率每 15～20s 的位移为 2mm 左右。在每级水平剪力作用下观察法向千斤顶读数，若发生偏移则进行适当调整以使其维持在预定荷载处。

当每级荷载施加完毕并保持稳定后，分别记录千斤顶压力传感器及百分表读数（垂直及水平），并透过剪切盒处的有机玻璃板观测其相应的变形破坏迹象，并拍照记录。继续施加下一级压力……直到试验完毕。

（9）步骤九：拆卸试验设备，记录最终的剪切带状态及有机玻璃板内存的标识面条形态，拍照记录，以用于土石混合体变形机理的研究分析。

（10）步骤十：对试验成果进行整理和分析，并绘制水平剪应力-水平位移及垂直位移-水平位移曲线。

5.3.2　试验研究区概况

本试验区位于云南省金沙江中游河段梨园电站坝址右岸下咱日堆积体，根据现场勘探及钻孔、平洞揭露，构成堆积体的主要物质为两大部分，即前缘的厚层具有层理状结构的胶结、半胶结河流相冲积型土石混合体及后部的冰水型土石混合体层（如图 5.30），其中后者为构成该堆积体的主要组成物质，也是本次试验的主要研究对象。

试验区土石混合体内部块石的主要岩性成分为灰岩并具有一定的磨圆度，粒径大小不一，据平洞显示最大粒径可达 3m 之多；土体为粉质黏土，充填较为密实。

图 5.30　勘探平洞内揭露的构成下咱日堆积体的土石混合体

5.3.3　研究区土石混合体块石粒度分布特征

基于图 5.26 所示的研究方法，为使得测量结果更符合实际情况，本书在研究过程中分别对选取的 7 处土石混合体断面图像进行了大面积的粒度统计分析，累计总分析面积约为 26m²。分析过程中剔除粒径小于 2cm 的颗粒，从而获取了各测量点土石混合体的块石粒度累积分布曲线，如图 5.31 所示。

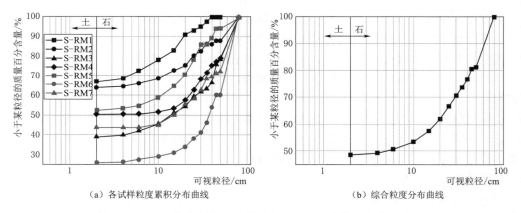

（a）各试样粒度累积分布曲线　　（b）综合粒度分布曲线

图 5.31　基于数字图像处理的研究区土石混合体粒度分析成果

从图 5.31（a）中可以看出，研究区土石混合体内部含石量（即可视粒径大于 2cm 的块石质量百分含量）分布极其不均匀，其大致范围分布在 33%～75% 之间，反映了这类复杂岩土介质的高度不均质性这一典型结构特征。为了便于研究，根据图 5.31（a）所示的各试样粒度累积分布曲线可以得到相应的综合粒度分布曲线［图 5.31（b）］，从中可以看出各试样内部含石量平均值约为 52%。此外，从研究区土石混合体的内部块石粒组频率分布图（图 5.32）上可以看出，粒组频率分布具有"多峰"性，且内部块石粒径较大，其中在统计范围内"可视粒径"大于 30cm 的块体质量约占总块石质量的 57.57%，大于 50cm 的块体约占 36.3%。

5.3.4　土石混合体试样内部块石粒度选取

基于重塑样的土石混合体大尺度室内试验（直剪试验、三轴试验等）存在以下两大难

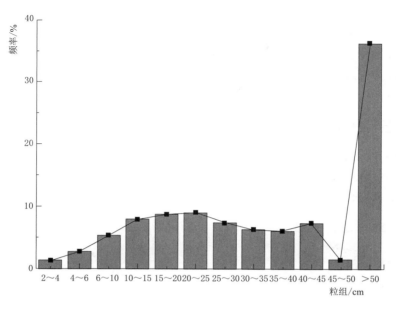

图 5.32 研究区土石混合体内部块石粒组频率分布

题：①块石的最大粒径的选取；②超粒径块石的处理方法。常用的超粒径块石的处理方法有剔除法、等量代替法及相似级配法等。

根据上述试样内部块石粒径的取值范围（2～30cm），对于超粒径料（即粒径大于30cm 的块石），采用 25～30cm 的块石来进行等质量代替。根据图 5.32 所示试验区土石混合体各粒组频率分布特征，对超粒径部分进行粒径替代得到大尺度直剪试验所采用的土石混合体试样内部的块石频率分布，如图 5.33（a）所示。

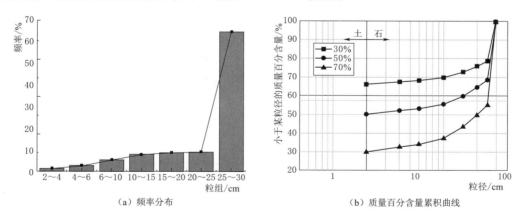

（a）频率分布　　　　　　　　　　（b）质量百分含量累积曲线

图 5.33 试验用土石混合体内部块石粒组分布

为了研究土石混合体抗剪强度特征与其含石量的关系，本书在试验过程中分别对0％、30％、50％及70％四组不同含石量的土石混合体试样进行了大尺度直剪试验研究。对不同含石量的试样在制样过程中保证其内部块石各粒组频率分布保持不变，根据图5.33（a）可求得不同含石量下的土石混合体试样内部块石质量百分含量累积曲线，如图

5.33（b）所示。

此外，在试样配置过程中为了尽量使得试样内部土体成分（如组成、粒度分布等）及块石特征（如岩性、形态等）与土石混合体原状样保持一致，本书选取的土体来源于研究区土石混合体并通过2cm圆孔筛筛分获取，各块石粒组来源于研究区土石混合体的内部块石。

5.3.5 土石混合体大尺度直剪试验成果分析

1. 剪切试验曲线特征

根据现场试验结果，绘制土石混合体不同含石量及不同法向应力条件下大尺度直剪试验获取的剪应力-水平位移及垂直位移-水平位移发展变化曲线，如图5.34所示。

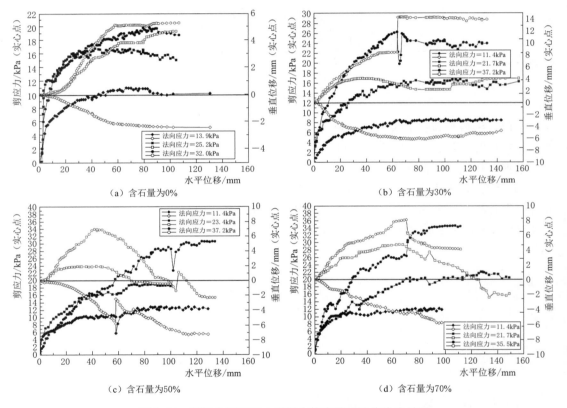

图 5.34 不同含石量时土石混合体直剪试验曲线成果图

由图5.34可知：

（1）随着法向应力的增加土石混合体的抗剪强度逐渐增加；土石混合体含石量在很大程度上影响着其抗剪强度，在相同的法向应力条件下其抗剪强度随着含石量的增加而增加。

（2）从土石混合体的剪应力-水平位移曲线上可以看出，在弹性变形阶段之后达到峰值强度之前有一个平缓曲线段（初始屈服阶段），且该曲线段随着含石量及法向荷载的增加而变得更加明显。该阶段土石混合体内部的细粒部分首先破损，在剪切带部位可能出现局部的开裂。随着剪切位移的继续增加至初始屈服阶段的后期由于土石混合体内部粒径较大的块石相互咬合使得剪应力再次升高，直到发挥出其最大的抗剪强度，此时块石与块石间的咬合力达到最大。当剪切位移继续增加时，由于土石混合体内部块石间的咬合力作用使得其不断地发生移动、旋转，以调整其在土石混合体内部的排列状态，甚至会越过剪切面另一侧的块石（图5.35），这一个过程将伴随着剪应力的降低，并到达相应的残余强度。

土石混合体内部的含石量及排列方式的影响，使得其剪应力-水平位移曲线上可能会表现出多次由"缓和"到"陡"的转变过程（即"屈服""应变硬化"过程的相互转变）。

（3）从垂直位移-水平位移曲线上可以看出：

1）在低法向应力作用下土体（含石量为0）及土石混合体均表现出剪胀现象，最终达到相应的稳定状态，且达到稳定状态时的剪胀量随着含石量的增加而增加。

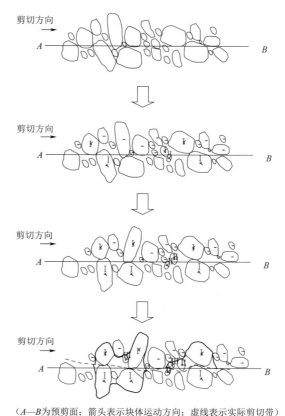

（A—B为预剪面；箭头表示块体运动方向；虚线表示实际剪切带）

图5.35 土石混合体剪切带发育
及内部块体运动示意图

2）当法向应力增高时土体首先要经历相对较长的一段剪胀阶段，而后随着剪切变形的发展由剪胀状态逐渐转化为剪缩状态并达到某一稳定值；而对于土石混合体在剪切开始后仅表现很短的一段剪胀状态，随后逐渐进入相应的剪缩阶段，但是随着剪切的继续进行，将再次进入剪胀阶段，且这种现象随着含石量的增加而变得更加明显。

土石混合体在剪切过程（或剪切带的形成过程）中由于内部块石间的相互咬合及摩擦作用，使得块石不但发生相对水平位移及旋转运动，而且在垂直于剪切带的方向也会发生相应的竖向位移，从而使得土石混合体在试验过程中产生垂直变形，由剪缩状态转变为剪胀状态。这种状态的转变将伴随着剪应力的升高（应变硬化）在剪应力-位移曲线上表现为由初始屈服阶段（即缓和曲线段）向峰值强度的发展（图5.34）。

（4）从图5.34所示的曲线上还可以看出，土石混合体的剪应力-水平位移曲线及垂直位移-水平位移曲线上有不同程度的"跳跃"现象，而且同一试验的两条曲线的"跳跃"点有良好的对应关系：当剪应力急剧降低时，其垂直位移将急剧升高；当剪应力急剧升高时，其垂直位移将急剧降低。

1）剪切过程中原本处于咬合状态的某些块石由于相互错动、逾越而使得相互间因咬合而储存的应变能急剧释放,导致剪应力的急剧降低而后又逐渐回到原来的应力状态(在剪应力-水平位移曲线上表现为 V 形的跳跃)。与此同时由于这些块石的空间状态相互调整而变得更加稳定并在土石混合体试样的宏观上表现为"压密"(剪缩),在垂直位移-水平位移曲线上表现为向上"跳跃"现象。

2) 若剪切带上的某些大粒径块石较为密集,在剪切变形过程中由于块石间咬合力的急剧上升,将导致剪应力-水平位移曲线上的初始屈服阶段急剧向峰值强度发展(即应变硬化阶段曲线将较陡),剪应力急剧上升呈现"跳跃"现象。此时由于块石的咬合作用,而且剪切位移继续进行,势必导致块石在垂直方向的位移及急剧的旋转变形调整,以满足新的应力状态。在垂直位移-水平位移曲线上将表现为剪胀现象,呈现向下"跳跃"现象。这种现象在试验过程中仅在含石量及法向应力较高的情况下才能出现,如图 5.34(d)所示,此时法向应力=35.5kPa。

2. 剪切带发育特征

为了进一步研究土石混合体的剪切带发育与其含石量的关系,本书对下剪切盒两侧采用有机玻璃板固定,并放置面条进行标识,以观测其变形破坏及剪切带的发展过程。图 5.36 显示了不同含石量的土石混合体大尺度直剪试验的剪切带发育情况(法向应力近似)。从图中可以看出,当含石量为 0%(即试样为土体)时,剪切带位于预剪面附近并与剪切方向平行呈"带状"分布。随着含石量的增加,剪切带逐渐变宽,甚至会伴随有多组裂纹的产生[图 5.36(c)]。

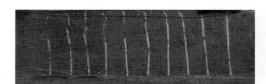
(a) 含石量为0%,法向应力=32.0kPa

(b) 含石量为30%,法向应力=37.2kPa

(c) 含石量为50%,法向应力=37.2kPa

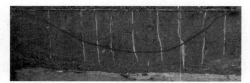
(d) 含石量为70%,法向应力=35.5kPa

图 5.36 不同含石量的土石混合体大尺度直剪试验剪切带发育

随着含石量的增加,剪切过程中块石之间的接触及相互咬合的概率将增加,由此引起的块石的旋转、位移等将增加(图 5.35),最终导致了剪切带的扩展及多裂纹的产生。

3. 抗剪强度特征

根据直剪试验成果,可以获取不同含石量(0%、30%、50% 及 70%)的土石混合体的抗剪强度参数(c,φ),如图 5.37 所示。为了进一步研究土石混合体的抗剪强度参数与含石量的关系,本书绘制了土石混合体的内摩擦角增量及黏聚力随含石量的变化曲线,如图 5.38 所示。

由图 5.38(a)可以看出,试验土石混合体的内摩擦角较试验土体内摩擦角的增量与

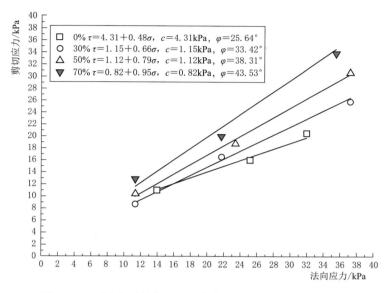

图 5.37 不同含石量的土石混合体剪切应力-法向应力关系

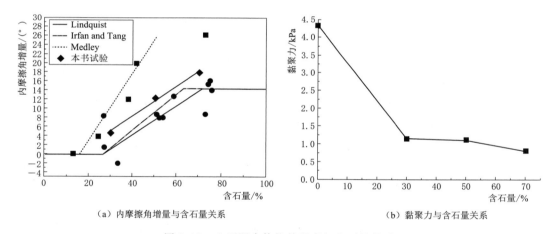

（a）内摩擦角增量与含石量关系 （b）黏聚力与含石量关系

图 5.38 土石混合体抗剪强度与含石量关系

含石量近似呈线性关系，并根据前人研究[69,76]［图 5.38（a）］有

$$\Delta\varphi_{P_R}=\begin{cases} 0 & P_R\leqslant25 \\ -5.1+0.33P_R & 25<P_R\leqslant70 \\ \Delta\varphi_{70} & 70<P_R \end{cases} \tag{5.19}$$

式中：$\Delta\varphi_{P_R}$ 为含石量为 P_R 时土石混合体内摩擦角较相应土体内摩擦角的增量，（°）；P_R 为土石混合体的含石量，%；$\Delta\varphi_{70}$ 为含石量为 70% 时土石混合体内摩擦角较相应土体内摩擦角的增量，（°）。

根据式（5.19）知，当含石量小于 25% 时，土石混合体的内摩擦角随含石量的变化不大，近似等于相应土体的内摩擦角；当含石量位于 25%～70% 之间时内摩擦角增加与含石量近似呈线性关系；当含石量超过 70% 时，其内摩擦角将基本不发生变化。

图 5.38（b）为土石混合体黏聚力与含石量关系曲线。从中可以看出，土石混合体的黏聚力较相应土体的黏聚力有很大程度的降低；当含石量在 30%～70%变化范围内时虽然黏聚力随着含石量的增加稍有降低，但是其变化量很小（根据本书试验成果，含石量由 30%增大到 70%时黏聚力仅降低 0.33kPa）。

5.4　土石混合体大尺度野外渗透性试验研究

土石混合体的渗透性是反映其水力学性质的一个重要指标，其取值不但取决于内部细粒充填土体的渗透特征，在土体成分近似时其值还受到含石量及块石的空间分布等细观结构特性的影响。

单环注水试验是一种常用的岩土体原位渗透试验，本书对原单环注水试验[2]进行了改进，以金沙江中游梨园电站坝址右岸下咱日堆积体表层分布的崩坡积成因的土石混合体为例进行了渗透试验研究。

5.4.1　试验方法及步骤

（1）步骤一：选定试验场地。清理选定试验场地，去除表层土至试验土层。开挖一个深 20cm 左右的注水试坑，修平坑底，并确保试验土层的结构不被扰动。

注水试坑的直径根据试验尺寸而定，应略大于有机玻璃环（或铁环）的直径。本次试验采用的有机玻璃环直径为 50cm，高度为 30cm。对试样底部进行拍照记录，以用于量测其底部渗流断面的含石量特征。

（2）步骤二：在注水试坑内放置有机玻璃环（或铁环）。放置有机玻璃环时应确保其与试坑底面紧密接触，外部用黏土填实，以确保圆环四周不漏水。

（3）步骤三：在环底铺一层厚 5cm 左右厚的细砂砾作为缓冲层。

（4）步骤四：安装浮球阀。为了避免原单环渗透试验人为控制环内水头带来的误差，本书在研究过程中对试验方法进行了改进，即通过安装一浮球阀自动控制环内水头高度（图 5.39）。

按图 5.39 所示安装浮球阀，调整浮球阀的高度确保有机玻璃环内的正常水位高度为 10cm，并连接浮球阀与量筒。

（5）步骤五：向有机玻璃环内注水至浮球阀控制水位处，记录观测时间及注水量，并向量筒内注水，开始试验。

（6）开始时每间隔 5min 记录一次，等稍稳定后每间隔 20min 记录一次。当连续两次观测流量之差不超过观测值的 10%时，试验即可结束，取最后一次注入流量为计算值。

（7）试验成果整理。绘制注入流量与时间（Q-t）的关系曲线，并按照下式计算相应的渗透系数：

$$k = \frac{Q}{A} \qquad\qquad (5.20)$$

式中：k 为试样渗透系数，cm/s；Q 为注入流量，cm^3/s；A 为有机玻璃环横截面积，cm^2。

（a）试验装置 （b）横截面图

图 5.39 改进后的野外单环注水试验仪

1—有机玻璃环：高 30cm，直径 50cm；2—量筒：高 50cm，直径 20cm；

3—试验土体；4—浮球阀；5—软管；6—缓冲砂垫层，厚 5cm

5.4.2 试验成果分析

基于上述试验方法，在试验区同一高程处选取了三个相邻的试验点（试验点水平间距为 2m 左右），从而保证了所研究土石混合体内部土体及块石组成的一致性。从各试验点的渗流量随时间的变化曲线（图 5.40）上可以看出，随着时间的延续渗流量逐渐趋于某一稳定状态。

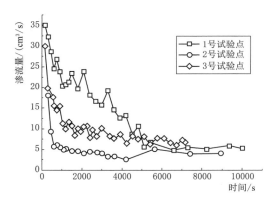

图 5.40 各试验点渗透试验渗流量-时间曲线

根据式（5.20）计算各试验点的渗透系数见表 5.3。为了研究土石混合体含石量与渗透系数的关系，利用数字图像处理技术对试验前获取的各试验点底部断面图像（图 5.41）进行分析，获取其相应的含石量，从而得到试验区土石混合体的含石量与渗透系数的关系曲线（图 5.42）。

表 5.3 渗透系数计算成果表

试验点	渗流量/(cm³/s)	渗透系数/(×10⁻³ cm/s)
1 号	5.20	2.95
2 号	6.50	3.69
3 号	4.00	2.27

（a）1 号渗透试验点　　　　　　　　　　　　（b）2 号渗透试验点

（c）3 号渗透试验点

图 5.41　土石混合体各渗透试验点底部断面图像（试样直径为 50cm）

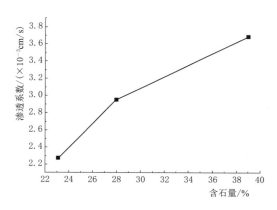

图 5.42　土石混合体渗透系数与含石量关系

从图 5.42 可以看出，随着试样含石量的增加其渗透系数也呈现增加趋势。由于各试验点较为接近，其内部的土体成分也较为接近。随着土石混合体内部含石量的增加，其内部细观结构也由原来的块石悬浮于细粒土体中（含石量小于 30％时），逐渐转化为细粒土体充填于块石构成的骨架中。由于块石的增加，块石间的距离逐渐减小，土体的充填作用将逐渐减弱，并形成较多的孔隙，甚至会出现多个孔隙相互贯穿形成排水或集水通道的现象。这种现象在宏观上表现为土石混合体渗透能力的提高，即渗透系数增加。

第6章

土石混合体力学特性的室内三轴试验研究

6.1 概述

因地震触发的滑坡、崩塌而形成的土石混合体在地震灾区广泛分布，并成为震后重要的次生灾害源。这类土石混合体的物理力学性质对边坡稳定性及地震灾区次生地质灾害有显著影响。2008 年 5 月 12 日发生在我国四川省的"5·12"汶川地震，触发了数以万计的崩塌、滑坡灾害，给灾区带来了严重的影响。

室内试验是进行土石混合体物理力学特性研究的重要方法。为深入研究土石混合体细观结构特征（如含石量、粒度组成、控制性块石形态等）和试样尺度等对其强度变形特性及细观结构演化的影响，本章将以"5·12"汶川地震诱发的四川省唐家山滑坡[200]形成的土石混合体为例，采用大、中、小三种尺度三轴试验机，开展天然含水率状态下土石混合体的固结不排水三轴试验相关研究。其中，大尺度（$\Phi292 \times H610mm$）试验采用应力式大型三轴试验机，该试验机由水压提供围压，油压控制升降台；中尺度（$\Phi150 \times H300mm$）试验与小尺度（$\Phi101 \times H200mm$）试验采用中型三轴仪，该试验仪围压由水压提供，升降台为机械控制式。为便于观察及量化分析土石混合体试样细观结构在试验过程中的演化规律，采用岩土力学三轴试验 CT 系统，针对一组相同含石量不同粒度组成的土石混合体试样开展了 600kPa 围压下的 CT 三轴试验。

6.2 唐家山滑坡区基本地质环境

6.2.1 滑坡前地形地质特征

1. 地形地貌特征

唐家山滑坡位于四川省通口河（也称湔江）右岸，距北川县城上游 6.5km。滑坡区内河道弯曲，且通口河以 S70°E～N40°E 方向流经该区。发生滑坡前，在枯水期滑坡区通口河水面高程为 664.80m 左右，水面宽 100～130m，水深 0.5～2m。滑坡地段呈不对称的 V 形河谷。右岸唐家山山顶高程为 1580.00m，坡高约 900m。下部基岩裸露、地形较陡（40°～60°），上部地形较缓，坡度为 30°左右，分布有 5～15m 厚的残坡积碎石土层，植被茂盛，上下游各分布 1 条小型浅冲沟，即大水湾和小水湾（图 6.1），两沟相距约 500m。

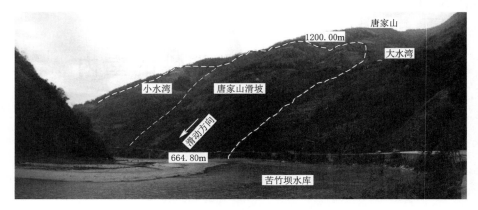

图 6.1　唐家山滑坡发生前地形原貌（镜向下游）

图 6.2　唐家山对岸的元河坝原貌（镜向上游）

左岸为元河坝（唐家山对岸），临河坡脚部位基岩裸露，地形较缓，自然坡度一般为 25°～30°，分布有 13.2～29.6m 厚的残坡积碎石土层，向坡顶厚度增大，坡体顶部为一宽约 20～50m 的长条形缓平台（图 6.2）。

2. 地层岩性

唐家山滑坡区分布的地层由老到新分别有寒武系下统清平组上部、第四系残坡积和第四系冲积层。

（1）寒武系下统清平组上部（$\in_1c$）。为灰黑色薄—中厚层状长石云母粉砂岩、硅质岩、泥灰岩、泥岩，岩层软硬相间；分布出露于两岸山坡下部。

（2）第四系残坡积层。分布于两岸坡体上部，为黄色碎石土，由粉质壤土、岩屑和块石组成。上部以粉质壤土为主，含量超过 60%，块石零星分布，下部岩屑和块石含量增高，推测厚 5～20m。

（3）第四系冲积层。为灰黑色含泥粉细砂，含泥量约 35%，并夹少量小砾石；分布于通口河床，厚约 20m。

3. 地质构造

唐家山滑坡区位于北部雪山和虎牙断裂，西部的岷江断裂和东南部的龙门山断裂带所围限的块体的南缘，并夹持在龙门山中央断裂和后山断裂之间。滑坡区距离其南部的龙门山前山断裂约 17km，与南部的龙门山中央断裂（北川附近又称"北川—映秀断裂"）直线距离约 2.3km，距离北部的龙门山后山断裂 20～30km［图 6.3（a）］。唐家山滑坡区位于龙门山中央断裂带的上盘部位［图 6.3（b）］。

唐家山滑坡段位于青林口倒转复背斜核部附近，背斜轴线为 NE45°延伸，轴面倾向 NW，倾角 70°左右。受北川—映秀逆冲断层影响，区内褶皱断裂很多，地层产状比较零

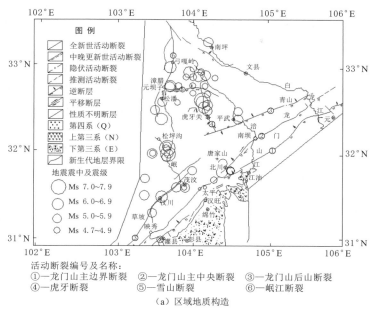

活动断裂编号及名称：
①—龙门山主边界断裂　②—龙门山主中央断裂　③—龙门山后山断裂
④—虎牙断裂　　　　　⑤—雪山断裂　　　　　⑥—岷江断裂

（a）区域地质构造

（b）滑坡区局部放大图

图 6.3　唐家山滑坡区地质构造特征

乱，岩层总体产状为 N70°～80°N/NW∠50°～85°，层间挤压错动带较发育，由黑色片岩、糜棱岩等组成，挤压紧密，性状软弱，遇水易泥化、软化。滑坡体原生结构面主要为层面，构造性节理发育，具有一定的区段性，多密集短小，导致完整性一般。

唐家山所在部位的寒武系下统清平组基岩地层产状为 N60°E/NW∠60°，表现为左岸逆向坡，右岸中陡倾向坡的岸坡结构特点。

6.2.2　唐家山堰塞体工程地质特征

6.2.2.1　地形地貌

2008 年 5 月 12 日，在地震触发作用下唐家山斜坡发生顺层岩质滑坡失稳，并堆积于通口河河谷而形成巨型滑坡坝。唐家山滑坡体后缘高程约 1200.00m，滑坡体落差超 400m，在后缘形成倾角约 40°的较光滑的基岩面滑坡壁。

唐家山堰塞体在平面形态上呈长条形，顺河向长度约 803m，横河向最大宽度 611.8m，坝高 82~124m，体积约 $24.4 \times 10^6 m^3$，堰塞体的相关参数见表 6.1。图 6.4（a）和图 6.4（b）分别为唐家山滑坡及堰塞体的侧视及航空遥感影像。图 6.4（c）和图 6.4（d）为武汉大学采用机载激光雷达测量得到的唐家山滑坡区及堰塞体三维等高线图。

表 6.1　　　　　　　　　　唐家山堰塞体/堰塞湖相关参数

名　称	参　数	值
堰塞体	体积/m^3	24.4×10^6
	最高点高程/m	793.90
	最低点高程/m	753.00
	顺河向长度（堰塞体底部）/m	803
	垂直河向长度/m	611.8
	左侧顺河向长度与高度比	8.9
	面积/m^2	3.07×10^5
堰塞湖	最大库容/m^3	326×10^6
	原始河床高程/m	663
	面积/km^2	3550

堰塞体顶面宽约 300m，地形起伏较大。由于滑坡在高速下滑过程中，受对岸山体阻挡，滑坡前缘（左岸）具有明显的爬坡运动过程，导致其堆积体（堰塞体）在横河向呈现左侧高、右侧低，其中左侧最高点高程为 793.90m，右侧最高点高程为 775.00m。并在堰塞体近中部位置形成了一沿顺河向的沟槽，贯通上下游，沟槽为右弓形，沟槽底宽 20~40m，中部最低点高程 753.00m。堰塞体上游坡缓，坡度约 20°；下游坝坡长约 300m，坡脚高程 669.55m，上部陡坡长约 50m，坡度约 55°，中部缓坡长约 230m，坡度约 32°，下部陡坡长约 20m，坡度约 64°。

滑坡堆积物（堰塞体）中部及靠近后缘（右岸）一带地表树木未完全倾倒，杂草仍然保持着原状（图 6.4）。据一位地震幸存者描述，发生地震时他正在唐家山上，山体滑坡发生过程中，烟尘漫天，整个下滑时间约有 1min。

6.2.2.2　地质结构

根据现场调查，滑坡堆积体（堰塞体）除了后缘及上游侧表部分布有黄褐色残坡积碎石土外，其余部位均为块碎石土，尤其在堆积体前缘部位由于运动受阻。爬坡形成与原产状相反的"似层状结构"（图 6.5）。此外，在堆积体前缘部位可见有明显的原河床粉砂层，表明滑坡在运动过程中将原河床部位的冲积物铲起，并高速抛向对面，伴随着巨大的高速气浪及水流冲击对岸山体，使得较近部位形成光滑的壁面，较远部位的树干上的枝叶和树皮均被剥光（图 6.6）。地表调查还发现，堰塞体靠近左岸一带分布有原河床粉细砂，在靠左岸高程约 775.00m 处的元河坝吊桥上直径约 5m 的混凝土桥墩向左岸卷高了约 100m（原桥面高程约 678.00m）。

（a）侧视影像　　　　　　　　　　　　　（b）航空遥感影像

（c）唐家山滑坡区三维等高线图　　　　　（d）唐家山堰塞体三维等高线图

图 6.4　唐家山滑坡全貌

图 6.5　滑坡前缘的反倾向　　　　　　图 6.6　滑坡前缘（左岸）受高速
　　　"似层状结构"岩体　　　　　　　　　　泥沙气流冲击现象

　　在堰塞体内部结构上，根据中国电建集团成都勘测设计研究院有限公司的钻孔勘察资料，其物质组成具有明显的分层性特点，由上往下大致可以分为四层：碎石层、块碎石层、孤块碎石层（似层状结构岩体）及灰黑色粉土质砾层（图 6.7）。其中碎石层、块碎石层及灰黑色粉土质砾层，总体上可归类为土石混合体层；孤块石碎石层主要为破碎或基本保持原有结构的岩体，构成了堰塞体的主要组成物质。唐家山堰塞体主要组成物质如图 6.8 所示。

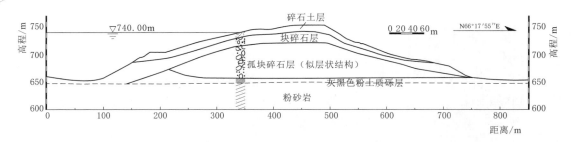

图 6.7　唐家山堰塞体顺河向工程地质主剖面图

1. 碎石层

碎石层主要为原唐家山地表残坡积层，分布于堰塞体的顶部表层及上游坡面一带。其主要由粉质土、岩屑及碎石组成，其中粉质土占 60% 左右，岩屑占 30%～50%，碎石占 5%～10%，粒径以小于 5cm 为主，碎石多强风化 [图 6.8（a）]。该层厚度约 5～15m，结构松散，抗冲刷能力较差。

（a）碎石层　　　　　　　　　　　　　　　（b）块碎石层

（c）孤块碎石层　　　　　　　　　　　　（d）灰黑色粉土质砾层

图 6.8　唐家山堰塞体主要组成物质

2. 块碎石层

块碎石层覆盖于碎石层以下，在靠堰塞体左侧地表一带广泛分布，主要由块碎砾石、少量孤石及少量碎石土组成。块碎砾石粒径以 6～40cm 为主，孤石粒径为 1～2cm。块碎砾石多强风化、部分弱风化，岩块强度较高，地表见架空现象 [图 6.8（b）]。该层厚度一般为 10～30m，结构较松散，有一定的抗冲蚀能力。

3. 孤块碎石层（似层状结构）

孤块碎石层覆盖于块碎石层以下，具有较为连续的分布，并在总体上保留了似层状结构特点［图6.5和图6.8（c）］，岩体解体不完全，有明显的压裂缝，裂缝多为0.2～1cm。层厚以5～15cm为主，最大可见孤石粒径达8m，岩性多以弱风化—新鲜的粉砂岩为主，岩块强度较高。似层面产状N30°～90°E/NW∠10°～45°，表现为从右岸到左岸及中部向上游倾角逐渐变小。地表测绘显示，该层分布高层呈左侧低右侧高。

根据钻孔揭示，该层厚度为50～67m，粒径大于6cm的颗粒占该层总厚度的20％～60％。该层结构较密实，抗冲蚀能力和抗渗透破坏能力较强。

4. 灰黑色粉土质砾层

该层位于堰塞体底部，主要为滑坡体高速下滑过程中形成的滑带物质，颗粒较细，混杂有原河床粉细砂或岸坡的碎砾石［图6.8（d）］。钻孔揭露该层厚6.0～15.7m，砾石粒径以小于2cm为主，含量约60％，其余为砂及粉土，并可见少量的粗砂。该层底部与原河床基岩接触。

6.2.2.3 土石混合体粒度组成特征

如前文所述，构成唐家山堰塞体的表层土石混合体最大厚度超40m，研究其粒度组成特征对于土石混合体的理论研究及堰塞体的抗冲刷特征具有重要的理论和实践意义。

根据本书第2章的研究成果，土石混合体内部结构的自组织性是这类岩土介质的一个重要特征，且粒度质量百分含量与粒径呈明显的指数相关关系：

$$P(r) \propto r^{3-D} \tag{6.1}$$

式中：$P(r)$ 为小于某粒径 r 的粒度质量百分含量；D 为试样的粒度分维数。

因此，根据土石混合体的颗粒分布累计曲线，作出 $P(r)$-r 在双对数坐标系下的曲线图形，求出无标度区直线部分的斜率 n，即可方便地求出土石混合体试样的粒度分维数：

$$D = 3 - n \tag{6.2}$$

唐家山堰塞体表层土石混合体粒度分布特征如图6.9所示。图6.9（a）、（b）分别展示了各试样在单对数及双对数坐标系下的粒度质量百分含量累积分布曲线，其中试样1～4为表层碎石土层，试样5为块碎石层。从图6.9中可以看出，在双对数坐标系下粒度质量百分含量 $P(r)$ 与粒径 r 具有明显的线性相关关系。

根据图6.9可计算得到各试样的粒度分维数及平均粒径（D_{50}），见表6.2。碎石层的粒度分维数（平均分维数约为2.74）大于块碎石层（约为2.59），而碎石层平均粒径（平均值约为16mm）又明显小于块碎石层（约为75mm）。

表6.2　　　　　　　　　各试样分维数及平均粒径一览表

参数	试样1	试样2	试样3	试样4	试样5
分维数 D	2.757	2.68	2.766	2.74	2.59
平均粒径 D_{50}/mm	32	10	7	15	75

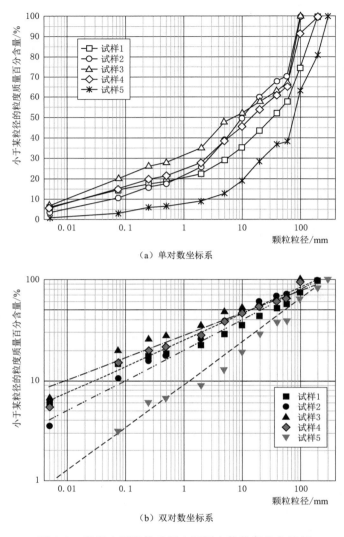

（a）单对数坐标系

（b）双对数坐标系

图 6.9 唐家山堰塞体表层土石混合体粒度分布特征

6.3 土石混合体室内试验方案

6.3.1 试验用料

试验中采用的土石混合体取自唐家山堰塞体左岸地表一带广泛分布的碎块石层，该层主要由块碎砾石、少量孤石及少量碎石土组成，块碎砾石粒径以 6～40cm 为主。由本书第 2 章内容，选定土/石阈值为

$$d_{\text{S/RT}} = 0.05Lc \tag{6.3}$$

式中：Lc 为三轴试样的直径。

在本试验方案中以小尺度试样的直径 10^1mm 为基准，选定 5mm 为统一的土/石阈

值，即认为粒径大于 5mm 的颗粒为块石，粒径小于 5mm 的颗粒为土体。块石部分分为 5～10mm、10～20mm、20～40mm、40～60mm 共四个粒组。考虑到松散土石混合体取自地震引发的堰塞体表层，在天然条件下尚未固结，制样时试样的控制干密度和控制含水率分别取其天然干密度 $1.73 \times 10^3 kg/m^3$ 和天然含水率 10.4%。

6.3.2 普通三轴试验方案

对所取土样进行筛分试验，其中最大粒径达到 100mm，天然含石量高达 79.14%。根据徐文杰的研究成果，真正意义上的土石混合体含石量在 25%～75% 范围内，此时土体与块石共同控制土石混合体的物理力学性质[201]。因此，除了在大尺度试验中研究了 79.14%、50%、30% 三种含石量对土石混合体宏细观力学性质的影响外，为了获取普遍性的研究结论，本书在保证各粒组块石含量之比与天然条件相同的前提下，将试验方案中其他所有试样的含石量都设定为中间值 50%。

《水电水利工程粗粒土试验规程》（DL/T 5356—2006）规定，土石混合体试样中的最大颗粒粒径应小于试样直径的 1/5，宜定为 20mm。由于大粒径块石很大程度上影响甚至控制土石混合体的物理力学性质，因此针对含有超径块石的土石混合体试样开展试验有助于突出这种影响。Lindquist[76] 曾进行过一系列最大颗粒粒径与试样直径之比为 0.75 的非常规试验，研究了混杂岩的相关力学性质。据此，本试验方案中的中尺度与小尺度试验在 50% 含石量条件下，也设计了一组非常规试验，最大颗粒粒径定为试样直径的 0.6 倍，即 60mm。天然土石混合料中颗粒粒径大于 60mm 的部分占 8.75%，采用等量替代法处理，得到最大粒径为 60mm 的超径块石试样。另外两组试样则根据规范规定将最大颗粒粒径设定为 20mm，分别采用等量替代法和相似级配法处理超径颗粒，由此得到三种含石量相同但粒度组成不同的土石混合体试样。土石混合体室内三轴试验研究内容如图 6.10 所示。

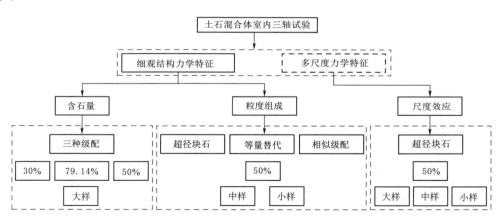

图 6.10 土石混合体室内三轴试验研究内容

此外，方案中还包括一组含石量为 0% 的土样，即筛分选取土石混合料中颗粒粒径小于 5mm 的部分制成试样，以便更清晰地反映块石对土石混合体宏细观力学特性的贡献。对四组试样分别进行 100kPa、300kPa、600kPa、900kPa 围压下的三轴试验，采用应变控制式加载方式，且每组试验都剪切至 20% 以上轴向应变。由于试样含水率较低，选取剪切速率为 0.24mm/min。土石混合体室内三轴试验方案见表 6.3。

表 6.3　　　　　　　　　　　土石混合体室内三轴试验方案

编号	试样尺寸 /mm	含石量 /%	超径颗粒处理方法	不均匀系数	最大粒径 /mm	围压 /kPa
A1		79.14		28.72		
A2	$\Phi292\times H610$	50	等量替代	81.60	60	
A3		30		37.72		
B1			超径块石	81.60	60	
B2	$\Phi150\times H300$	50	等量替代	51.83	30	100、300、600、900
B3			相似级配	45.89	30	
C1			超径块石	81.60	60	
C2	$\Phi101\times H200$	50	等量替代	51.83	20	
C3			相似级配	45.89	20	
D1	$\Phi101\times H200$	0	筛分剔除	26.15	5	

6.3.3　试样制备

非常规试验方案的试样分三层制备，并分层击实，其他方案的试样则分四层制备。在制样时，为了防止固结及剪切过程中试样中的大粒径块石及形状不规则的尖锐块石刺破橡皮膜，采取了以下两种措施：一是使用双层橡皮膜，增大安全系数，由于在轴向压缩过程中试样所受围压恒定，因此橡皮膜嵌入对试样体变的影响可以忽略；二是在随机撒样的基础上进行人为调整，将大的块石置于试样中部，尽量远离周边橡皮膜。

由于固结前首先要进行 CT 扫描，而所研究对象为天然松散堆积物，试验用料的天然干密度（试样控制干密度）仅为 $1.73\times10^3 kg/m^3$，且为天然不饱和试样，含水率也较低（土颗粒部分控制含水率为 10.4%，块石部分则认为含水量为 0%），在这种工况下试样非常松散，几乎无法直立。因此采取抽真空法保证试样在 CT 扫描过程中均能保持直立而不塌落。对于土石混合体试样和土样，粉土与黏土的含量都很低，且真空泵与试样基座上的排水孔相连，试样底部与基座间有滤纸相隔。

将制备好的试样安装于三轴仪上后，关闭排水孔保证试样内部的水和气都不会排出。将提供围压的橡胶管与压力室通过一个密闭的容器相连，密闭容器中装有适量水，该部分水的改变能够灵敏地反映试样体变。另外，当轴向加载轴压缩时也会将压力室中的部分水排出，因此排除压力轴的影响，通过测量密闭容器中水量的变化即可获得试样体变。

6.3.4　CT 三轴试验方案

在物理试验中，难以对试样的内部结构进行观察及定量表述，而 CT 技术作为一种无损探测技术，能够直观显示并可据此量测试验过程中试样内部块石的相互作用与结构调整，对于从细观结构层面研究岩土材料变形、损伤及破坏机理具有重要意义。

本章采用了长江科学院水利部岩土力学与工程重点实验室的高空间分辨率 CT 设备及其自主研制的 CT 三轴仪（图 6.11）。

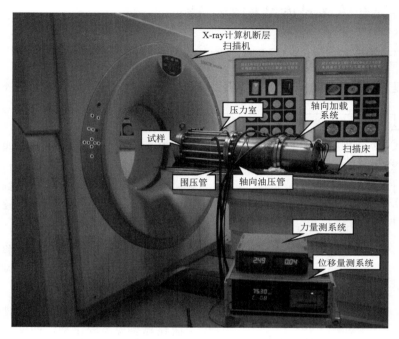

图 6.11　岩土材料试验 CT 设备及 CT 三轴仪

CT 三轴仪的工作原理与常规三轴仪相同，但是需将仪器横置在 CT 机检查床上以便在扫描球管孔径内自由移动。该三轴仪中的试样尺寸与小尺度试样尺寸相同，即 $\Phi101 \times H200\text{mm}$。该三轴仪采用气压提供围压，通过液压千斤顶提供轴压，加载控制及量测系统均位于 CT 机外部。试样制备并完成装样后，即通过围压管施加初始保护围压 20kPa，关闭阀门直至将三轴仪及轴向加载系统整体横置于 CT 机检查床上，开始进行固结，当压力室内气压达到预定围压值后，再次关闭阀门以保持围压恒定。在施加围压的同时，施加稍大于气压的轴向压力防止轴向加载活塞弹出。出于同样的原因，轴向压缩结束后，先将轴向荷载降至与围压水平一致，然后以相同速率卸载轴压与围压。

轴向压缩过程中的任意时刻都可以进行 CT 扫描，但是由于内部颗粒在持续调整它们的位置，会导致扫描图像模糊不清。因此，在对试样进行扫描时暂时停止轴向加载，尽管这会引起轴向应力的轻微下降，但是轴向压力仍旧高于围压，且扫描过程只需 1～2min。在这种情况下，试样内部的结构基本不会变化，停止轴向加载所获得的扫描切片能够反映预定轴向应变所对应的真实细观结构。

为了观察土石混合体试样在三轴试验过程中内部细观结构的变化，探究块石间的相互作用及其对试样宏观力学性质的影响，对每个进行三轴试验前、后的试样进行 CT 扫描。另外，对于四种不同粒度组成的小尺度试样各增加一个 600kPa 围压下的实时 CT 扫描三轴试验，即轴向应变每增加 5％就停止加载，沿试样轴向进行 CT 扫描，得到三轴压缩全过程中的实时 CT 图像序列，间距为 0.6mm。

6.4　土石混合体多尺度结构力学特性

6.4.1　含石量对宏观力学特性的影响

含石量是控制土石混合体强度及变形性质的关键因素之一，因含石量的不同，块石在试样中发挥的作用也有所不同。本书针对含石量为 30％、50％和 79.14％的三种土石混合体大尺度试样开展了四种围压水平下的三轴试验，粒度分布曲线如图 6.12 所示。对于天然土石混合料中粒径超过 60mm 的部分，三种试样都是采用等量替代法处理。每组试验都剪切至 18％以上轴向应变。对这三组大尺度试验，还在橡皮膜内添加了一层由薄薄的 PVC 膜制成的保护层。

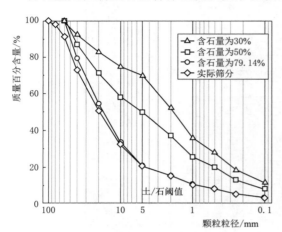

图 6.12　不同含石量土石混合体
试样的粒度分布曲线

所有试验中的偏应力-轴向应变关系曲线都表现为硬化型，即试样偏应力以较稳定的速度增长，后期增速略有降低，没有出现应力峰值。随着围压增大偏应力的增速也逐渐变大。对应于硬化型的应力-应变关系，体应变-轴向应变关系曲线都表现为剪缩，只是在试验后期剪缩速率逐渐变缓，体应变趋于平稳。

相同围压条件下不同含石量土石混合体试样的偏应力比与体应变-轴向应变曲线如图 6.13 所示。偏应力比为广义剪应力 q 与平均主应力 p 之比，表达式如下：

$$q = \sigma_1 - \sigma_3 \tag{6.4}$$
$$p = (\sigma_1 + \sigma_3 + \sigma_3)/3 \tag{6.5}$$

在 300kPa、600kPa、900kPa 和 1200kPa 四种围压条件下，土石混合体试样的偏应力比都是随含石量的增大而增大，该规律源于块石的有效咬合及骨架作用。体变不仅受含石量的影响，也与围压条件及试样内部结构特点密切相关。同时橡皮膜、PVC 保护层等因素对体变测量值精度也有一定影响。除 300kPa 外，另外三种围压水平下的土石混合体试样体变基本与偏应力比的大小相对应，即偏应力比较大（含石量高）的试样对应较大的体缩量，但量值相差不大，尤其是围压为 600kPa 和 900kPa 时。另外，当含石量为 79.14％时，相比含石量较低的土石混合体试样，在控制干密度较小、击实度较低的情况下，试样中含有更多的孔隙，因此在轴向压缩的初始阶段，试样更容易被压实，体缩量较大，但是随着轴向应变的增大，试样内部的块石逐渐发挥咬合及骨架作用，导致体缩速率相比其他含石量的试样有更明显的降低。

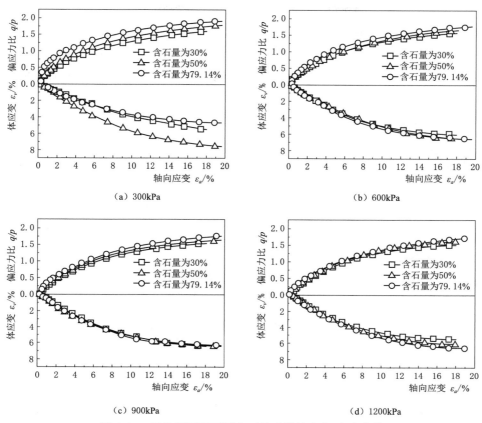

图 6.13 四种围压下不同含石量试样的应力-应变曲线

对高含石量的松散土石混合体试样,围压通过对固结后试样密实度及试验中块石运动、破碎的三重影响,影响试样的体变规律。在 300kPa 围压下,虽然固结后高含石量的土石混合体试样中含较多孔隙,但由于边界对试样的约束相对较小,内部块石更易发生错动和旋转,且破碎率较低,因此含石量为 79.14% 与 30% 的试样初始剪缩量相近,试验后期甚至出现轻微剪胀趋势。而在 1200kPa 围压下,块石破碎现象明显,高含石量试样的体缩除了源自初始孔隙的压缩外,更大程度上是由大量块石破碎导致的级配变化和结构调整,从而产生使试样更密实的效果。

由于三种试样在各围压试验中的偏应力均未出现峰值,当轴向应变达到 15% 时,应力-应变曲线发展趋势已趋于稳定,因此取该处对应的偏应力作为峰值强度,从而得到每种试样在四个围压水平下的抗剪强度,见表 6.4。

表 6.4 三种含石量土石混合体试样在四个围压水平下的抗剪强度

含石量/%	抗剪强度/kPa			
	300kPa 围压	600kPa 围压	900kPa 围压	1200kPa 围压
30	903.44	1774.68	2565.32	3401.98
50	1103.60	1957.05	2821.30	3856.27
79.14	1347.58	2184.09	3307.42	4086.20

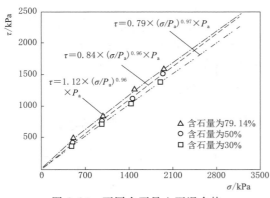

图 6.14　不同含石量土石混合体
试样的抗剪强度包线

随着围压的增大，块石破碎现象越发明显，受此影响，土石混合体的抗剪强度包线偏离直线向下弯曲，是一条斜率逐渐减小的曲线。本书所研究的土石混合料中细粒部分含量极少，因此认为其不存在黏聚力，则不同含石量土石混合体试样的抗剪强度包线如图 6.14 所示。针对这类土石混合体，本书提出了莫尔-库仑强度理论的一种幂函数形式：

$$\tau = f \times (\sigma/P_a)^\alpha \times P_a \qquad (6.6)$$

式中：P_a 为大气压（$P_a = 101.4\text{kPa}$）；f 为曲线的基础斜率，是土石混合体试样摩擦角的部分反映；α 为与块石破碎相关的决定曲线斜率变化的指标，且 $\alpha \leq 1$，当 $\alpha = 1$ 时，即退化为直线型的莫尔-库仑强度理论。

用式（6.6）对三种试样的抗剪强度包线进行拟合，拟合结果见表 6.5。

表 6.5　　三种含石量土石混合体试样的幂函数形式莫尔-库仑准则拟合参数

含石量/%	f	α	R^2
30	0.79	0.97	0.99703
50	0.84	0.96	0.99774
79.14	1.12	0.90	0.99999

由于块石的咬合与破碎对试样强度的贡献主要体现在内摩擦角上，因此含石量大的土石混合体试样具有更高的 f 值。此时，块石形成的骨架发挥主要承载作用，破碎现象更明显，因此土石混合体试样的 α 值随含石量增大而减小，即强度包线的斜率以更快的速率下降。不同含石量土石混合体试样的内摩擦角与围压的关系如图 6.15 所示，内摩擦角随含石量的增大而增大，随围压的增大而降低，且含石量越大下降越明显。

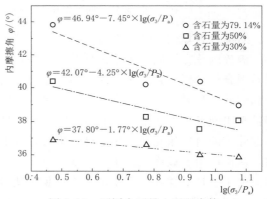

图 6.15　不同含石量土石混合体
试样的内摩擦角与围压水平的关系

6.4.2　粒度组成对宏观力学特性的影响

对于超径颗粒，本书采用不同的处理方法制备了三种粒度组成的土石混合体试样。三种土石混合体试样及土样的粒度分布曲线如图 6.16 所示，三维 CT 剖面如图 6.17 所示（以小尺度试样为例）。

图 6.18 为四种粒度组成试样在不同
围压下的应力-应变曲线。大多数试验的
偏应力比-轴向应变曲线为没有峰值的应
力硬化型。在 100kPa 围压下，试验起始
阶段偏应力增速很快，随后增速缓慢直至
趋于平稳，超径块石试样甚至在 12.5％的
轴向应变处达到峰值应力 636.4kPa。在
其他三种围压下，偏应力以一个相对稳定
的速率增加，随后有轻微下降。对于以上
四种试样，有一个共同的规律是偏应力比
随围压的降低而增大。由于在制备试样时
控制的干密度较低，在应力硬化过程中，
试验的体应变-轴向应变关系曲线主要表

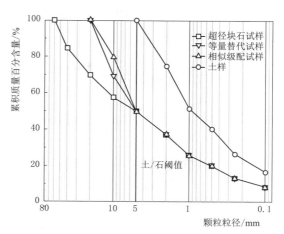

图 6.16　三种土石混合体试样
及土样的粒度分布曲线

现为剪缩，且剪缩速率逐渐降低。然而在 100kPa 围压下，三种类型的土石混合体试样均
在试验中后期出现体胀，而土样体积则趋于稳定。

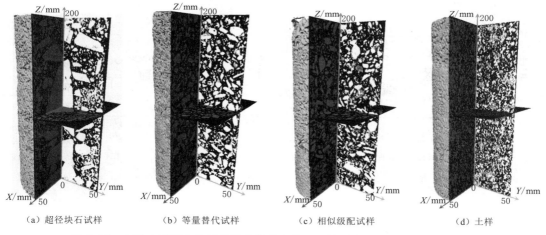

（a）超径块石试样　　（b）等量替代试样　　（c）相似级配试样　　（d）土样

图 6.17　三种土石混合体试样及土样的三维 CT 剖面图（以小尺度试样为例）

在 100kPa 围压下四种试样试验后的三维形态如图 6.19 所示。如图 6.19 所示，四种
试样都表现为鼓胀变形，且以试样中上部变形更为明显。这与试样制备的方法有关，由于
制样时控制干密度较低，试样相对松散易于变形；而且在分层制样过程中试样顶层承受的
压实功最少，因此试样上部相较下部更为松散；另外还有压力轴直接作用于试样上部，以
上因素共同导致试样上部出现鼓胀。超径块石试样变形最不均匀，表面凹凸不平；而土样
变形最均匀，试样表面仍旧比较光滑；等量替代试样与相似级配试样的变形情况相近且居
于中间，大致服从试样级配曲线的不均匀系数越大变形越不均匀的规律。

在 100kPa 围压下，除了超径块石试样外，其他试验的偏应力随轴向应变持续增加，
且没有峰值。当轴向应变达到 15％时，大部分试样的体变已经平稳，甚至对于体变持续
增长的试样，其增长速率也开始降低。因此，本书选取 15％的轴向应变对应的偏应力为

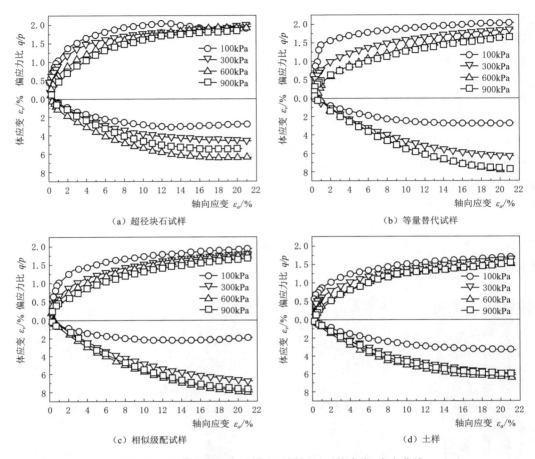

图 6.18　四种粒度组成试样在不同围压下的应力-应变曲线

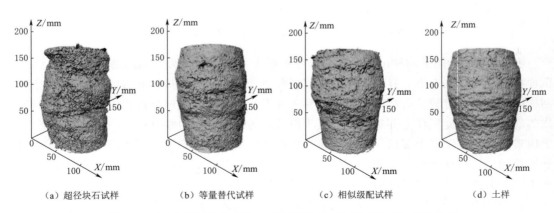

图 6.19　试验后四种粒度组成试样的形态对比图（围压为 100kPa）

峰值强度，则四种试样在不同围压下的抗剪强度见表 6.6。

表 6.6 土石混合体试样和土样在不同围压下的抗剪强度

试样	抗剪强度/kPa			
	100kPa 围压	300kPa 围压	600kPa 围压	900kPa 围压
超径块石试样	636.39	1385.78	2872.67	3807.92
等量替代试样	562.04	1211.81	1910.65	2773.11
相似级配试样	463.91	1124.09	2093.54	2709.11
土样	336.04	904.03	1546.36	2260.07

三种粒度组成的土石混合体试样的抗剪强度包线如图 6.20 所示。

采用幂函数形式的莫尔-库仑强度准则对三种粒度组成的土石混合体试样进行拟合，拟合参数见表 6.7。由表 6.7 可见，当含石量及块石最大粒径均相同时，含有更多大粒径块石的等量替代试样比相似级配试样的内摩擦角更大（较大的 f 值），并且块石破碎效应更为明显（较小的 α 值）。超径块石试样虽然 f 值最小，但 α 值最大，因此仍旧具有最大的内摩擦角，这是由于内部超径块石形成了承载骨

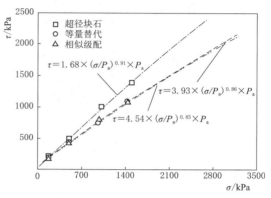

图 6.20 三种粒度组成的土石混合体试样的抗剪强度包线

架。在 100kPa 围压下试验前后四种试样的纵剖面对比如图 6.21 所示，由图 6.21 可以直观地观察到由轴向加载引起的试样内部结构变化。其中，超径块石试样中含有的大粒径块石在加载条件下会相互接触甚至错动，在破碎较少的情况下，充分发挥了咬合作用，因此具有最大的内摩擦角。整体来说，三种土石混合体试样的内摩擦角随着级配曲线不均匀系数的增加而增加。由于没有块石的增强作用，土样的强度参数最低。

表 6.7 三种粒度组成的土石混合体试样的幂函数形式莫尔-库仑准则拟合参数

粒度组成	f	α	R^2
超径块石	1.68	0.91	0.99676
等量替代	4.54	0.85	0.99757
相似级配	3.93	0.86	0.99746

对相同围压条件下不同粒度组成试样的应力-应变关系进行对比分析，四类试样在 100kPa、300kPa、600kPa 及 900kPa 围压下的偏应力比和体应变-轴向应变曲线如图 6.22 所示。在四种围压下，超径块石试样因含有大量的"超径块石"而具有最高的强度，土样的强度最低。土石混合体中块石的存在会提高试样的强度，且大粒径块石的增强效果更为明显。虽然等量替代试样和相似级配试样的偏应力比-轴向应变曲线趋势相近，它们的量值相对大小则受围压的影响。由图 6.16 中的级配曲线可以看出，相较相似级配试样，等

　　（a）超径块石试样　　　　　（b）等量替代试样　　　　　（c）相似级配试样　　　　　（d）土样

图 6.21　试验前后四种试样的纵剖面对比图（围压为 100kPa）

量替代试样中 10～20mm 粒径范围内的块石含量更高，而 5～10mm 粒径范围内的块石含量则偏低。在 100kPa 和 300kPa 围压下，颗粒破碎情况并不明显，因此更多的大块石使得等量替代试样的强度更高；而在 600kPa 和 900kPa 围压下，大粒径块石的破碎更为普遍，这造成了剪胀，并在一定程度上减小了摩擦强度。因此含有更多小粒径块石，更密实的相似级配试样偏应力更高。

　　由图 6.22 可知，不同围压下的偏应力比变化趋势相同，体变规律则受围压的影响。在 100kPa 围压下，边界对试样的约束相对较小，土石混合体试样中的大粒径块石更容易发生错动和旋转，因此相比土样，土石混合体试样具有较小的剪缩量及更明显的剪胀趋势。尤其明显的是超径块石试样，在 12.5％的轴向应变后发生体胀，此前由于试样内部所含大量孔隙首先被压缩，具有最大的剪缩量，之后由于超径块石的咬合与结构调整出现剪胀，最终体变量与等量替代试样相同。随着围压的增加，四种试样的体变曲线逐渐分为两组，其中一组为超径块石试样和土样，它们的体缩量较小。由于松散土样的密度小于岩石，因此制样时为达到相同的控制干密度，土样被压得更为密实。在图 6.21 所示的 CT 图像中，黑色像素表示孔隙，通过对四种试样在试验前的纵剖面 CT 图像进行灰度分析，超径块石试样、等量替代试样和相似级配试样中黑色像素所占比例分别为 5.62％、6.49％和 4.05％。土样中灰度值为 0 的像素数仅占纵剖面像素总数的 1.18％，即土样所含孔隙最少，内部结构更密实。因此，土样体缩量小于等量替代试样和相似级配试样。另

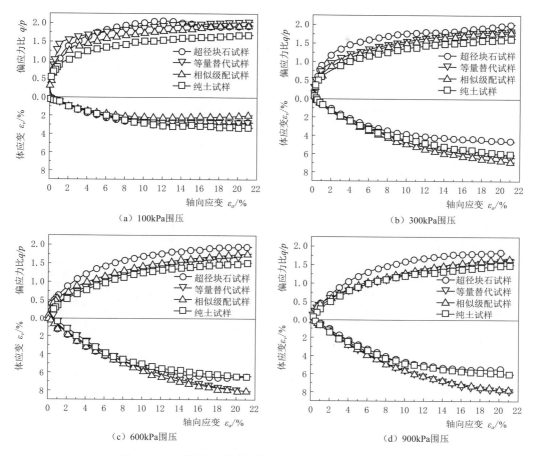

图 6.22 四种围压下不同粒度组成试样的应力-应变曲线

一组为等量替代试样和相似级配试样，由于块石的咬合作用，含有更多大粒径块石的等量替代试样体缩量小于相似级配试样。然而，随着围压的增加，大粒径块石破碎成为更多小粒径块石，使得等量替代试样的级配曲线接近于相似级配试样，因此两者体变的差别逐渐减小，即块石级配对试样整体力学行为的影响在高围压下被削弱。

图 6.23 展示了在不同围压下轴向应变达到 15% 时，不同粒度组成的试样的体应变变化特征。从图中可以看出，除 900kPa 围压条件外，其他三类试样的体缩量均随围压的增大而呈增大趋势。由于松散试样在三种低围压下固结后仍旧含有部分易被压缩的孔隙，而在 900kPa 围压下固结后

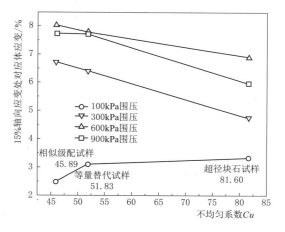

图 6.23 不同试样在轴向应变为 15% 时对应的体应变

则达到了一个相对"密实"的状态，从而在轴向压缩阶段所测体缩量反而小于 600kPa 围压条件。此外，在 100kPa 围压下试样体缩量随不均匀系数的增加而增加，而在另外三种围压下则随之减小。级配曲线的不均匀系数越高，表明土石混合体试样中含有越多大粒径块石，这类试样在低围压（100kPa）下固结后仍旧含有许多内部孔隙，体缩量更大。然而随着围压的增加，土石混合体试样固结后会更为密实，大粒径块石间的咬合效应也更明显，由此引发的细观结构调整（块石平移与旋转）会引发剪胀趋势，剪缩则会受到一定程度的限制。

采用 CT 三轴仪对四种试样进行了 600kPa 围压下的三轴试验，获得了试验过程中不同轴向应变处的 CT 扫描图像，如图 6.24 所示。

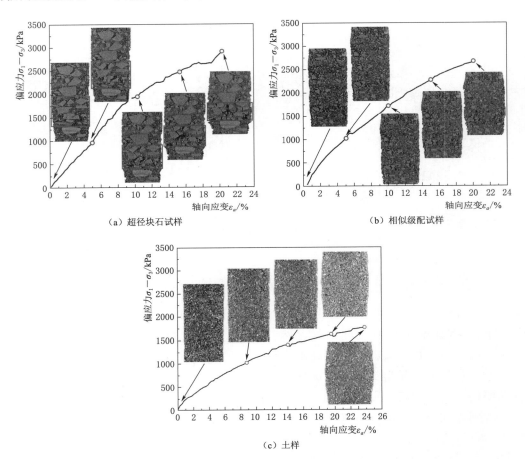

（a）超径块石试样　　　　　　　　　（b）相似级配试样

（c）土样

图 6.24　土石混合体试样及土样内部结构演化过程

由于制样时的控制干密度相同，对于含有"超径块石"的试样来说试样初始状态是最松散的，从 CT 纵剖面图可以看出其中含有大量孔隙（即黑色像素）。在试验的初始阶段超径块石试样逐渐被压密实，在 CT 图像中表现为灰度值的减小和孔隙的减少，块石间的相互作用导致块石出现裂纹。当轴向应变达到 10% 时，出现了明显的块石破碎现象，且随着轴向应变的增大，破碎越来越严重。然而，当含石量为 50% 时，荷载由块石和土体共同承担；而且对于试样中强度较低的块石，破碎所需能量较低；对于相对松散的土石混合体试样，块石破碎引起的能量耗散易通过内部结构的调整而抵消，因此明显的颗粒破碎并没有导致试样的宏观偏应力降低。在块石咬合破碎的局部位置孔隙呈扩大的趋势，这也是低压下超径块石试样出现体胀现象的原因，然而未发生块石破碎的部位则变得更加密实，因此试样整体体积逐渐缩小。试验过程中相似级配试样的孔隙率逐渐变小，由于所含块石粒径较小，因此仅有少量的块石破碎，且该部位的孔隙并没有被压缩。对于土样，轴向荷载使其变得密实。上述试样细观结构演化的共同规律是在三轴试验中试样逐渐被压密，内部也没有出现剪切带，整体呈现鼓胀变形。

6.4.3　颗粒破碎情况

对于土石混合体，大量块石之间的相互作用（如块石间的接触咬合）在有效改善试样整体强度的同时，还会引起块石破碎。唐家山堰塞体表层的土石混合体内部块石以粉砂岩、硅质板岩夹薄层泥灰岩为主，强度较低，在三轴试验中破碎现象非常明显，尤其是超径块石试样，在四种围压下主要块石的破碎情况如图 6.25 所示。块石的典型破碎形式如图 6.26 所示。

（a）100kPa围压

（b）300kPa围压

（c）600kPa围压

（d）900kPa围压

图 6.25　超径块石试样在不同围压下的块石破碎情况

由图 6.26 可知，块石的破碎形式大致可分为以下四类：①碎裂型破碎，即从块石中间碎裂为几块大小相近的小块石，它们仍可大致拼合出原始大块石的形状；②棱角处破碎，对于小尺寸块石，通常会观察到棱角处破碎的新鲜断面，这种破坏主要由块石间的咬合导致；③断裂型破碎，该种破碎通常会断裂为两部分；④层理面破碎，层理面本身即为力学薄弱面，当块石所受的最大主应力近似平行于层理面时，才可能发生这种破碎，因此在试验中较为少见。

（a）碎裂型破碎　　　　　　　　　　　　（b）棱角处破碎

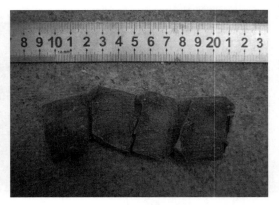

（c）断裂型破碎　　　　　　　　　　　　（d）层理面破碎

图 6.26　块石的典型破碎形式

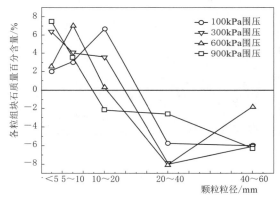

图 6.27　不同围压下超径块石试样试验
前后内部各粒组块石质量百分含量的变化

对试验后的超径块石试样进行筛分分析，得到不同围压下超径块石试样试验前后各粒组块石质量百分含量的变化如图 6.27 所示。试验后大粒径粒组（大于 20mm）质量百分含量普遍减少，而小粒径粒组（小于 20mm）质量百分含量有所增加。对于超径块石试样，大尺寸的块石构成了试样骨架，在加载过程中会引起应力集中，作为骨架的这部分块石首先破碎，从而导致粒径超过 20mm 的大粒径块石质量百分含量降低。与之相对，只有当大粒径块石破碎严重形成通道后，小尺寸块石才开始破碎；同时大块石的破碎又新生成了一部分小块石，粒径小于 20mm 的小块石的质量百分含量由此增加。当围压增大时，块石的破碎量也随之增大。当围压足够高时，如 900kPa 围压，较小粒径的块石（10～20mm）也开始破碎。

6.5 土石混合体力学特性的尺度效应研究

对土石混合体而言，其独特的物质结构组成导致物理力学性质具有显著的尺寸效应，即不同尺度的研究对象，所表现出的物理力学性质有很大差别。在岩土材料的室内试验中，为了消除此类影响，获得具有代表性的试验结果，试样中颗粒最大粒径通常不得超过试样尺寸的 1/5，因此会对超径颗粒进行相应处理，常用的处理方法包括等量替代法、相似级配法和剔除法。然而，导致土石混合体物理力学性质复杂性的根本原因是块石与土颗粒在粒径与强度上的巨大差异，缩径处理则在很大程度上削弱了这种差异。因此，采用缩径处理的试样开展三轴试验研究，所得结果是否能够代表天然土石混合体的力学性质？对于超径颗粒，哪种处理方法更为合理？这些问题的解答都需要从土石混合体力学行为的尺度效应入手。

本书采用粒度组成完全相同的土石混合体试样开展了大（$\Phi292 \times H610$mm）、中（$\Phi150 \times H300$mm）、小（$\Phi101 \times H200$mm）三种尺度下的三轴试验，其中土石混合体试验的含石量为 50%，最大块石粒径为 60mm。在这种条件下，大尺度试验符合试验规范，而中尺度试验和小尺度试验均含有超径块石，由此可以突出块石对土石混合体试样强度及变形性质的影响甚至控制作用，称其为超径块石试样。另外按照《水电水利工程粗粒土试验规程》（DL/T 5356—2006），本书制备了最大颗粒粒径符合规定的中尺度和小尺度土

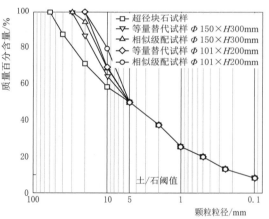

图 6.28 用于研究土石混合体尺寸效应的几种试样粒度分布曲线

石混合体试样，即中尺度试样中块石最大粒径为 30mm，小尺度试样中块石最大粒径为 20mm。分别采用等量替代法和相似级配法处理超径颗粒，得到三种土石混合体试样。上述试样的粒度分布曲线如图 6.28 所示。

图 6.29 展示了三种尺度的土石混合体试样在不同围压下的应力-应变曲线对比，从图 6.29 中可以看出，在 300kPa 和 600kPa 围压下的试验中，超径块石试样的偏应力比随试样尺度的减小而增大。由于三种尺度的试样粒度组成完全相同，即含有同等尺寸的块石，因此在小尺寸试样中，这种"超大"粒径块石的存在对试样整体强度有较明显的增强作用。体变曲线则没有显示出明显的规律性。中尺度和大尺度试样的体变曲线几乎重合，以较稳定的速率剪缩，试验后期体缩速率有所减缓。而在小尺度试样中，由于超径块石的咬

合转动导致细观结构调整较大，表现出微小的剪胀趋势。在 600kPa 围压下，虽然小尺度试样体缩量开始时最大，但后期体缩速率明显低于中尺度和大尺度试样，因此试验结束后其体缩量仍是最小的。

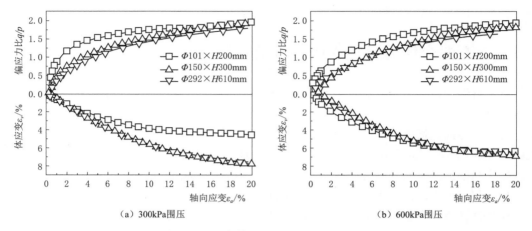

（a）300kPa围压　　　　　　　　　　（b）600kPa围压

图 6.29　三种尺度的土石混合体试样在不同围压下的应力-应变曲线对比

三种尺度土石混合体试样的抗剪强度包线如图 6.30 所示，采用幂函数形式的莫尔-库仑强度准则对其拟合，拟合参数见表 6.8。

表 6.8　　　　三种尺度土石混合体试样的幂函数形式莫尔-库仑准则拟合参数

试样尺度	f	α	R^2
$\Phi 292 \times H610mm$	1.16	0.97	0.99774
$\Phi 150 \times H300mm$	4.86	0.85	0.99589
$\Phi 101 \times H200mm$	2.68	0.91	0.99676

由图 6.30 和表 6.8 可知，土石混合体试样的抗剪强度包线随试样尺度的增大而下降，表现出试样整体强度的降低，然而 f 值和 α 值与试样尺度的相关关系并不突出。不同尺度土石混合体试样的内摩擦角与围压的关系如图 6.31 所示。可见，除 100kPa 围压外，土石混合体内摩擦角随试样尺度增大而减小，且三种尺度试样的内摩擦角均随围压增大而减小，其中以大尺度试样的下降速率最慢，根据前述分析，内摩擦角随围压的下降主要是由试样中的块石破碎引起。如前所述，三种尺度的土石混合体试样中，大粒径块石所发挥的作用不同，在中、小尺度试样中构成试样骨架，发挥更多的承载作用，因此破碎率也更高，内摩擦角下降速率大于大尺度试样。

采用两种超径颗粒处理方法分别获得中尺度和小尺度土石混合体试样共 4 组，其应力-应变曲线如图 6.32 所示。小尺度试样中膜边界对试样的约束作用更强，提高了试样的强度，两种超径颗粒处理方法所得小尺度试样的偏应力比都高于中尺度试样。且中尺度试样的体缩速率均大于小尺度试样，最终的体缩量也更大，但随围压的增大差距逐渐减小。因为小尺度方案中颗粒的最大粒径小于中尺度方案，因此试样更加密实，在具有较高强度的同时，体积压缩也更为困难，相应的体缩量也相对较小。

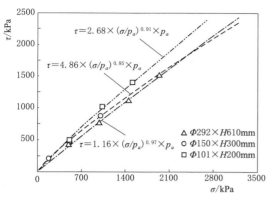
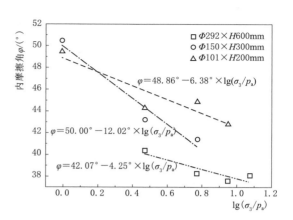

图 6.30 三种尺度土石混合体
试样的抗剪强度包线

图 6.31 不同尺度土石混合体试样的
内摩擦角与围压的关系

　　最大颗粒粒径为 60mm 的大尺度试样与天然土石混合料的物质结构组成最为接近，满足现行试验规程对试样制备的要求。两种超径颗粒处理方法所得的中尺度和小尺度试样与大尺度试样的应力-应变关系曲线对比如图 6.33 所示。在 300kPa 和 600kPa 两种围压下，对于中尺度试样和小尺度试样，等量替代法所制试样由于保留了更多的大粒径块石，均与具代表性的大尺度试样的试验结果更为接近，且优于相似级配法。因此在开展土石混合体室内试验时若需对超径颗粒进行处理，推荐采用等量替代法。

　　综上所述，本书研究的土石混合体材料在三轴试验中的强度随试样尺度的变化具有较好的规律性。对于粒度组成完全相同的不同尺度试样以及采用相同超径颗粒处理方法得到的不同尺度试样，都存在偏应力比和内摩擦角随试样尺度增大而减小的趋势。在这两种情况下，相同粒径的大块石在小尺寸试样内对强度的增大起控制作用是主要原因之一。另外，膜边界在小尺寸试样中所发挥的约束效应更为明显。试样体缩量仍以小尺度试样最小，对于前者主要是由于超径块石的咬合旋转引发了剪胀趋势；对于后者则是因为小尺度试样最大粒径偏小，导致比大尺度试样更密实，从而剪缩速率及剪缩量都较小。

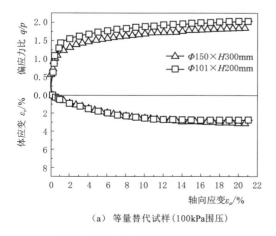
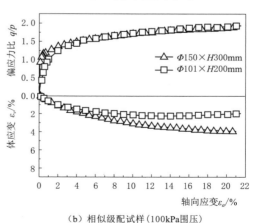

（a）等量替代试样（100kPa围压）

（b）相似级配试样（100kPa围压）

图 6.32（一） 两种超径颗粒处理方法所得中尺度和小尺度试样的应力-应变曲线

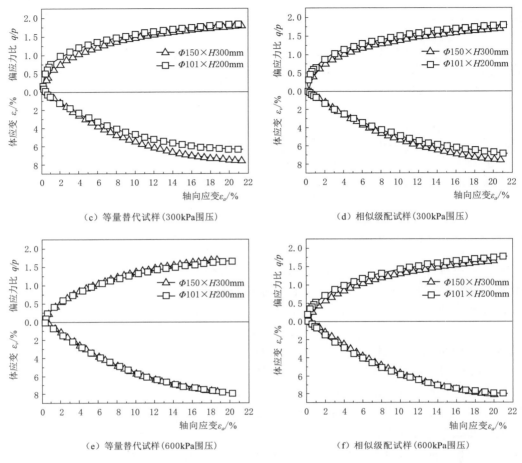

（c）等量替代试样（300kPa围压）　　　　　　（d）相似级配试样（300kPa围压）

（e）等量替代试样（600kPa围压）　　　　　　（f）相似级配试样（600kPa围压）

图 6.32（二）　两种超径颗粒处理方法所得中尺度和小尺度试样的应力-应变曲线

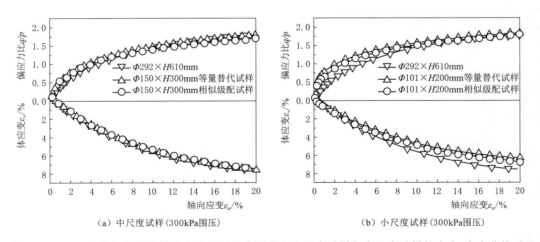

（a）中尺度试样（300kPa围压）　　　　　　（b）小尺度试样（300kPa围压）

图 6.33（一）　两种超径颗粒处理方法所得的中尺度和小尺度试样与大尺度试样的应力-应变曲线对比

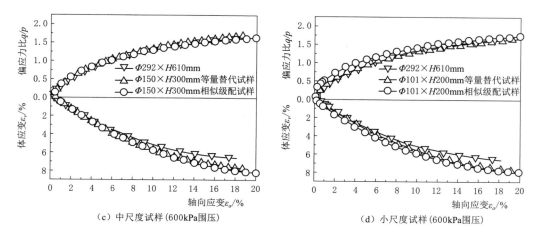

（c）中尺度试样（600kPa围压）　　　　　　（d）小尺度试样（600kPa围压）

图 6.33（二）　两种超径颗粒处理方法所得的中尺度和小尺度试样与大尺度试样的应力-应变曲线对比

第 7 章

土石混合体二维细观结构重建
及细观力学特性研究

7.1 概述

如前文所述，岩土介质内部颗粒的形态及结构性特征决定了其内部细观应力场的分布，从而影响着宏观的物理力学性质及变形破坏特征[202-203]。由于目前技术条件的限制，难于（或者要付出很高的代价）通过现有测试手段对其变形破坏过程中裂纹的扩展、破坏模式及应力场的分布特征等进行观测，从而对其变形失稳机理做出理论上的论证。

随着各种数值计算方法及计算机技术的飞速发展，数值试验逐渐发展成为一种新兴岩土力学研究方法，从某种程度上讲它为全面认识岩土体的变形破坏特征提供了一个不可缺少的技术手段。研究者可以根据自己的需要建立不同的岩土体细观结构模型，模拟实际的工况条件进行各种类型的数值试验研究，而且其代价较传统的试验（室内试验、野外试验）要低很多，受到国内外众多研究者的青睐，并取得了许多重要的理论成果。

香港大学岳中琦及其学生[204-207]提出了数字图像有限元分析的概念，采用数字图像处理技术对香港地区花岗岩的内部结构进行分析并建立了其真实的内部结构模型，然后将图像结构转换为矢量模型，再运用有限元数值模拟技术进行了非均质力学分析。

基于数字图像的岩土体细观结构有限元分析技术如同传统的原位试验技术一样实现了基于岩土体真实结构特征的试验研究，是数值试验方法上的一个飞跃。

7.2 土石混合体细观结构几何重建技术

几何重建是指利用岩土材料的断面图像，通过某种转换技术在计算机中建立其相应的细观结构（如颗粒、孔隙等）几何模型。

由本书 3.2 节可知，通过数字图像边缘检测技术得到的图像为二元图像，不能直接被有限元或其他数值模拟软件接受。此外，由于二元边界图像的闭合边界是由灰度值为 0 的一系列像素点互连而成的，若直接将每个像素点的连线作为有限元模型的边界，其边界将非常不规整 [图 7.1 （a）]，且每个像素点均将成为有限元单元的节点，这势必会给有限元网格划分带来巨大的困难，并可能在数值计算中会引起网格畸变而导致数值模拟的失败。

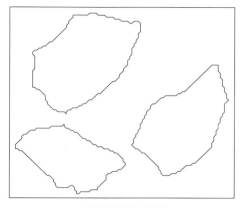 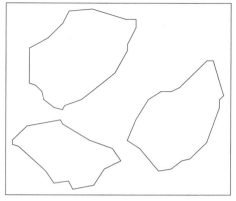

（a）几何变换前块体边界　　　　　　　　　　（b）几何变换后块体边界（阈值为1）

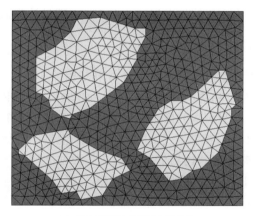

（c）经几何变换后划分的网格单元

图 7.1　构造几何变换前后块体边界对比示意图

因此，为了使这种二元图像格式的土石混合体的"概念模型"能够成为下一步有限元数值分析的基础，必须解决以下三个问题：

（1）在一定的误差范围内，通过相应几何变换算法使得块体边界足够"光滑"，以利于有限元的网格划分。

（2）把二元边界图像转换为有限元软件所能接受的矢量格式（如 DWG 和 DXF 格式等）。

（3）进行相应的比例转换，将图像的像素尺寸转换为相应的实际尺寸，以保证转换后模型的尺寸与其实际尺寸保持一致。

7.2.1　边界"光滑化"几何转换算法

对于边界的几何变换，本章采用了岳中琦等[204]提出的构造几何矢量转换算法，其具体的实现方法如下：

（1）设定一个阈值 t。

（2）找出边界中相距最远的两个像素点 a 和 b，则这两个像素点的连线将闭合块体划分为两部分，先考虑其中的一部分。

（3）搜索该部分所有边界像素点到分割线距离最大的像素点，分别记录下该最大距离 l_{max} 及对应的像素点 c。

（4）若 l_{max} 小于 t 则用分割线代表该部分的边界，考虑下一部分。

（5）若 l_{max} 大于 t，则将像素点 c 与前分割线的两个端点连线，将该部分再划分为两个小区域，重复步骤（3）和步骤（4）。

（6）不断循环，直到每个区间内像素点到其分割线的最大距离均小于 t 为止，此时产生的新闭合分界线即为所求经几何转换后的块体分界线。

通过上述转换得到的块体的新边界线将消除了原来的"锯齿状"边界，将更有利于有限元网格的划分（图 7.1）。通过假定不同的 t，可以得到一系列新的块体边界，t 值越小，所得新的边界线将越逼近于原来的块体。若未特别说明本节选取阈值 $t=1$，根据测量结果其产生的新块体较原块体面积的最大误差为 7.1%，满足计算需要。

7.2.2　矢量及比例转换

为了使转换后的块体数据格式能够适用于有限元软件，根据上述算法本书在研究过程中采用 VC++.NET 编写了相应的程序（Image-CAD），利用该程序可以直接将产生的二元图像模型（即由构成各个块体的像素点信息）导入 AutoCAD 中，在数据导入的过程中为了保证生成的模型尺寸与实际尺寸的一致性，需将每个块体的几何参数（各个坐标值）乘以由式（3.2）计算得到的比例值 S。图 7.2 为前文图 3.4 所示的土石混合体经构造几何转换并在 AutoCAD 中生成的细观结构模型。

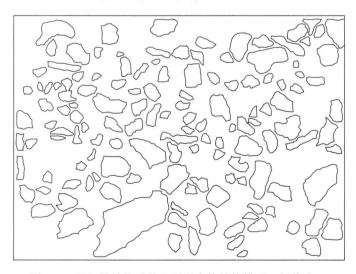

图 7.2　经矢量转换后的土石混合体结构模型（阈值为 1）

至此，基于数字图像处理技术的土石混合体真实细观结构矢量化模型建立完毕，这为下一步实现基于真实细观结构力学特性的数值试验研究奠定了基础。

7.3 基于土石混合体真实结构的直剪数值试验研究

为了研究土石混合体在外荷载作用下的变形破坏特性，本节运用有限元法分别对上述建立的矢量化土石混合体真实的细观结构模型及均质情况下的土体进行了直接剪切（简称直剪）数值试验分析，计算软件选取 ABAQUS。

图 7.3 展示了计算中所采用的边界条件及模型的有限元划分网格。网格划分时采用三节点三角形网格，单元总数共 24220 个，节点总数共 12216 个。

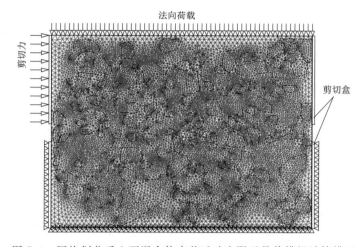

图 7.3 网格划分后土石混合体直剪试验有限元数值模拟计算模型

计算采用的边界条件：下剪切盒的两侧为横向约束，底部为横向和纵向约束。剪切盒与试样之间采用接触模拟，接触摩擦系数为 0.5。

此外，为了避免在剪切过程中剪切盒对土石混合体内部块石的影响，在建模过程中在上下剪切盒之间预留 5cm 的空隙（图 7.3）。对构成土石混合体的两种组相（块石和土体）均采用了莫尔-库仑本构模型，其各自的物理力学参数见表 7.1。为便于比较，在对均质土体进行直剪试验模拟时，其物理力学参数选取与表 7:1 中所示土体的物理力学参数一致。

表 7.1　　　　　　　　土石混合体数值直剪试验各组分物理力学参数

成分	密度/(g/cm³)	弹性模量/MPa	泊松比 ν	黏聚力/kPa	内摩擦角/(°)
块石	2.41	1040.0	0.2	900	42
土体	1.80	10.0	0.3	80	24

考虑到在数值模拟过程中尽可能反映真实的直剪试验结果，本书采用了以下计算步骤：①施加相应的边界约束条件及重力荷载；②在试样顶部施加法向荷载；③在上剪切盒左侧施加位移荷载，直至试样被完全破坏，即有限元数值计算不收敛。

7.3.1 剪切力-剪切位移曲线特征

图 7.4 展示了相同法向荷载作用下均质土体与土石混合体直剪试验数值模拟得到的剪

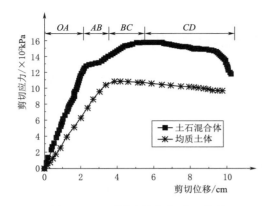

图 7.4 土石混合体与均质土体的
剪切应力-剪切位移关系曲线

切力-剪切位移关系曲线。

由图 7.4 可知：

（1）在剪切开始阶段（OA 段），即弹性阶段，土石混合体对应的剪切力-剪切位移关系曲线要较均质土体"陡"一些，表明由于块石的存在提高了土石混合体的"刚度"，即土石混合体的弹性模量较相应土体的弹性模量高。

（2）在整个试验剪切阶段土石混合体所对应的剪切力-剪切位移关系曲线位于均质土体之上，这表明由于块石的存在提高了土石混合体的抗剪切强度。

（3）从图 7.4 还可以看出，与第 4 章野外试验获取的土石混合体剪应力-位移曲线形态上具有明显的相似之处，即在剪切过程中分别经历了弹性变形阶段（OA 段）、初始屈服段（AB 段）、应变硬化阶段（BC 段）和破坏后阶段（CD 段）四个阶段，这也表明该方法的合理性与适用性。

7.3.2 土石混合体细观损伤特征研究

1. 土石混合体内部应力场特征

图 7.5～图 7.8 分别为相同条件（相同法向荷载及剪切位移）作用下非均质土石混合体和均质土体直剪试验数值模拟得到的最大主应力和最小主应力等值线图。从图中可以看出，块石的存在明显影响了土石混合体内部的应力场状态。

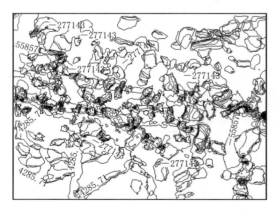

图 7.5 非均质土石混合体最大主应力等值线图

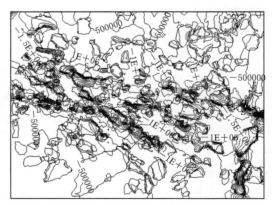

图 7.6 非均质土石混合体最小主应力等值线图

在均质土体的直剪试验中，仅在上下剪切盒的接触部位产生较高的应力集中。而对于土石混合体，除了以上两处产生较高的应力集中外，在各个块石与周围土体接触界面处同时也产生了高度的应力集中现象。因此在土石混合体中，块石与周围土体的接触部位构成了其内部的薄弱地带。

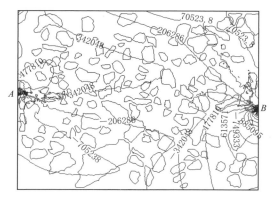 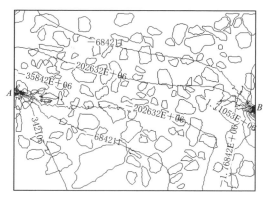

图 7.7 均质土体最大主应力等值线图　　　　图 7.8 均质土体最小主应力等值线图

2. 土石混合体内部塑性损伤特征

图 7.9 和图 7.10 分别为非均质土石混合体及均质土体在直剪试验时的塑性损伤区分布情况。从图中可以看出：均质土体的剪切破坏区受控于直剪试验中的剪切部位，剪切破坏面基本与直剪盒剪切方向一致；而土石混合体的塑性破坏不仅受控于直剪盒的剪切方向，而且还受其内部块石的含量与分布的控制。

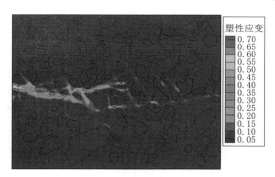 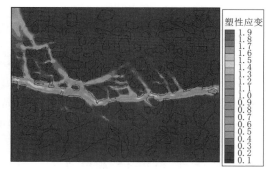

（a）剪切位移为5.2cm　　　　　　　　（b）剪切位移为9.8cm

图 7.9 土石混合体塑性区随剪切位移的变化图

土石混合体中塑性区的发展首先出现在应力高度集中且较为薄弱的部位，这些部位或为集中受力区（如直接剪切试验中剪切盒与土体接触部位，即 A 和 B 两处），或为块石与土体的接触部位。随着外力的不断增加，塑性区不断扩展。当塑性区向前传播时，如果遇到强度较高的块石将发生如表 7.2 所述的两种可能的扩展路径。第一种塑性区扩展模式，为单向绕过块石，并引起剪切面的偏转；第二种塑性区扩展模式随着塑性区的发展，剪切破坏面出现的分岔双向绕过块石（图 7.9），从而在土石

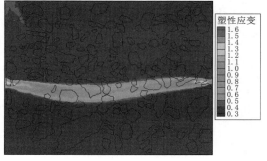

图 7.10 均质土体塑性区分布图

混合体内部会出现多条次生剪切带伴生现象。而对于表 7.2 中所示的第三种塑性区扩展模式仅在块石的强度非常低（或称为有缺陷的块石）的情况下才能发生，由于研究区土石混合体中的块石主要为坚硬的砂岩，因此该种塑性区扩展在本书的大尺度直剪试验数值模拟中没有发生。

表 7.2　　　　　　　　　　　土石混合体三种可能的塑性区扩展路径

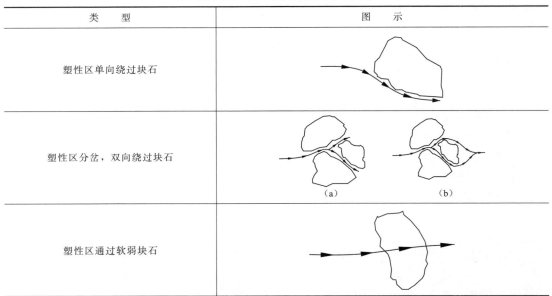

类　型	图　示
塑性区单向绕过块石	
塑性区分岔，双向绕过块石	(a)　　　　(b)
塑性区通过软弱块石	

因此，土石混合体在上述几种塑性扩展模式的综合作用下，最终形成一个沿块石间的软弱带追踪，具有多分岔现象，但总体方向趋向于直剪仪中间滑动带的塑性区（图 7.10）。随着含石量的增加这种多分支、多滑面现象将更为明显。

7.4　基于土石混合体真实结构的渗透性数值试验研究

为探讨土石混合体细观结构尺度上的渗流场特征，本书在研究过程中以图 7.2 建立的结构模型为例进行了一系列的数值试验研究。

数值试验采用渗透系数为 $1.0 \times 10^{-9}\,\mathrm{m/s}$ 的块石，内部土体的渗透系数取为 $8 \times 10^{-4}\,\mathrm{m/s}$。块石及土体的其他物理力学参数选取同表 7.1。计算边界条件为：上部及下部边界采用不透水边界；左边界设置孔隙水压力为 $5 \times 10^4\,\mathrm{Pa}$，右边界孔隙水压力为 0。

图 7.11 为渗透系数为 $8 \times 10^{-3}\,\mathrm{m/s}$ 时均质土体的孔隙水压力场分布情况，图 7.12 展示了相应土石混合体的孔隙水及渗

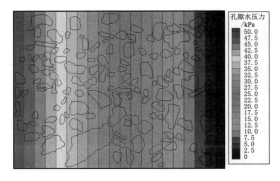

图 7.11　均质土体孔隙水压力场分布

流场分布情况，可以看出由于构成土石混合体的块石与土体的渗透特性的差异，使得其内部渗流场较土体渗流场有明显的各向异性特征。从0.5m断面处的孔隙水压力分布图（图7.13）可以看出，受土和块石渗透系数的极端差异影响，孔隙水压力在土-石界面处呈现跳跃现象。此外，在土石混合体内部相邻的块石中间地带构成孔隙水流的通路，并形成明显的集中渗流现象；相邻块体间距越小其流速越高［图7.12（b）］，在高渗透水压作用下这将最终导致土石混合体内部发生流土破坏现象，并最终在土石混合体内部形成管道排泄系统，进而导致土石混合体的渗透破坏。

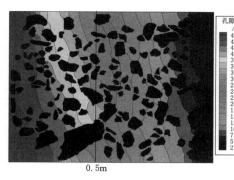

（a）孔隙水压力场分布

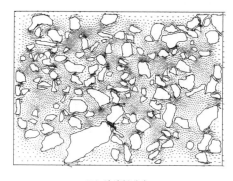

（b）渗流场分布

图7.12 基于土石混合体真实结构的渗透性试验成果

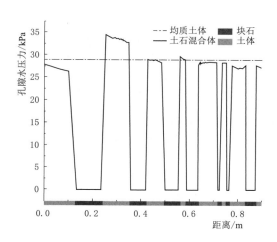

图7.13 0.5m断面处孔隙水压力分布

7.5 基于土石混合体边坡真实结构的稳定性分析

众所周知，在对土石混合体边坡进行稳定性分析时，由于现有技术条件的限制通常将边坡视为均匀土质边坡，采用细粒组分的参数来近似代替，这种处理方法无论边坡结构及参数选择上都进行了很大程度的简化，从而带来了相应的计算分析误差。

本节选取一土石混合体边坡断面［图7.14（a）］，采用前述土石混合体几何重建技术建立了边坡的结构概念模型［图7.14（b）］，并将其导入有限元分析软件，采用强度折减法对其应力场及稳定性进行了分析。为了减少边界效应的影响，将模型左侧进行了延拓（延拓部分采用均质土体来代替），相应的有限元分析模型如图7.14（c）所示。

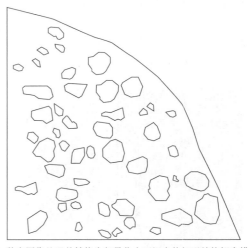

（a）土石混合体边坡断面　　　　　　　（b）数字图像处理并转换为矢量化土石混合体细观结构概念模型

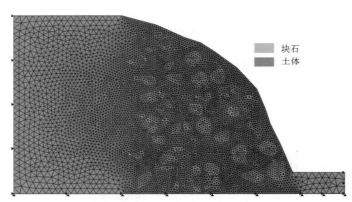

（c）导入有限元分析软件并经网格划分后的土石混合体边坡模型

图7.14　基于真实结构的土石混合体边坡稳定分析

边坡坡高约8.5m，根据数字图像分析结构边坡的含石量约为28%，边坡内部块石最大粒径约为1.5m，构成土石混合体边坡的土体和块石的物理力学参数见表7.3。

表7.3　　　　　　　　　　　土石混合体边坡各组分物理力学参数

成分	密度/(g/cm³)	弹性模量/MPa	泊松比 ν	黏聚力/kPa	内摩擦角/(°)
块石	2.41	2e4	0.2	900	42
土体	1.80	50.0	0.35	30	24

为了对考虑细观结构情况下的土石混合体边坡与简化情况下（视为均质边坡，参数选取土体参数）的应力场及稳定性分析结果进行对比，本书分别对两种情况下的边坡进行了稳定分析，表7.4显示了各自的主应力场及计算滑动面特征。

　　从表 7.4 可以看出，由于块石的存在改变了边坡内部的应力场状态，使得坡体内部应力场变得更不均匀：均质土坡应力场从坡面向内呈均匀梯度递减，应力集中仅出现在坡脚部位；土石混合体边坡虽然总体上也呈现递减趋势，但由于块石的存在不仅在坡脚部位有应力集中现象而且在块石周围也具有明显的应力集中现象。

表 7.4　　　　　　　土石混合体边坡与均质边坡稳定分析结果对比

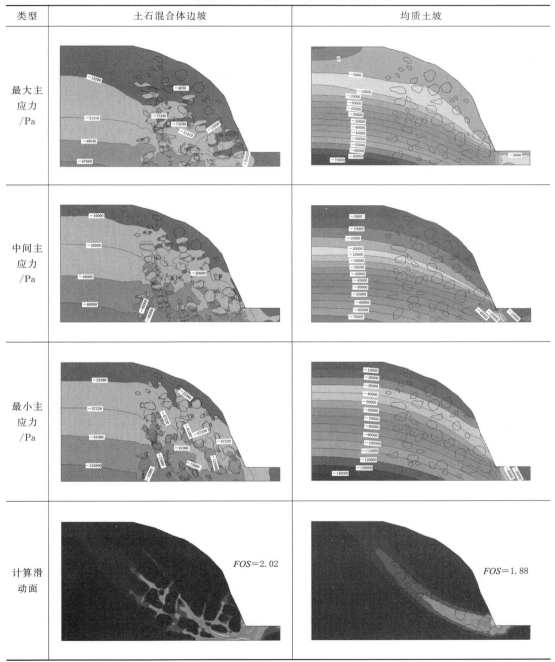

类型	土石混合体边坡	均质土坡
最大主应力/Pa		
中间主应力/Pa		
最小主应力/Pa		
计算滑动面	FOS=2.02	FOS=1.88

从有限元强度折减结果可以看出，边坡在考虑块石后的稳定系数（$FOS=2.02$）较不考虑块石时的稳定系数（$FOS=1.88$）有着明显的上升（均质土坡极限平衡法得到的稳定系数为 1.95）。考虑块石后，滑动面形态和位置有着明显的改变，特别是由于坡脚部位存在有两块较大的块石使得剪出口的滑动面发生明显的改变，这对边坡的稳定性是有利的。此外，土石混合体边坡在剪切破坏过程中并不像均质土为圆弧滑动且仅有一条剪切带，而是呈现多滑动面现象，滑面较为曲折具有明显的绕石特征，这与现场水平推剪试验获得的滑动面形态特征是一致的。

基于极限平衡法的边坡稳定性分析通常将土石混合体边坡简化为均质土坡，得到的滑动面与实际滑动面有一定的差别，从而给实际工程带来误差甚至产生错误。这也解释了在实际工程中，有许多土石混合体边坡采用常规的极限平衡法得到的稳定系数小于 1（边坡失稳），而实际情况下边坡仍然稳定存在的原因。

第 8 章

土石混合体三维细观结构重建
及分析系统研发

8.1 概述

在常规室内试验中仅能得到岩土体试样的应力、应变等宏观物理力学行为特征，与这些宏观特性相对应的内部细观结构的演化过程，如内部颗粒在三维空间内的运动旋转、块石间的相互作用与破碎、孔隙结构变化等信息却无法获取，而这正是认识和揭示其宏观行为的物理力学机制的根本。本书第 6 章通过在土石混合体的室内三轴试验中引入 CT 实时扫描技术，得到了试验前、后及试验过程中试样沿轴向的 CT 图像序列。据此可以基于土石混合体三轴试样断面的 CT 图像序列重建其三维细观结构可视化数字模型，从而为土石混合体三维细观结构、试验过程中的内部结构演化及其与宏观力学行为的关系研究建立桥梁。

本章将围绕土石混合体细观三维重建及分析系统（meso-structure reconstruction and analyze system，MSRAS^{3D}）研发进行阐述。基于三维重建模型，一方面可以量化分析土石混合体试样的细观结构（块石位移、旋转、破碎，孔隙）在试验过程中的演化过程，揭示宏观力学行为的细观机制；另一方面可以为土石混合体三轴数值试验提供模型基础，从而构建室内试验与数值试验的协同分析，开展土石混合体数字孪生试验研究。此外，本书在重建过程中也建立了试样内部块石的数据库，可对内部块石的粒度组成和几何形态特征进行统计分析，为建立随机数值模型提供参考。

8.2 MSRAS^{3D}

8.2.1 系统功能模块

为实现上述开发目标，将 MSRAS^{3D} 划分为三大主要功能模块：三维细观结构重建模块、三维细观结构信息统计分析模块和三维可视化模块。土石混合体三维细观结构重建及分析系统构架如图 8.1 所示。

（1）三维细观结构重建模块，对原始的土石混合体试样断面 CT 图像序列进行预处理及切片间的块石断面配准，利用所获得的块石边界点进行三维表面构建，并将试样内部的

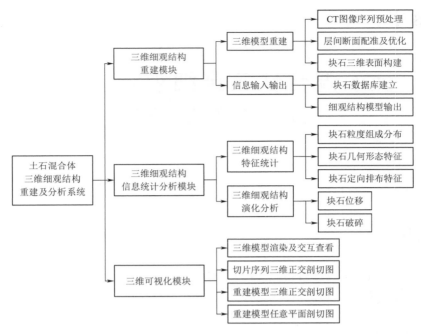

图 8.1　土石混合体三维细观结构重建及分析系统构架图

块石信息，即三维细观结构模型以通用的数据格式输出，以便用于后续统计分析及数值模型的建立与模拟计算。

（2）三维细观结构信息统计分析模块，对土石混合体重建试样的细观结构信息进行统计和分析。对于单个细观结构重建模型，根据三维块石信息数据库，可统计试样中所有块石的外包盒尺寸、表面积、体积等几何特性指标，长细比、球度等形态特性指标及定向性等空间排列特性，获取土石混合体试样的块石粒度组成、几何形态及空间排布等细观结构特征。根据重建后的三轴试验不同阶段的试样细观结构模型，通过对试样内部的块石进行配准，可定量分析试验过程中土石混合体内块石的位移、旋转、破碎等的演化过程，从而更好地揭示土石混合体的宏观力学行为的细观响应。

（3）三维可视化模块，采用三维可视化技术实现土石混合体三维细观结构重建模型的渲染、展示，并能通过人机交互实现对三维模型剖切面及内部块石几何形态特性的查看。

8.2.2　系统开发工具

MSRAS[3D] 采用 C＋＋面向对象语言进行开发，以实现各模块的主要功能。为了增强该系统的可操作性及用户友好度，采用跨平台 C＋＋ 图形用户界面应用程序开发框架 Qt 设计了与系统各功能模块相适应的图形用户界面。Qt 不仅提供了丰富的窗口部件集，具有面向对象、易于扩展等特点，且采用特有的信号和槽机制保证对象间的安全通信。不同于其他的图形用户界面（graphical user interface，GUI）工具包中窗口部件常用的指针型回调函数，信号和槽机制允许对象改变状态时发射相应的信号，触发该信号关联的槽函数，使得对象间的通信更为简洁明了，并能携带任意数量和类型的参数，实现了真正的信息封装和组件编程。

图像处理部分综合应用了开源工具包 ITK（insight segmentation and registration toolkit）和开源视觉化工具函式库 VTK（visualization toolkit）。其中，ITK 由美国国立医学图书馆开发，包含先进的多模态数据分割配准算法，主要应用于医学图像处理领域，可非常方便地实现多种类型序列图像的输入输出。VTK 是基于三维函数库 OpenGL 采用面向对象的设计方法发展而来的，含有丰富的数据类型和封装良好的图像算法类，支持基于体素的体绘制和传统的面绘制，具有强大的三维图形可视化功能和大量数据处理能力。ITK 和 VTK 都是基于 C++ 语言编写的，对 C++ 编程有天然的适应性，且两者都采用管道（pipeline）结构设计，即首先获取或创建数据对象（data object），按照数据流方向（direction of data flow）传入处理对象（process object）进行数据处理，最终将数据写入文件或传入渲染引擎进行渲染显示。利用这种管道结构设计，可以方便简洁地对 ITK 和 VTK 函数类进行混合使用。

在对土石混合体物理试样的三维细观结构数字模型进行重建与分析过程中，有试样信息、二维断面信息、三维块石信息等大量数据需要频繁存取，因此需要借助数据库管理技术。MSRAS³ᴰ 采用的是小型关系数据库管理系统 MySQL，它提供了用于 C++ 语言的 API，支持标准 SQL 语法查询。虽然与 Oracle、SQL Server 等大型数据库管理系统相比，MySQL 的规模小、功能有限，但是对于在本系统中的应用是足够的，且由此带来的体积小、速度快、成本低、易掌握等特点也成为其优势。同时 MySQL 是网络化的，为后续网络数据库的建立及数据共享提供了方便。

8.2.3 数据库结构设计

针对 MSRAS³ᴰ 系统所要实现的功能，使用 MySQL 建立了土石混合体三轴试样数据库 SRMdatabase。该数据库需要存储土石混合体物理试样的基本信息，用于三维重建的试样断面 CT 图像序列的图像信息，三维细观结构重建模型中的块石信息以用于统计分析。土石混合体三维细观结构重建及分析系统数据库结构如图 8.2 所示。该数据库共含有 $3n+1$ 张数据表，其中 n 为试样个数。sample 表为试样索引总表，每个试样又分别含有 Id_rocksection、Id_rock、Id_rockpoints 三张数据表，其中 Id 为试样编号取值为 $[0, n-1]$。SRMdatabase 中各数据表存储的数据信息（字段名）如图 8.3 所示。

n_rocksection 数据表用于存储所有块石断面的编号、所属切片序号、形心、面积、周长、等效半径等几何形态信息以及在前一层面和后一层面上对应的块石断面号、所属块石编号等。n_rock 数据表用于存储块石编号、块石所在的起始 CT 切片编号、三维块石质心、等效球径、体

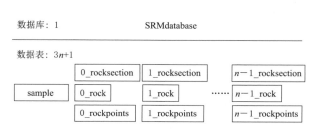

图 8.2 土石混合体三维细观结构重建
及分析系统数据库结构

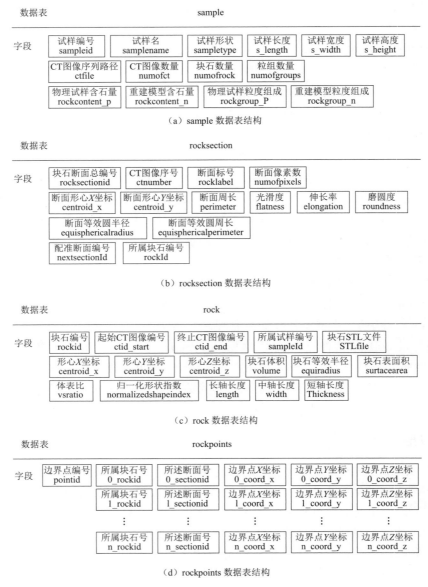

图 8.3　SRMdatabase 中各数据表存储的数据信息（字段名）

积、表面积、体表比、长宽高等几何形态信息。n_rockpoints 数据表则集中存储所有块石的三维表面点云数据（即每层切片上的断面边界点数据）。

8.2.4　系统界面设计及操作

MSRAS^{3D} 操作主界面如图 8.4 所示。全界面主要由标题栏、菜单栏、工具栏和图形窗口组成，其中菜单栏和工具栏用于指定操作对象及命令，图形窗口用于模型重建结果的三维可视化展示。

（1）File 菜单：New 命令用于打开如图 8.5 所示的新建试样（AddSample）对话框，用户需通过该对话框指定新建试样的名称、CT 图像序列存储路径、试样的形式、尺寸及实际粒度组成等信息。该操作会在 sample 表中创建一条新记录保存物理试样的基本信息，同时在 SRMdatabase 中建立对应于该试样的三张标准化数据表。

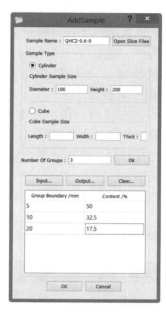

图 8.4　MSRAS³D 操作主界面　　　　图 8.5　MSRAS³D AddSample 对话框

（2）Preprocess 菜单：OperateFactor 命令用于打开如图 8.6 所示的 CT 图像参数设定（SizeFactor）对话框。用户需设定 CT 图像的分辨率（单位为 pixel/mm）及层间间距（单位为 mm）以便在后续三维重建过程中将图像尺寸转化为试样的真实物理尺寸。其中，图像分辨率可通过"Get Size Factor From File……"命令打开 CT 图像，使用鼠标点选已知长度的线段获得。同时还应设定后续二值化处理所需的灰度阈值，该灰度阈值可直接输入，也可通过 Query 菜单中的 Histogram 命令打开代表性 CT 图像的灰度分布直方图，进行观察选择。NoiseFilter 命令用于对原始CT 图像进行滤波操作，之后通过 Binarization 命令进

图 8.6　MSRAS³D SizeFactor 对话框

行二值化处理。Segmentation 命令可以对二值化后的 CT 图像进一步处理，将二值化过程中未完全分割的不同块石断面分隔开。Label 命令是预处理操作的最后一步，该操作依次对每张 CT 图像上的所有块石断面进行识别与编号，并计算其周长、面积、形心坐标等几何特征指标，将其存入 rocksection 数据表中。

（3）Registration 菜单：Registration 命令将根据数据库中的块石断面信息对其进行层

间配准，并将各断面的配准信息及所属块石信息添加到 rock 数据表中。Optimize 命令则会对配准得到的块石端部形态进行适当优化，解决 CT 图像序列中原始端部图像由于灰度值偏低及分辨率偏低等原因造成的辨认损失，并为优化试样建立新的数据表用于存储优化后的试样信息等。

（4）Mesh 菜单：Poly3D 命令首先依据 rock 数据表中的断面索引，从 rocksection 数据表中依次提取所有块石的断面信息，从而获得块石的三维边界点数据，据此实现块石三维表面的构建。随后块石的三维边界点数据将存于 rockpoints 数据表中，块石的几何形态信息则将被添加至 rock 数据表中，块石的三维细观结构数字模型则分别以 .stl 格式和 .vtk 格式文件输出。

（5）Render 菜单：用于三维模型的交互式可视化展示，其中 CutOrtho_CTSlices 命令用于查看原始 CT 图像序列对应的三维正交剖切断面图像。ClipOrtho_3Dmodel 命令可以查看重建试样的三维正交剖切图像。ClipPlane_3Dmodel 命令则用于查看重建试样的任意平面剖切图像。

（6）Query 菜单：Statistic 命令用于打开 Statistic 绘图窗口，由此可对试样中块石的等效粒径、体积、表面积、体表比等几何形态特征进行统计，并绘制一个或多个指定试样中块石的累积分布曲线。Histogram 命令则用于绘制指定 CT 图像的灰度分布直方图。

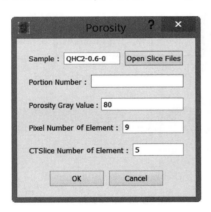

图 8.7　MSRAS^{3D} Porosity 对话框

（7）Analyze 菜单：通过对比同一块石在试验不同阶段的试样中的位置变化，分析试样中的块石在试验过程中的三维运动情况，亦即细观结构演化过程。SampleMatch 命令用于打开 SampleMatch 对话框，用户由此指定试验过程中需要对比的两个试样，系统将根据块石在不同试样中的相对位置对其进行配准，并据此计算所有块石的位置变化，从而获得三维运动场。Porosity 命令用于打开如图 8.7 所示的 Porosity 对话框，用户由此指定需要进行孔隙率分析的试样名及对应的 CT 图像序列，MSRAS^{3D} 会根据输入的孔隙灰度值（Porosity Gray Value）对孔隙进行识别。对试样内孔隙的统计有两类，一类是将试样沿高度划分为几个部分（Portion Number），计算各部分的孔隙率并输出结果；另一类是将整个试样划分为多个立方体单元，计算每个小单元内的孔隙率并输出结果图像。其中，单元最好为立方体，其尺寸由用户指定，用该单元在试样横截面平面上的像素数（Pixel Number of Element）表示，高度用在试样高度方向上的 CT 图像间距数（CTSlice Number of Element）表示。

8.3　三维细观结构重建模块

在所研究的土石混合体中，三维细观结构重建模块是系统中最为核心的部分。需要依次经过图像预处理、层间断面配准及优化和块石三维表面构建三个步骤。

8.3.1 图像预处理

采用水利部水利岩土力学与工程重点实验室的德国西门子 Somatom Sensation 40 型 CT 机对土石混合体三轴小尺寸试样进行扫描，获取的 CT 图像分辨率为 3.4pixel/mm，层间距为 0.6mm。在获取土石混合体试样断面的 CT 图像序列后，首先应对其进行预处理操作，以精确提取其中的块石断面信息。

CT 机的放射在穿过密度较大的物体，如块石时，会大幅度的衰减。受此限制，加之受制样过程中的击实影响，所得 CT 图像中块石边缘与附近土体的灰度值相差不大，即块石与土体的分界并不清晰，且图像中有轻微的噪点。因此需要对 CT 图像序列进行批量化的滤波去噪处理。调整滤波器模板样式及尺寸，通过均值滤波或中值滤波等方法去除二维切片图像中的部分噪点，使图像平滑化。图 8.8 为某 CT 原始图像经中值滤波处理后的平滑效果。

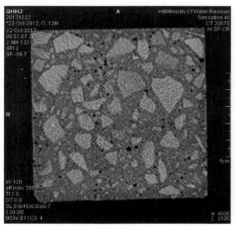 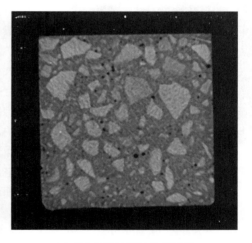

（a）某 CT 原始图像　　　　　　　　　（b）经中值滤波平滑处理后的图像

图 8.8　某 CT 原始图像经中值滤波处理后的平滑效果

绘制经滤波平滑处理后的 CT 图像的灰度分布直方图（图 8.9），依据最大类间方差法确定区分"土体"与"块石"的灰度阈值，即从灰度直方图的两波峰之间的波谷区域内选择阈值。单阈值的二值化并不能实现对所有块石断面的准确提取，当阈值选择偏低时会导致块石粘连，即欠分割；而当阈值选择偏高时则会丢失很多块石信息，即过分割。相比之下，通常选择偏低的阈值以保留足够的块石断面信息。应用该灰度阈值对 CT 图像序列进行批量二值化处理（其中块石为研究对象，土体及孔隙为背景）或三值化处理（其中块石和孔隙为研究对象，土体为背景）。为便于叙述，本章均以二值化处理为例进行分析，图 8.10 为图 8.8（b）中的图像经阈值分割处理后的二值化图像。

随后对二值化图像进行更为细致的对象分割，即识别两块石断面之间的粘连，并由此处进行分割。MSRAS[3D] 中实现了三种对象分割方法，包括基于区域生长的分割方法，基于数学形态学的腐蚀膨胀法和分水岭法。其中基于区域生长的分割方法，首先采用极限腐蚀法对二值化图像作距离变换，获取原始距离灰度图，在距离灰度图中，对象中越远离背

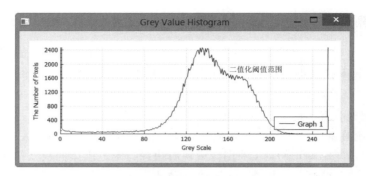

图 8.9　某 CT 中值滤波图像的灰度分布直方图

图 8.10　图 8.8（b）中的图像经阈值分割处理后的二值化图像

景的像素灰度值越高。对原始距离灰度图进行形态重构获得初始种子点图，通过种子合并去掉多余的种子点，即可基于该改进种子点图进行区域生长，从而实现对二值化图像的重新分割。腐蚀膨胀法和分水岭法同属数学形态学方法，但在分割理念和程序实现上都存在较大差异。腐蚀膨胀法是使用结构元素对二值化图像进行探测，根据图像各部分像素间的相互关系判断其结构特征，并利用数学形态学的基本运算处理图片。其中腐蚀运算能够缩小目标、扩大内孔、消除外部孤立噪声；膨胀运算则能增大目标，缩小内空、增补目标空间形成连通域。先腐蚀后膨胀的开运算可以有效发挥消除细小目标，平滑大目标边界的作用；先膨胀后腐蚀的闭运算则具有填充目标内细小空间，连接相邻物体的作用。MSRAS^{3D} 中的分水岭分割算法是以倒角法距离变换得到的距离灰度图为基础，进行分水岭变换获得脊线，与原始二值化图像叠加即可完成对象分割。在三种对象分割算法中，基于数学形态学的腐蚀膨胀法在目标定位和分割精度方面均表现良好，具有更高的鲁棒性和普适性，是通常采用的方法。腐蚀膨胀法对粘连块石断面的分割效果如图 8.11 所示。

应用图像分割算法将相互接触的两个或多个独立块石分离后，进行核对及必要的手动修正，依次对每张修正二值化图像中的所有块石边界进行识别与编号（图 8.12），并计算其周长、面积、形心坐标等几何特征指标，存入 rocksection 数据表中。至此，即完成图 8.13 所示对土石混合体试样断面 CT 图像序列的预处理流程。

8.3.2　层间断面配准及优化

对于 SRMDatabase 数据库的 rocksection 数据表中存储的每张 CT 图像包含的所有块石断面信息，主要依据形态学相似原理进行层间配准，即：同一块石在相邻两层切片图像上的断面位置相近、形态相似。为此设定配准参数 RI（registration indicator），形式如下：

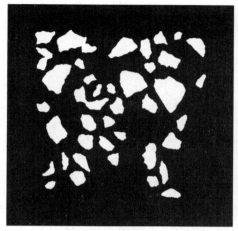 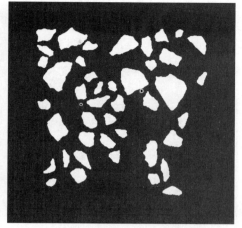

（a）原始二值化图像　　　　　　　　　（b）经腐蚀膨胀法分割后的二值化图像

图 8.11　应用腐蚀膨胀法对原始二值图像的对象分割效果

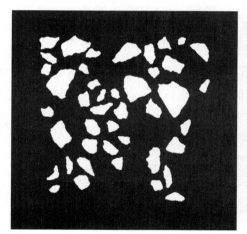 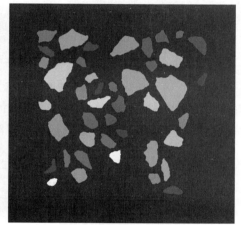

（a）修正二值化图像　　　　　　　　　（b）对块石断面进行标识的 Label 图

图 8.12　对修正二值化图像中的块石断面进行标识

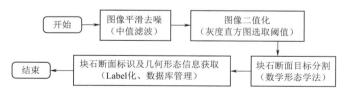

图 8.13　对土石混合体试样断面 CT 图像序列的预处理流程

$$RI = \frac{1}{2} \times (\, | \, X_{i+1} - X_i \, | + | \, Y_{i+1} - Y_i \, | \,) \tag{8.1}$$

式中：X_i、X_{i+1}、Y_i、Y_{i+1} 分别为第 i 张 CT 图像上及第 $i+1$ 张 CT 图像上的两个断面的形心 X 坐标与 Y 坐标。

与血管、植物根系等贯通性对象的断面配准不同，在土石混合体中，会频繁出现如图 8.14 所示的旧块石消失、新块石出现，甚至在消失的旧块石位置附近出现新块石等现象。这些情况增大了层间断面配准的难度，需要有针对性的处理。

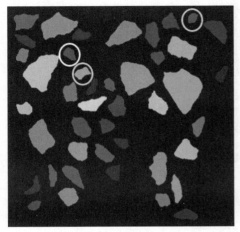

（a）块石消失情况　　　　　　　　　　　　　（b）新块石出现情况

图 8.14　CT 图像上块石消失及出现的几种类型

层间块石断面配准流程如图 8.15 所示。首先进行初步配准，对于第 i 张 CT 图像上的每一个块石断面，遍历第 $i+1$ 张 CT 图像上的所有块石断面，得到配准参数最小的一个，并作为其暂定向后配准断面。由此第 i 张（$0 \leqslant i < n$）切片上的每个块石断面，在第 $i+1$ 张切片上都有且只有一个暂定向后配准断面。

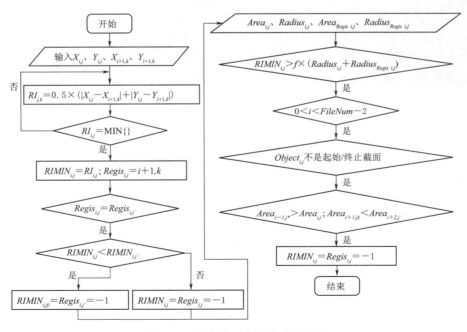

图 8.15　层间块石断面配准流程图

若某块石消失，则在第 i 张 CT 图像上会有几个块石断面对应同一个暂定向后配准断面，则其中 RI 最小者为准确配准断面，而其他则为所属块石的端部断面，令其 RI 及暂定向后配准断面号为－1。遍历过 n 张 CT 图像后，检查所有块石断面的主配准参数，若 RI 过大，超过两断面等效直径平均值的某倍数（可由用户自行指定，通常为 0.2）时，认为第 i 张 CT 图像上的断面 a 为所属块石的终端断面，而其在第 $i+1$ 张 CT 图像上的暂定向后配准断面 b 为所属块石的始端断面。若配准参数略大，介于 0.1～0.2 倍的两断面等效直径平均值之间，且断面 a 和 b 不接近所属块石的端部，则采用面积判别法进一步判定是否出现了"旧块石消失位置附近出现新块石"的情况。即寻找断面 a 在第 $i-1$ 张 CT 图像上的对应断面 a_{i-1}，以及断面 b 在第 $i+2$ 张 CT 图像上的对应断面 b_{i+2}，若断面 a 的面积小于断面 a_{i-1} 的面积，且断面 b 的面积小于断面 b_{i+2} 的面积，则认为断面 a 为所属块石的终端断面，断面 b 为所属块石的始端断面。

根据块石的向后配准断面链表，确定试样中所含块石数量，以及每个块石的起始断面号。由起始断面号开始向后搜索，依次为与其同属一个块石的后续配准断面标记所属块石编号，并将以上信息添加至 rocksection 数据表中。至此即完成了块石断面的层间配准。

在图像的前处理过程中，有些靠近端部的块石断面由于灰度值偏低或图像分辨率较低无法被识别，导致重建块石的端部缺失、形态改变，进而影响数值模型的整体细观结构特征。需要对此进行一定程度的优化，即对端部有所缺失的重建块石，在其端部添加与原有端部断面"位置相近、形态相似"的补充断面，其中补充断面通过对原有端部断面图像腐蚀得到。以重建块石原有端部断面面积作为是否进行优化的判定标准，若原始端部断面 a_i 面积过大（超过 70 像素），则添加 2 层补充断面 $a_{i\pm1}$、$a_{i\pm2}$；若原始端部断面 a_i 面积偏大（超过 30 像素），则添加 1 层补充断面 $a_{i\pm1}$。其中补充断面 $a_{i\pm1}$ 的面积为 0.65 倍的断面 a_i 面积，$a_{i\pm2}$ 的面积为 0.3 倍的断面 a_i 面积。由此获得拟添加的补充断面后还需检查该断面是否与第 $i\pm1$ 及 $i\pm2$ 层 CT 图像上的已有断面相交，若不存在相交情况，则确定添加。块石端部优化算法流程如图 8.16 所示。随后在 SRMdatabase 中建立该优化试样

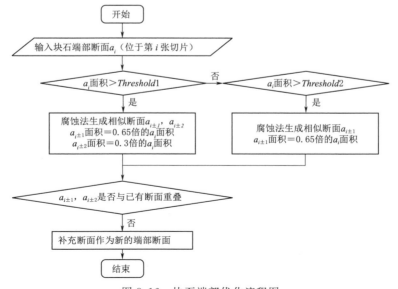

图 8.16 块石端部优化流程图

对应的数据表，对优化后的 CT 图像断面重新标识配准，从而得到优化试样的三维重建模型。对利用等量替代法制作的小试样按上述方法进行优化，优化前后重建模型中块石所含断面层数统计对比如图 8.17 所示。由图 8.17 可见断面层数小于 5 的块石数量明显减小，优化效果良好。

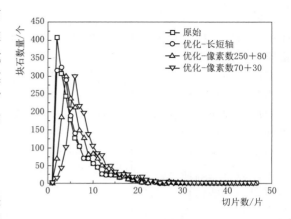

图 8.17　优化前后重建模型中块石
所含断面层数统计对比图

8.3.3　块石三维表面构建

根据 rocksection 数据表中存储的块石断面的后续断面号及所在块石编号，即可确定每个块石包含的断面。获取每层断面的边界点构成块石的三维边界点云，并为点云创建拓扑信息，以此构建块石的三维封闭表面，从而获得能反映土石混合体细观结构的三维重建模型。对于二值化图像上的块石断面对象，可利用边缘跟踪技术获取其边界点坐标，其处理流程及对应效果如图 8.18 所示。

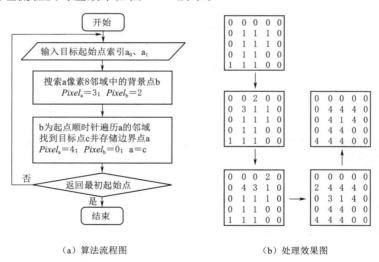

（a）算法流程图　　　　　　　　　（b）处理效果图

图 8.18　获取块石断面边界点坐标的流程图

根据空间边界点云构建三维封闭表面的流程如图 8.19 所示。由图 8.19 可知，一方面将所获得的边界点坐标存储于 rockpoints 数据表中，另一方面将保存其空间位置信息的 vtkPoints 对象和保存其拓扑关系信息的 vtkCellArray 对象组合为三维几何结构对象 vtkPolyData。此时 vtkPolyData 还仅仅是散布于三维空间中的点集，利用 vtkVoxelContoursToSurfaceFilter 将其构建为三维封闭表面，加之 vtkTransformPolyDataFilter 的平移缩放等处理，使其与原始点集相匹配。数据类型仍旧为 vtkPolydata，可方便地应用 VTK 中的 vtkCenterOfMass、vtkMassProperties 和 vtkOBBTree 等函数求取块石的形心坐标、体积、表面积、三向长度等几何形态信息，将其一并存储于 rock 数据表中。

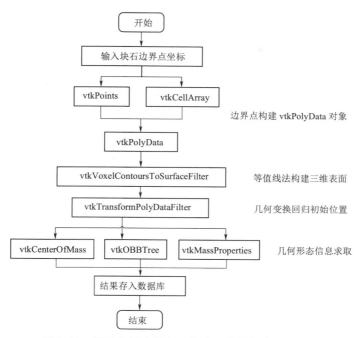

图 8.19 根据空间边界点云构建三维封闭表面流程图

由上述方法根据空间边界点云构建的三维封闭表面重建效果如图 8.20 所示。最终将土石混合体试样的三维细观结构重建模型保存为 STL 和 VTK 等通用数据格式，以便借此生成数值模型开展模拟计算并与相应的物理试验结果相互对比验证，同时也便于利用 CAD、CAM 等软件进行查看和展示。

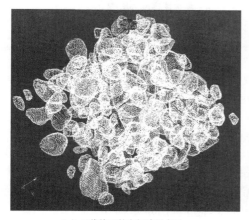

（a）三维块石的空间边界点云　　　　　　（b）三维块石的重建封闭表面

图 8.20 三维封闭表面重建效果

8.4 三维细观结构信息统计分析模块

通过重建土石混合体试样的三维细观结构（即内部块石），可以直观观察土石混合体试样的内部结构。进一步，通过对不同试验阶段的重建试样进行对比分析，还可定量描述细观结构在试验全过程中的发展演化，如试样内部块石的三维位移场及空间旋转、块石在加载过程中相互作用下的破碎形式及机理、试样孔隙结构的演化等。据此可以从细观结构层面揭示土石混合体的宏观力学特性和损伤破坏机制。

此外，以所建立的唐家山堰塞体表层代表性块石数据库为基础，可以生成土石混合体的随机数值模型，对不易开展的物理试验进行扩展，一方面可以更加深入系统地研究块石形状、空间排布、块石破碎等细观结构特征对土石混合体宏观力学行为的影响；另一方面还能够研究土石混合体的力学特性的尺度效应，探求土石混合体的代表性体积单元，为室内试验方法及工程实践应用提供参考。

8.4.1　单个模型的三维细观结构特征统计

MSRAS³ᴰ 通过统计数据库中所存储的块石数据，可以方便地得到重建试样的粒度组成，以及块石的几何形态信息。图 8.21（a）和（b）分别为三种不同级配小尺寸重建试样中块石的体表比和归一化形状指数的统计分布直方图。

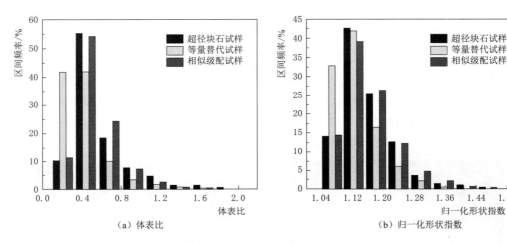

（a）体表比　　　　　　　　　　　（b）归一化形状指数

图 8.21　三种不同级配土石混合体重建试样中的块石形态统计分布直方图

8.4.2　多个模型的三维细观结构特征对比分析

通过开展土石混合体小尺寸试样的 CT 三轴试验，获取了轴向压缩过程中试样在不同阶段的 CT 图像序列，在重建得到多个细观结构模型后，对其中的块石进行跟踪配准。经过对比分析，可以实现对土石混合体细观结构演化全过程的定量描述。

8.4.2.1　多个模型中的块石配准

实现上述目标的关键在于对多个模型中的块石进行配准，即识别不同重建模型中的同一块石。在轴向压缩过程中，块石结构不断调整，试样形态也随之改变。但对于土石混合体三轴试样的内部块石，受膜边界、围压、周围块石及土颗粒的共同制约，其在试样中的相对位置变化微乎其微。除了发生层理面破碎及粉碎性破碎的少量块石外，大部分块石棱角处的破碎并不会显著影响其几何形态。因此，在对不同模型中的块石进行跟踪配准时，选择块石在试样中的相对位置为主要指标（Primary Index，PI），以块石的几何形态为次要指标（Secondary Index，SI），两者的表达形式如下：

$$RI = \left| \frac{X_j - X_i}{\phi} \right| + \left| \frac{Y_j - Y_i}{\phi} \right| + \left| \frac{Z_j}{H_A} - \frac{Z_i}{H_B} \right| \tag{8.2}$$

$$SI = \frac{1}{2} \times \left(\left| \frac{V_j - V_i}{V_i} \right| + \left| \frac{NSI_j - NSI_i}{NSI_i} \right| \right) \tag{8.3}$$

式中：X_i、Y_i、Z_i 为第 i 号块石的形心坐标；X_j、Y_j、Z_j 为第 j 号块石的形心坐标；ϕ 为试样直径；H_A 和 H_B 分别为两个模型的高度。V_i、NSI_i 分别为第 i 号块石的体积和归一化形状指数；V_j、NSI_j 分别为第 j 号块石的体积和归一化形状指数。

归一化形状指数（normalized shape index，NSI）为块石表面积与同体积球的表面积之比，表达式如下：

$$NSI = SurfArea_{RockBlock} / SurfArea_{Sphere} \tag{8.4}$$

两个土石混合体重建模型之间的块石配准流程如图 8.22 所示。首先，遍历 B 模型中的所有块石，选择与 A 模型中的第 i 号块石间主配准参数最小的块石 j，若 A 模型中有两个块石对应同一块 B 模型中的块石，则其中次配准参数较小的一个为准确配准块石，将另一个块石的主配准参数、次配准参数和配准块石编号暂定为 -2。完成第一轮配准后，对 A、B 两模型中尚未配准的块石重复以上操作，完成第二轮配准。最后，检查所有配准结果，已配准块石对之间的次配准参数需小于 0.25，否则，令该配准块石对的主配准参数、次配准参数和配准块石编号为 -3。使用上述方法，对等量替代法所制小尺寸土石混

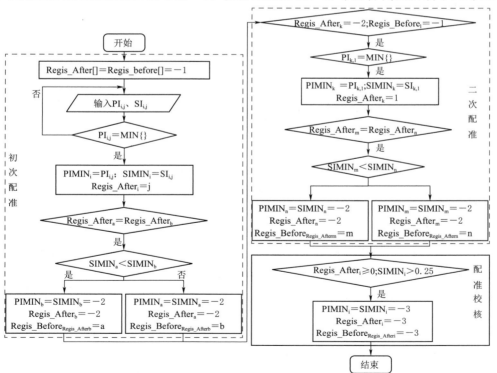

图 8.22 重建模型之间的块石配准流程图

合体试样在 600kPa 围压下的 CT 三轴试验重建模型进行块石配准，结果如图 8.23 所示，三个重建模型分别对应 0%、10.25%、20.25% 的轴向应变。

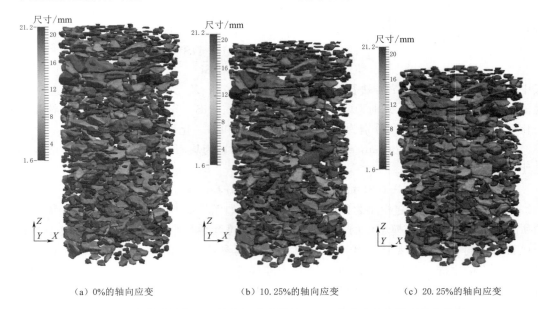

（a）0%的轴向应变　　　　（b）10.25%的轴向应变　　　　（c）20.25%的轴向应变

图 8.23　由等量替代法所制小尺寸试样的 CT 三轴试验重建模型配准结果

8.4.2.2　块石的三维位移场及旋转表征

在完成两个土石混合体重建模型间的块石配准后，对比块石形心位置、长轴方向即可获得试样内部块石的三维位移场及旋转矢量。在 10.25% 和 20.25% 的轴向应变条件下，试样中所有块石的位移矢量图、X 方向和 Z 方向位移如图 8.24 所示，块石旋转如图 8.25 所示。在 X 方向位移场中，较为明显地向试样外侧移动的块石主要集中于试样上部，导致该位置出现鼓胀。图 8.24（a）中的位移矢量场则清晰展示了土石混合体细观结构的调整与演化，这是其在试验中形态改变的根本原因。

8.4.2.3　块石破碎形式及机理

通过重建模型的对比，可以在轴向压缩过程中定位破碎的块石，根据破碎形态可以将土石混合体三轴试验中的块石破碎形式分为碎裂型破碎、断裂型破碎、棱角处破碎和层理面破碎四类。由于层理面破碎主要受块石构造中的力学薄弱面控制，且在试验中较为少见，此处仅对前三种形式的块石破碎机制进行探讨。从数据库中提取破碎块石与其相邻的块石，根据在试验不同阶段的空间位置关系，对比分析不同破碎形式的力学成因。

（1）碎裂型破碎，是指块石破碎为几个小块石，通常是从块石中心破碎，且小块石具有相似粒径。如图 8.26（a）所示，当邻近块石棱角作用于扁平状块石的中心位置时，块石通常会以该形式破碎，相当于点荷载作用。

（2）断裂型破碎，是指块石断裂为 2~3 个粒径相近的部分，与碎裂型破碎的中心发散状断裂不同，断裂型破碎沿一条断裂面仅破裂为两部分。两者的力学成因也全然不同，根据力学成因，断裂型破碎又可进一步划分为两个亚类：①剪切成因的断裂型破碎，该种形式较为常见，在单侧或两侧相邻块石的作用下，块石被剪切错断如图 8.26（b）；②弯折成因的

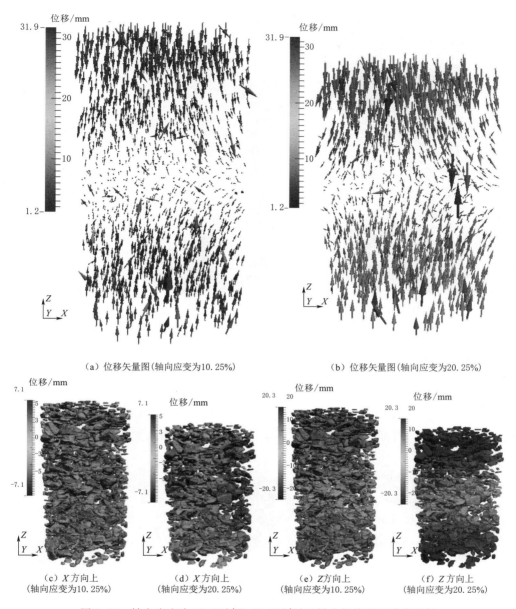

（a）位移矢量图（轴向应变为10.25%）　　　　　（b）位移矢量图（轴向应变为20.25%）

（c）X方向上　　　　（d）X方向上　　　　（e）Z方向上　　　　（f）Z方向上
（轴向应变为10.25%）　（轴向应变为20.25%）　（轴向应变为10.25%）　（轴向应变为20.25%）

图 8.24　轴向应变为 10.25% 和 20.25% 时试样内部块石三维位移场

断裂型破碎，由于其完全依赖于块石的空间结构，较为少见，块石一侧有两个块石形成支架，另一侧恰好有一相邻块石作用在块石中间，类似于三点弯曲梁，如图 8.26（c）所示。

（3）棱角处破碎，即块石棱角由于咬合而被错断，其力学成因与剪切成因的断裂性破碎相似，区别主要在于破裂面的位置。这种形式的破碎通常发生在由几个块石共同构成的小结构体中，块石与其周围块石产生接触和咬合，且空间位置受限不便调整，在棱角处出现应力集中进而破碎，如图 8.26（d）所示。

　　值得注意的是，不同于堆石料中完全是石与石的相互作用，土石混合体中的块石破碎

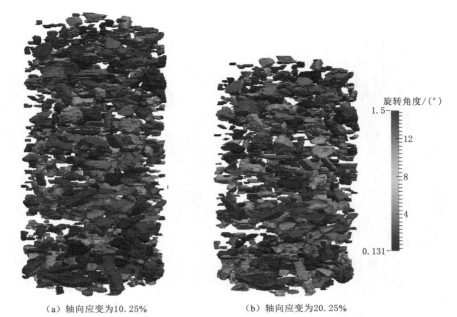

（a）轴向应变为10.25%　　　　　　（b）轴向应变为20.25%

图 8.25　轴向应变为 10.25％和 20.25％时的试样内部块石旋转

是块石与土共同作用的结果。一方面土是块石之间传递作用力的介质，从 2.4.4 节的图 2.7 中也可看出，当土石混合体的含石量为 50％时，少有块石与块石直接接触的情况；另一方面土也会直接作用于块石，与邻近块石共同决定其破碎形式。当邻近块石棱角作用于块石中部时，若另一侧为土体，可能发生如图 8.26（a）所示的碎裂型破碎；若另一侧存在其他邻近块石时，则可能发生图 8.26（c）所示的弯折成因断裂型破碎。

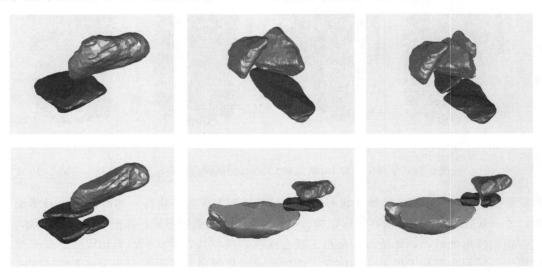

（a）碎裂型破碎　　　　　　　　　（b）断裂型破碎（剪切成因）

图 8.26（一）　三种典型块石破碎形式的力学成因

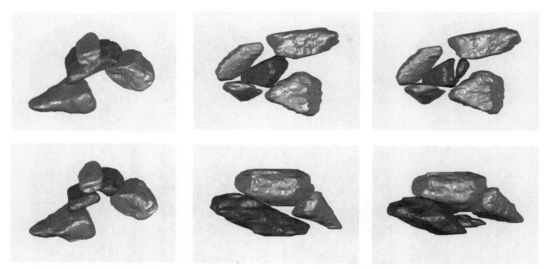

（c）断裂型破碎（弯折成因）　　　　　　　　　（d）棱角处破碎

图 8.26（二）　三种典型块石破碎形式的力学成因

8.4.2.4　孔隙率演化

在 CT 图像中，灰度值近于黑色的像素部分即为孔隙。土石混合体试样中分布有大量细小孔隙，采用前述块石重建的方法难以构建孔隙的三维模型。为此对试样内的孔隙，本节通过体素法求取其体积，从而分析试样孔隙率在试验过程中的演化情况。所谓体素法，即通过分析每张 CT 图像上的孔隙部分的像素数，结合层间距计算得到孔隙在空间内所占据的体素数，根据图像分辨率转换得到孔隙的实际体积。MSEAS^{3D} 的孔隙求解功能是将试样划分为一系列立方体单元，并求取每个单元内的孔隙率，实现对试样内部孔隙结构的全面展示。基于此，对三种粒度组成的小尺度试样在 CT 三轴试验不同时刻的 CT 图像序列进行统计分析，并可得到三维孔隙结构。图 8.27 展示了两种不同粒度组成的土石混合体试样纵剖面孔隙率在三轴试样中的演化过程。图 8.28 展示了相似级配试样内部孔隙率的空间分布。

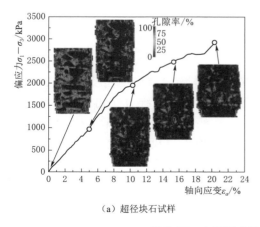

（a）超径块石试样

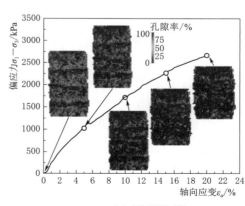

（b）相似级配试样

图 8.27　土石混合体细观孔隙率演化过程

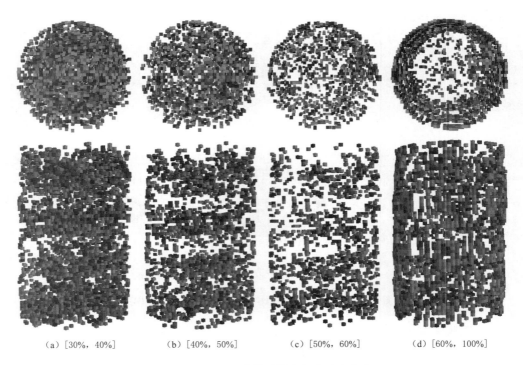

（a）[30%，40%]　　（b）[40%，50%]　　（c）[50%，60%]　　（d）[60%，100%]

图 8.28　土石混合体试样内部孔隙率分布

图 8.27 中块石部分的孔隙率为 0%，相似级配试样中的孔隙分布均匀，并可见初始试样孔隙受分层制样所影响，由于击实作用，分层面处孔隙率较低；而超径块石试样中的孔隙则较为集中地分布在块石架空区域及周围。整体看来，土石混合体试样内的孔隙随试验进行逐渐被压密，但是试样内各局部的孔隙率变化并不一致，超径块石试样在试样后期大块石破碎，破碎处的孔隙率有明显提升。由图 8.28 可见试样中各区间孔隙率的空间分布，局部孔隙率普遍低于 60%，受统计方法的影响，试样边界处局部孔隙率多大于 60%。

8.5　三维细观结构模型可视化模块

借助 VTK 开源程序，MSRAS[3D] 实现了土石混合体细观结构重建模型的三维渲染与展示，用户可以对模型进行平移、缩放、旋转等操作，实现三维可视化。在三维空间内，仅观察土石混合体的外部形态远远不够，更需要分析的是其内部结构特征，为此，MSRAS[3D] 实现了用户对试样 CT 图像序列及细观结构重建模型的交互式剖切查看。图 8.29 展示了一试样的 CT 图像序列三维正交剖切面、重建模型三维正交剖切面和任意平面剖切断面，用户可以方便地使用鼠标交互式查看各个剖切断面。

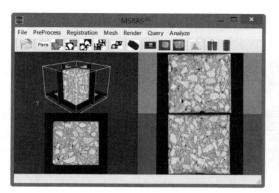

（a）切片序列三维正交剖切图像

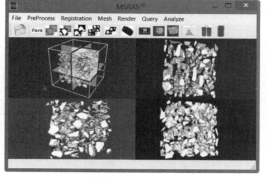

（b）重建模型三维正交剖切断面

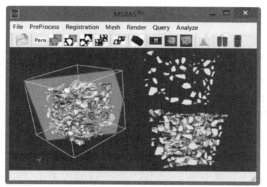

（c）重建模型任意平面剖切断面

图 8.29　MSRAS³D 典型可视化功能示列

第 9 章

基于土石混合体重建模型的
三轴试验数值模拟

9.1　概述

　　本书第 7 章基于二维重建的土石混合体试样开展了数值试验研究,本章将基于第 8 章重建的三维试样开展土石混合体三轴数值试验研究。基于数值试验可以获得试验过程中试样宏观和细观层次多样化数据信息,从而可以更深入系统地从细观结构层面揭示土石混合体的变形和破坏机制。为了更好地分析土石混合体的大变形及破坏过程,本章采用的数值试验方法为离散元法(discrete element method,DEM)。在采用 DEM 开展数值分析时,材料的本构模型及参数对试验结果具有控制性作用,选择合适的本构模型和细观接触参数是开展数值模拟的首要工作。将通过 MSRAS^{3D} 获得的土石混合体试样细观结构重建模型转化为相应的土石混合体三轴试样数值模型,基于数值试验,在对材料关键计算参数开展敏感性分析的基础上,验证数值计算方法及材料细观接触参数的合理性及可靠性。

　　土石混合体试样的物理力学性质由土体与块石共同控制,两者在粒径和强度两方面均存在巨大差异,因此需要分别确定其细观接触参数。首先建立含石量为 0% 的土样模型开展三轴数值试验,由此确定土体的材料参数。随后应用超径块石土石混合体试样和等量替代法试样的重建模型开展数值试验,其中土体细观接触参数选用前文反演计算得到的值,与物理试验结果进行对比,反演验证块石的细观接触参数。基于土石混合体重建模型的三轴数值试验方案见表 9.1。

表 9.1　　　　　　　　　基于土石混合体重建模型的三轴数值试验方案

编号	试样尺寸/mm	含石量/%	超径颗粒处理方法	最大粒径/mm	围压/MPa	对应物理试样
ND1		0	筛分剔除	5	0.1、0.3、0.6、0.9	D1
NC1	$\Phi101\times H200$	50	超径块石	60	0.6	C1
NC2		50	等量替代	20	0.1、0.3、0.6、0.9	C2

9.2　土体颗粒细观接触参数反演验证

9.2.1　土体的三轴数值试验

　　室内三轴试验的轴向荷载通过位于试样上、下部的刚性加载帽施加,而围压通过柔性边界施加。为了保持数值试验的边界条件与室内试验一致，本书在利用 DEM 进行三轴数值试验时，采用如下加载边界：

（1）轴向荷载。在试样的上、下部分别采用两个刚性块体，通过施加恒定的加载速率实现轴向加载。

（2）侧向围压边界。为了更好地模拟室内三轴试验中的橡皮膜柔性边界，采用一系列小刚性块体叠加的方式施加，各个刚性块体间相互独立，没有任何相互作用；整个试验过程中，刚性块体只能沿着试样径向方向移动，并通过伺服控制机制，确保作用在每个刚性块体上的压力维持在设定的围压一定误差范围内。本章涉及的三轴试验计算中，试样轴向与环向均由 18 个小刚性块体组成，如图 9.1（a）所示。

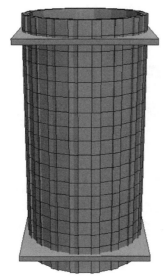 

（a）多盒拼接侧边界 　　　　　　　（b）土体的三轴数值试样

图 9.1　土体的三轴试验数值模型

在土石混合体试样中，与块石粒径相比土颗粒粒径很小，本章所分析的试样直径为 101mm，因此在 DEM 数值试验中粒径小于 5mm 的土颗粒采用粒径在 3～5mm 内正态分布的球颗粒模拟。通过重力沉积法近似模拟室内试验的制样过程，在试样模型的 1.2 倍高度范围内随机生成球颗粒，球颗粒在重力及顶部加载板的共同作用下沉积，顶部加载板缓慢下压，通过伺服机制控制其运动，保证其所受试样颗粒的作用力维持在较小水平。计算稳定后，将超出试样高度的部分颗粒删除，求得此时的孔隙率为 0.55，颗粒总数为 26504 个，所生成的试样如图 9.1（b）所示。

制样结束后开始数值试验。在固结阶段，计算试样颗粒集作用在单个边界块体上的力，采用伺服机制控制顶板及侧向盒的运动方向，使其缓慢向试样内部移动，稳定施加围压，当达到预定围压时停止运动。固结阶段结束，即围压监测值保持在预定围压水平一段时间后开始轴向压缩。与物理试验一致，数值试验过程中采用应变控制式加载，顶板和底板分别以 5×10^{-4} m/s 的速率沿着试样轴向进行压缩。压缩初始段为避免对试样造成冲击，采取分步线性加载方式逐渐将压缩速率增加至额定值。轴向压缩过程中始终监测侧边界盒的受力情况，据此动态调整其运动方向，保证围压一直保持在预定水平直至试验结束。数值试验过程中保持记录试样体积、轴向位移及应力水平，此外，定期导出试样模型，用于后续分析土石混合体试样内部颗粒接触、孔隙、力链等细观结构的演化过程。

9.2.2　土体颗粒细观接触参数敏感性分析

在计算分析时，加载板和围压边界块体均采用摩擦材料接触本构模型，其接触参数包含密度、弹性模量、内摩擦角和泊松比（切向刚度和法向刚度的比值）等。土颗粒采用黏结-摩擦接触本构模型（图9.2），除了包含与摩擦材料接触本构模型一样的参数外，还包括法向黏聚力和切向黏聚力等参数。DEM中接触本构模型采用的参数为颗粒间细观接触参数，其物理含义与宏观力学参数有所不同。

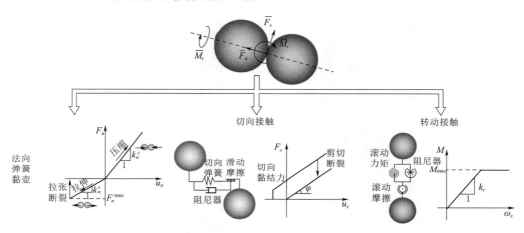

图 9.2　黏结-摩擦接触本构模型

在采用球颗粒表征实际的不规则形状的土颗粒时，为了反映实际颗粒间因咬合、摩擦而产生旋转，在 DEM 计算中采用具有 6 个自由度的球颗粒接触模型，分别为法向位移、两个方向的切向位移、扭转和两个方向的弯曲（图9.2）。颗粒间的法向接触刚度 k_n 和切向接触刚度 k_s 可根据两个接触颗粒的弹性模量（E）和泊松比（ν）计算得到：

$$k_n = \frac{E_1 R_1 \times E_2 R_2}{E_1 R_1 + E_2 R_2} = \frac{k_1 \times k_2}{k_1 + k_2} \tag{9.1}$$

$$k_s = \nu k_n \tag{9.2}$$

式中：E_i、R_i 分别为第 i 个颗粒的刚度和半径，扭转刚度（k_t）和滚动刚度（k_r）则与切向刚度成比例。

颗粒间的法向力 F_n 和切向力 F_s 分别为

$$F_n = \min(k_n u_n, C_n) \tag{9.3}$$

$$F_s = k_s u_s \tag{9.4}$$

式中：u_n、u_s 分别为接触处的法向位移和切向位移；C_n 为法向黏聚力。

塑性条件定义的剪切力的最大值默认为

$$F_s^{\max} = F_n \tan\varphi + C_s \qquad (9.5)$$

式中：φ 为内摩擦角；C_s 为切向黏聚力，若达到了最大拉力或最大剪切力，黏结发生断裂，则法向和切向黏聚力被重置为 0。

接触点的弯曲力矩 M_r 和扭转力矩 M_t 的计算公式：

$$M_r = k_r\Theta_r \qquad (9.6)$$

$$M_t = k_t\Theta_t \qquad (9.7)$$

式中：$\Theta_{b,t}$ 为两个接触颗粒间的相对转动。

接触本构模型中的参数，如杨氏模量（E）、泊松比（ν）、内摩擦角（φ）和黏聚力（C_n，C_s）会直接影响土样的强度和变形性质，滚动刚度和滚动强度则控制土颗粒的旋转。本章涉及的土石混合体细粒土体间的黏聚力为 0，因此仅需要对 E、ν、φ、滚动刚度和滚动强度 5 个参数进行敏感性分析。此外，为保证在模拟结果可靠的前提下有效提高计算效率，还需分析轴向加载速率对试验结果的影响。表 9.2 为土体三轴数值试验采用的参数组合。

表 9.2   **土体三轴数值试验敏感性分析参数组合表**

编号	杨氏模量 /GPa	内摩擦角 /(°)	泊松比	滚动刚度	滚动强度	剪切速率 /($\times 10^{-4}$m/s)
adb_ac_b	0.05	15	0.05	50	0.8	5
aeb_ac_b	0.1	15	0.05	50	0.8	5
afb_ac_b	0.25	15	0.05	50	0.8	5
acb_ac_b	0.5	15	0.05	50	0.8	5
aab_ac_b	0.8	15	0.05	50	0.8	5
dbb_ac_b	1.0	12	0.05	50	0.8	5
ebb_ac_b	1.0	13.5	0.05	50	0.8	5
abb_ac_b	1.0	15	0.05	50	0.8	5
cbb_ac_b	1.0	18	0.05	50	0.8	5
bbb_ad_a	1.0	20	0.05	50	1.0	2
aba_ac_b	1.0	15	0.15	50	0.8	5
abc_ac_b	1.0	15	0.09	50	0.8	5
abd_ac_b	1.0	15	0.01	50	0.8	5
abb_bc_b	1.0	15	0.05	0.1	0.8	5
abb_cc_b	1.0	15	0.05	2	0.8	5
abb_dc_b	1.0	15	0.05	200	0.8	5
abb_ab_b	1.0	15	0.05	50	0.2	5
abb_ad_b	1.0	15	0.05	50	1.0	5
abb_ae_b	1.0	15	0.05	50	10	5
abb_ac_c	1.0	15	0.05	50	0.8	3
abb_ac_a	1.0	15	0.05	50	0.8	2
abb_ac_d	1.0	15	0.05	50	0.8	1

图 9.3 展示了弹性模量对土体试样偏应力和体应变的影响，可见弹性模量的作用与宏观弹性模量一致，弹性模量的增大会较为显著地提高试样弹性变形阶段的应力水平，但对塑性阶段应力曲线的发展趋势影响甚微。同时也会增大试样的剪胀趋势，但是当弹性模量增大到某一较高水平后，这种影响便不再明显。

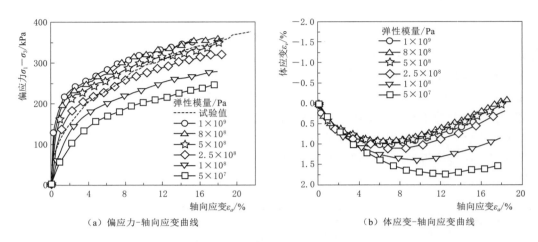

（a）偏应力-轴向应变曲线　　　　　　　（b）体应变-轴向应变曲线

图 9.3　弹性模量对土体试样偏应力和体应变的影响

图 9.4 展示了内摩擦角对土体试样偏应力和体应变的影响，由于在弹性阶段试样尚处于压密状态，内部颗粒间尚未发生普遍的相对运动，因此内摩擦角几乎不会影响试样在弹性阶段的应力水平，但是对塑性阶段的发展影响显著。一方面，内摩擦角的增大会延长屈服位移，提高屈服强度，同时也对屈服阶段应力水平的上升有促进作用；另一方面，内摩擦角的增大还会减小土石混合体试样的剪缩量，并增大剪胀趋势。

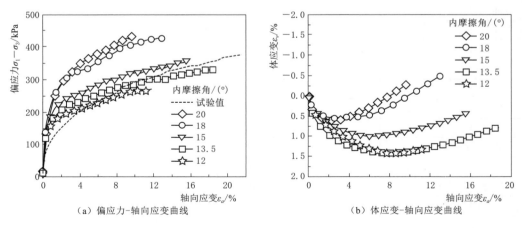

（a）偏应力-轴向应变曲线　　　　　　　（b）体应变-轴向应变曲线

图 9.4　内摩擦角对土体试样偏应力和体应变的影响

图 9.5 展示了泊松比对土体试样偏应力和体应变的影响，可见增加泊松比对应力水平及宏观强度几乎没有影响，但会使试样的剪缩量增加。据式（9.2），细观接触参数中的泊松比为接触切向刚度与法向刚度之比，较大的泊松比意味着有较大的接触切向刚度，此时

剪切变形更小，因此颗粒结构调整更加困难，进而降低了试样整体的剪胀趋势。

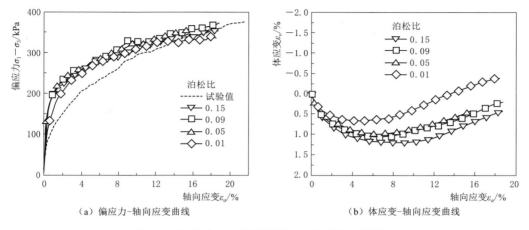

（a）偏应力-轴向应变曲线　　　　　（b）体应变-轴向应变曲线

图 9.5　泊松比对土体试样偏应力和体应变的影响

图 9.6 展示了滚动刚度对土体试样偏应力和体应变的影响，可见滚动刚度对应力曲线弹性段影响较小，且过高或过低的滚动刚度都会导致应力水平的下降和体缩量的增大。同泊松比的影响类似，过大的滚动刚度增大了土样内部颗粒结构调整的难度，不利于剪胀；过小的滚动刚度则无法充分反映颗粒滚动对结构调整所做的贡献。

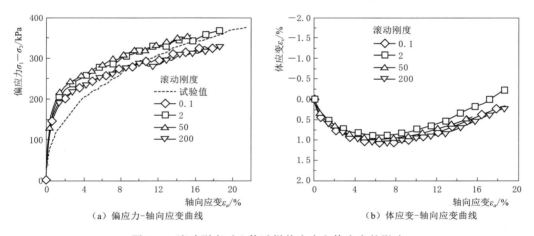

（a）偏应力-轴向应变曲线　　　　　（b）体应变-轴向应变曲线

图 9.6　滚动刚度对土体试样偏应力和体应变的影响

图 9.7 展示了滚动强度对土体试样偏应力和体应变的影响。从图中可知，滚动强度对应力曲线弹性段影响较小，但是滚动强度的增大会使试样承载力有轻微的提高。滚动强度对土样变形的影响效果则与滚动刚度类似，即过高或过低的滚动强度会导致体缩量的增大。过大的滚动强度增大了土样内部颗粒结构调整的难度，不利于剪胀；过小的滚动强度则无法充分反映颗粒滚动对结构调整所做的贡献。

图 9.8 展示了剪切速率对土体试样偏应力和体应变的影响，剪切速率不仅会提高土样屈服强度，而且对屈服阶段应力水平的发展也有增强作用，但对试样体变影响甚微。

基于上述数值试验中对参数敏感性分析的结果，表 9.3 展示了各细观接触参数值的增

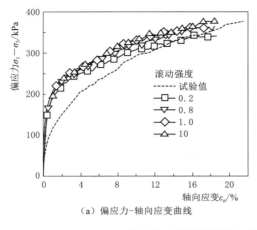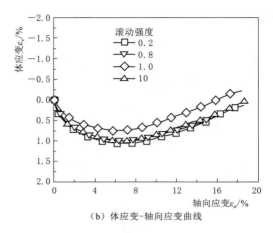

（a）偏应力-轴向应变曲线　　　　　　　　　（b）体应变-轴向应变曲线

图9.7　滚动强度对土体试样偏应力和体应变的影响

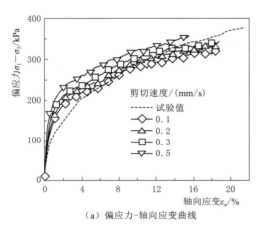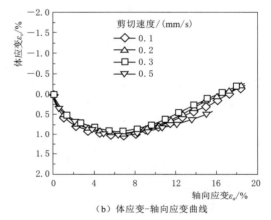

（a）偏应力-轴向应变曲线　　　　　　　　　（b）体应变-轴向应变曲线

图9.8　剪切速率对土样应力-应变曲线的影响

加对土体试样偏应力及体应变的影响规律。

表9.3　　　　各细观接触参数值的增加对土体试样偏应力及体应变的影响规律

项目	杨氏模量	摩擦角	泊松比	滚动刚度	滚动强度	剪切速率
偏应力	增大	增大	影响甚微	增大	增大	增大
体应变（剪缩量）	减小	减小	增大	影响甚微	减小	影响甚微

9.2.3　土体颗粒细观接触参数反演

　　基于上述敏感性分析结果，以600kPa围压水平下的室内试验结果为主要反演依据，对土颗粒的细观接触参数进行反演，最终得到土颗粒的细观接触参数见表9.4。

表9.4　　　　　　　　　　　　土颗粒的细观接触参数

密度 /(kg/m³)	杨氏模量 /GPa	摩擦角 /(°)	泊松比	滚动刚度	滚动强度	剪切速率 /(mm/s)
2350	0.055	20	0.5	2	1.0	0.5

数值试验及物理试验结束后的试样形态对比如图 9.9 所示。由图 9.9 可知，数值试样模型呈均匀的腰鼓状，与物理试验后的试样形态相似，可见采用多盒拼接法模拟柔性膜边界具有良好的效果。

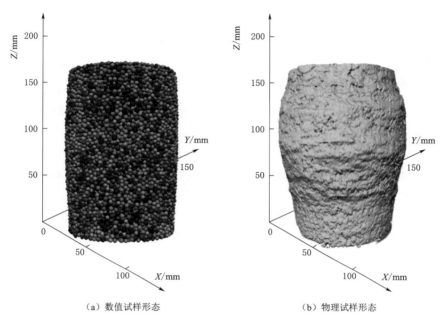

（a）数值试样形态　　　　　　　　　　（b）物理试样形态

图 9.9　数值试验及物理试验结束后的试样形态对比

土体试样在数值试验与物理试验中的应力-应变曲线对比如图 9.10 所示，图中实线为 100kPa、300kPa、600kPa 和 900kPa 四种围压下的物理试验结果。可见，在这四种围压水平下，数值试验中的偏应力发展趋势均与物理试验一致，仅在量值上稍有差别。在高围压（900kPa）下，数值试样体应变在发展趋势及量值上均与物理试验结果较为吻合，始终表现为体缩，体缩速率逐渐降低，最终趋于稳定。两者在低围压（100kPa、300kPa、600kPa）下的体应变，初始压缩段对应良好，但后期差距逐渐增大，且围压越低，差距越大。具体而

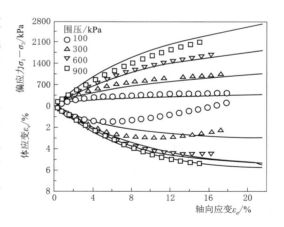

图 9.10　土体试样在数值试验
与物理试验中的应力-应变曲线对比图

言，不同于试样在物理试验中表现为体缩，数值试样在初始压缩后发生了体胀，尤其以在 100kPa 围压下的体胀最为明显。如前文所述，室内制样时控制干密度较小以模拟材料的松散堆积状态，在低围压下固结完成后，试样中仍旧有不少孔隙，因此在轴向压缩阶段一直表现为体缩。而导致在数值试验中出现体胀现象的主要原因为数值试样中的"土颗粒"粒径较大，在围压约束较小时，内部"土颗粒"结构的调整更易导致孔隙的增大，宏观上

即表现为试样体积的增大。整体看来，在多种围压条件下，表 9.4 所示的土体的细观接触参数都能够较好地反映试样的应力-应变特性，因此可用于后续土石混合体试样的三轴试验数值模拟。

9.3　块石细观接触参数反演验证

9.3.1　土石混合体的三轴数值试验

基于对土石混合体试样进行 CT 扫描获得的切片图像序列，应用 MSRAS³ᴰ 可以生成能够精确反映试样细观结构的三维重建数字模型，即以 STL 文件格式存储的试样内部块石完整信息。将该模型进一步处理获得可用于离散元模拟的三维重建数值模型。

根据本书第 6 章的研究内容，由超径块石试样在三轴试验中的块石破碎情况统计分析可知，块石破碎的界限粒径为 10～20mm，因此从数据库中选择粒径大于 10mm 的块石，并采用多球非嵌入绑定法构建，以便模拟块石在一定应力水平下的破碎；而粒径小于 10mm 的块石，本书认为不会破碎，仅需表征其三维形态，因此采用多球嵌入绑定法构建，以便有效减少数值模型中的颗粒数量。

多球非嵌入绑定法需要从每个块石的 STL 文件中提取空间拓扑信息，向其中填充适当粒径的球颗粒；并以块石的三角网边界信息作为计算边界，采用 DEM 数值计算的方法进行初步的内部颗粒接触力平衡计算，从而确保构成块石的球颗粒间保持相对比较均匀的紧密接触。多球嵌入绑定法是基于 Li et al.[208] 的研究提出的算法，根据 STL 文件中的块石边界信息以及指定的填充参数，采用可嵌入的多球拟合块石形态。两种多球绑定方法对块石真实形态的模拟效果如图 9.11 所示。

最终输出绑定球的球心坐标和半径，将两类块石绑定球的结果合并即可得到数值模型中完整的块石数据。由此得到的土石混合体重建试样与数值模型中的块石结比如图 9.12 所示。

将块石导入模型并固定其位置后，采用随机撒样法向三轴试样模型中填充土颗粒。土颗粒仍旧采用单球模拟，填充时在给定模型空间内随机生成球心坐标，在 3～5mm 范围内随机生成服从正态分布的单球粒径，若该球与块石颗粒、已生成的土颗粒都不相交，则可添加至三轴模型中。土体部分的孔隙率与反演细观接触参数时所用的土样数值模型中的孔隙率一致，则模型中的土颗粒总数受含石量与土体孔隙度孔隙率共同控制，满足式（9.8）：

$$Soil\_Vol = (100\% - Soil\_Poro) \times (Sample\_Vol - Rock\_Vol) \tag{9.8}$$

式中：$Soil\_Vol$ 为所有土颗粒的体积；$Soil\_Poro$ 为以百分数表示的土体孔隙率；$Sample\_Vol$ 为数值试样体积；$Rock\_Vol$ 为块石所占体积。

为了达到额定孔隙率实现土颗粒的密实堆积，在向模型中添加土颗粒时，先将其粒径缩小为额定粒径的 1/2，所填颗粒的额定体积达到标准后，再分 4 次对所有土颗粒粒径进行放大，每次放大后进行一定步数的计算，通过模型内颗粒间的相互作用力进行自调整，

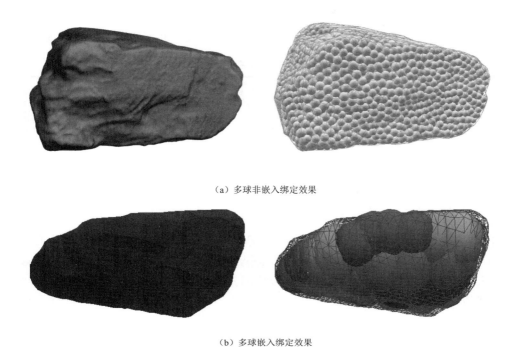

（a）多球非嵌入绑定效果

（b）多球嵌入绑定效果

图 9.11　两种多球绑定方法对块石真实形态的模拟效果

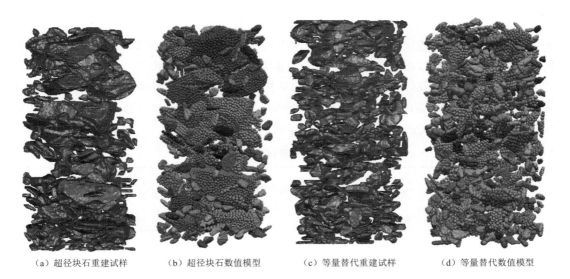

（a）超径块石重建试样　　（b）超径块石数值模型　　（c）等量替代重建试样　　（d）等量替代数值模型

图 9.12　土石混合体重建试样与数值模型中的块石对比

以消除粒径放大时产生的不平衡力，待系统内不平衡力恢复到较小水平后再进行下一次放大。

基于上述方法获得的超径块石和等量替代土石混合体重建模型基本信息见表 9.5，对其进行三轴试验数值模拟，试验流程与土样的三轴试验完全相同，此处不再赘述。

表 9.5　　　　　　　　　　两种不同级配的土石混合体重建模型基本信息

试样	块石粒径 /mm	块石数量 /块	块石颗粒数 /个	土颗粒粒径 /mm	土颗粒数 /个	颗粒总数 /个
C1_Recon	10～60	396	43718	3～5	15838	59553
C2_Recon	10～20	881	29081	3～5	17814	46895

9.3.2　块石细观接触参数反演

重建数值模型中的边界盒与土颗粒材料参数继续沿用土样数值模型中的反演结果。块石的材料模型仍旧选用黏性摩擦材料 CohFricMat，与土颗粒不同的是，块石中 normalCohesion 和 shearCohesion 直接决定了非嵌入绑定类块石的强度，作为对块石破碎性能以及土石混合体试样力学性质的重要影响因素，需对其进行反演。土石界面处的材料参数默认取土颗粒与块石参数的平均值，而土石界面作为土石混合体试样中的力学薄弱面，需对其进行特殊处理。即在计算过程中持续对颗粒间的相互作用进行检测，若相互接触的两颗粒分别为土颗粒和块石，或者分别属于两个不同块石，则将两者间的法向黏聚力和切向黏聚力重置为 0，摩擦角重置为界面摩擦角，以此削弱土石界面的胶结。

基于上述敏感性分析结果，以超径块石试样在 600kPa 围压下的室内试验结果为主要反演依据，对块石及土石界面的细观接触参数进行反演，最终得到各计算参数见表 9.6。土石混合体试样在数值试验与物理试验中的应力-应变曲线对比如图 9.13 所示。数值试验所得应力曲线的弹性段略低于物理试验，但曲线后期的拟合效果较好，变化趋势和量值都较为吻合。而且可以较好地模拟试验前期的试样体缩，与土样类似，较大粒径的土颗粒在结构调整时会增大内部孔隙，土石混合体超径块石试样在数值试验后期也表现出了轻微的体胀。

表 9.6　　　　　　　　　　　　　块石的细观接触参数

密度 /(kg/m³)	杨氏模量 /GPa	内摩擦角 /(°)	泊松比	滚动刚度	滚动强度	法向与切向 黏聚力/GPa	界面摩擦角 /(°)
2650	100	35	0.25	2	1.0	$1×10^6$	20

应用上述反演参数开展土石混合体等量替代重建模型在四种围压条件下的三轴试验模拟，对该组细观接触参数进行验证。数值试验与物理试验结果对比如图 9.14 所示。可见，该组参数对四种围压条件下的物理试验应力曲线，尤其是试验中后期的屈服段都具有很高的拟合度。同时，也较好地模拟出了土石混合体等量替代试样在初始段的体缩，以及高围压下剪缩、低围压下剪胀的变形特性。

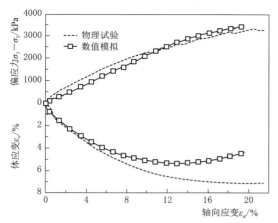

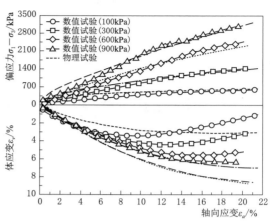

图 9.13　土石混合体超径块石试样在数值模拟
与物理试验中的应力-应变曲线对比图

图 9.14　土石混合体等量替代试样在数值试验
与物理试验中的应力-应变曲线对比图

第10章

土石混合体细观结构模型随机生成技术

10.1 概述

本书第 7 章和第 8 章分别论述了基于数字图像技术的土石混合体二维和三维真实细观结构模型建立的基本理论、方法与软件，为土石混合体的内部细观结构特征定量分析及土石混合体数值试验研究提供了模型基础，为土石混合体的细观力学研究奠定了坚实的基础。

土石混合体在自然界中的分布具有很大的随机性，相同成因、相同地区的土石混合体因空间位置的不同其细观结构可能表现出很大的差异性，基于重建技术的土石混合体细观结构模型在反映其宏观统计规律性方面具有一定的局限性。如前文所述，土石混合体内部"块石"的空间分布及粒度组成等特征，在统计层次上具有良好的自组织性特征。如果能够利用土石混合体这些宏观层次上的规律性，建立其相应的细观结构模型，将对于深入研究土石混合体细观结构力学行为，以及由其构成的灾害体的稳定性分析具有重要的意义。

随着材料力学的不断发展，研究者越来越注意到材料内部结构对其宏观力学性能的影响。计算机随机模拟技术是伴随着计算机技术及相应理论的飞速发展而逐步兴起的一门边缘科学，已被广泛应用于各行各业[209-212]，同时也为岩土体细观结构随机模拟技术提供了强大的技术支持。基于计算机随机模拟技术的材料细观结构模型的建立，为探索材料的细观结构力学特征对其宏观力学性能及其变形破坏机理提供了一种新的方法和技术。目前在岩土材料研究领域，基于细观结构的材料力学性能研究已得到很好的应用。例如，在混凝土的二维[213-217]及三维[218-221]细观结构随机模拟、变形破坏及其对宏观强度的影响等方面的研究取得了可喜的成果。

基于计算机随机模拟技术的细观结构模型建立是土石混合体结构力学研究的重要方面，它与前述的基于重建模型的研究具有同等重要的意义。这种随机结构模型从宏观上反映了土石混合体的细观结构特征，基于此可以根据研究的需要生成相应的几何结构模型，进而开展一系列的细观结构及力学特性研究，从理论上探索土石混合体的细观结构力学及损伤破坏机理以指导工程实践，从而为土石混合体的细观结构力学研究及系统构建数字土石混合体理论方法体系提供支撑。本章将详细阐述土石混合体二维/三维随机细观结构模拟算法及软件平台，并与基于数字图像的土石混合体二维/三维细观结构重建系统构成了"数字土石混合体"的基础。

10.2　土石混合体随机结构模型生成的关键问题

10.2.1　随机数

如前文所述，在利用蒙特卡罗法进行随机模拟时，一个重要的步骤就是生成随机数。在进行土石混合体的随机结构生成过程中，要利用随机数来产生颗粒的空间位置、颗粒的空间方位（或"产状"）及粒度组成等细观结构特征。

就生成随机数而言，最基本的随机变量是一组在 $[0,1]$ 区间上均有分布的随机变量，如果令随机变量 X 的概率密度为

$$f(x)=\begin{cases}1 & x\in[0,1]\\0 & x\notin[0,1]\end{cases} \tag{10.1}$$

相应的分布函数为

$$F(x)=\begin{cases}0 & x<0\\x & x\in[0,1]\\1 & x\geqslant1\end{cases} \tag{10.2}$$

则称 X 为 $[0,1]$ 区间上均匀分布的随机变量，在计算机上可以产生随机变量 X 的抽样序列 $\{x_n\}$，通常称 x_n 为区间 $[0,1]$ 上均匀分布的随机变量 X 的随机数。

在 $[0,1]$ 区间上均匀分布的随机变量是最基本的随机变量，其他分布形式（如正态分布、指数分布等）的随机变量均可以利用其通过一定的数学变换得到。同样，满足其他分布形式的随机变量的随机数也可由在 $[0,1]$ 区间上均匀分布的随机变量的随机数进行相应的变换得到。

在计算机上产生随机数的方法主要有三种形式：随机法、物理法及数学法。其中，随机法和物理法由于存在局限性，已经逐渐被淘汰，目前应用最广泛的方法为数学法。用数学法产生随机数是指按照一定的计算方法产生一数列，使得它们具有类似于均匀随机变量对立抽样值序列的性质。由于这些数通过某种确定性的算法产生，因此在该数列达到一定长度时，会出现退化为 0 或周期现象。但如果计算方法选择恰当，使其产生的随机数的周期足够长，它们便可近似于相互独立和近似于均匀分布，即它们能够通过数理统计中的独立性检验和均匀分布检验，可以作为随机数所用，这种用数学方法产生的随机数称为伪随机数（pseudo‐random number）。用数学方法产生的伪随机数的特点是计算速度快，占用内存小，而且较容易通过编程来实现，对所模拟的问题可以进行复查，又具有较好的概率统计性质。

一般来说，伪随机数要借助于递推公式：

$$x_n=f(x_{n-1},x_{n-1},\cdots,x_{n-k}) \tag{10.3}$$

用数学法产生均匀分布的随机数的方法也有多种，主要有同余法、迭代取中法、移位法等。本书仅介绍常用的同余法，其递推公式为

$$\begin{cases} X_{n+1} = \lambda X_n \pmod{M} \\ x_n = X_n M^{-1} \end{cases} \tag{10.4}$$

式中：第一式为以 M 为模数的同余式，即以 λX_n 除以 M 后得到的余数计为 X_{n+1}，其中，λ、M 为正整数。

例如，当取 $M = 2^s$ 时，若取 $s = 2$，$X_0 = 1$，$\lambda = 5^{13}$ 时，可以得到满足随机性检验的伪随机数序列。

此外，各计算机程序语言中均自带了相应的均匀分布随机数函数，用户可以直接调用产生相应的随机数，并由此产生其他分布形式的随机数。

10.2.2　块石粒度分布

由第 3 章可知，土石混合体内部块石的粒度分布在双对数坐标上表现出良好的线性相关性，这也为本章随机生成土石混合体的内部块石粒组提供了依据。因此，在通过现场、室内筛分或数字图像处理等对土石混合体含石量统计分析的基础上，建立土石混合体粒度分维特征，从而进一步建立所要研究的土石混合体内部块石粒度分布函数，为生成土石混合体细观结构模型提供依据。

根据土石混合内部块石的粒度分维特征及土/石阈值，从双对数坐标上可以得出块石的最大粒径 $d_{\max}$：

$$d_{\max} = d_{\mathrm{S/RT}} \left(\frac{100}{100 - R_{\mathrm{p}}} \right)^{\frac{1}{3 - Dim_{\mathrm{r}}}} \tag{10.5}$$

式中：Dim_{r} 为块石粒度分布维数；R_{p} 为含石量，%，$R_{\mathrm{p}} = 100 - P(d_{\mathrm{S/RT}})$；$P(d_{\mathrm{S/RT}})$ 为粒径小于 $d_{\mathrm{S/RT}}$ 的质量百分含量，%；$d_{\mathrm{S/RT}}$ 为土/石阈值。

根据土/石阈值（$d_{\mathrm{S/RT}}$）及所求得的最大粒径（$d_{\max}$）进行粒组划分。规定在各粒组区间内，取其上限作为该粒组的粒径，并且粒组按粒径由大到小的顺序排列，即第一个粒组的粒径 $d_{\mathrm{r}}(1) = d_{\max}$。则第 i 个粒组块石含量占总试样的百分数为

$$\Delta R_{\mathrm{p}}(i) = 100 \times \left[\left(\frac{d_{\mathrm{r}}(1)}{d_{\mathrm{r}}(i)} \right)^{-(3 - Dim_{\mathrm{r}})} - \left(\frac{d_{\mathrm{r}}(1)}{d(i+1)} \right)^{-(3 - Dim_{\mathrm{r}})} \right] \tag{10.6}$$

式中：$d_{\mathrm{r}}(i)$ 为块石第 i 组粒径上限，$d_{\mathrm{r}}(i) > d_{\mathrm{r}}(i+1)$；$\Delta R_{\mathrm{p}}(i)$ 为第 i 个粒组块石含量占总试样的百分数；其他符合同前。

10.2.3　块石空间方位

当单个块体形态及空间方位确定后，需要确定块体在试样中的位置。该部分主要包括以下两个部分：

（1）块体质心的位置确定：由于土石混合体内部块石质心坐标具有很大的随机性，很难用相应的数学函数来表达，为了简化起见，本书假定其在投放空间内呈随机均匀分布。

（2）块体产状，即块体的主轴倾向及倾角。由第 3 章土石混合体内部块石在总体上具有明显的定向性分布规律，因此本书将通过指定块石的主轴在某一角度范围内呈现随机正态分布或均匀分布两种方法来实现块体的产状设定。

10.3　土石混合体二维细观结构随机生成算法（凸多边形块体）

10.3.1　单个块体随机生成

单个凸多边形块体的随机生成是基于随机模拟技术的土石混合体二维细观结构模型的第一步。

首先随机生成以块体粒径为直径的圆的内接三角形（图 10.1），任意形状的凸多边形颗粒均由该三角形进行延拓获得，因此该内接三角形又可称为基块体。基块体决定了要生成的凸多边形块体的粒径及几何形态。为了便于内接三角形的进一步延拓，控制生成的三角形各内角小于 120°。

1. 凸多边形随机延拓算法

通过基块体随机延拓生成凸多边形的基本原则是：遍历多边形各条边判断其是否大于某限定边长 $L_{\min}$，如果大于该值则在以该边为直径的圆内进行延拓生成新的顶点（图 10.2）。$L_{\min}$ 的计算公式为

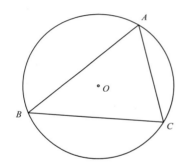
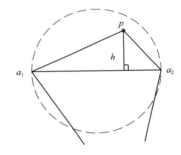

图 10.1　随机生成圆的内接三角形（基块体）　　图 10.2　由边 a_1a_2 延拓生成新的节点

$$L_{\min}=\xi R \tag{10.7}$$

式中：ξ 为人为指定系数（一般取 0.2～0.8）；R 为基块体半径。

如图 10.2 所示，若节点 a_1、a_2 的坐标分别为 (x_1, y_1)、(x_2, y_2)，则新生成的节点 p 的坐标 (x, y) 为

$$x=0.5(x_1+x_2)+0.5\times a_1a_2\times ran_1\times\cos(360\times ran_2) \tag{10.8}$$

$$y=0.5(y_1+y_2)+0.5\times a_1a_2\times ran_1\times\sin(360\times ran_2) \tag{10.9}$$

式中：ran_1、ran_2 为 [0，1] 区间上的随机数。

为了保证新生成的节点 p 位于凸多边形域的外部，需满足：

$$S=\frac{1}{2}\begin{bmatrix} x & y & 1 \\ x_1 & y_1 & 1 \\ x_2 & y_2 & 1 \end{bmatrix}>0 \tag{10.10}$$

为了使生成的凸多面体能尽量模拟实际块体形态，对新生成的节点 p 除满足上述条

件外，还需限定 p 点到直线 a_1a_2 的距离 h 大于某限定值 $H_{\min}$：

$$H_{\min}=\xi_1\frac{h}{2} \tag{10.11}$$

式中：ξ_1 为人为指定系数（一般取 $0.3\sim0.8$）。

2. 多边形"凸性"限定条件

在凸边形的随机生成过程中，如何保证其"凸性"是关键的控制因素。因此需给出相应的多边形"凸性"限制条件。

如图 10.3 所示，要保证按上述限定条件生成新的顶点 p 后多边形仍然保持"凸性"，则需满足按式（10.10）计算得到的 $\triangle pa_{i-1}a_i$、$\triangle pa_{i+1}a_{i+2}$ 的面积 S_{i-1}、S_{i+1} 分别满足：$S_{i-1}>0$、$S_{i+1}>0$。

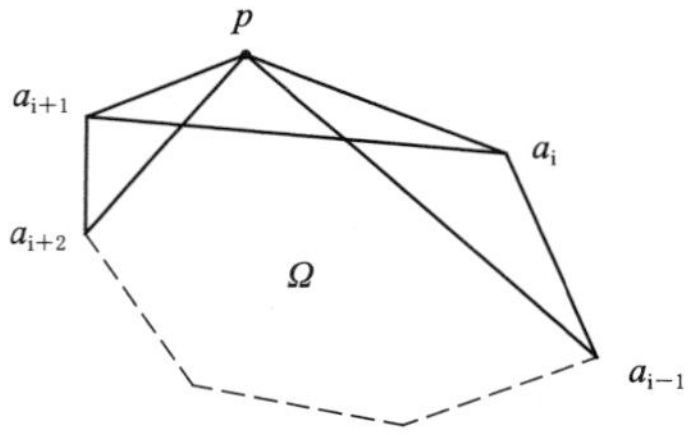

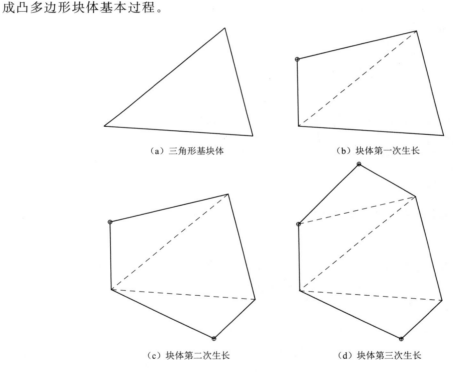

图 10.3　多面体"凸性"
限制示意图

根据上述凸多边形块体随机生成算法，图 10.4 展示了由三角形基块体经随机延拓形成凸多边形块体基本过程。

（a）三角形基块体　　　　　　　（b）块体第一次生长

（c）块体第二次生长　　　　　　（d）块体第三次生长

图 10.4　随机凸多边形块体生长过程示意图

10.3.2　凸多边形块体相交性判定

在采用计算机生成土石混合体的随机细观结构模型时，一个重要的步骤就是判定生成的各块体间是否相交。若新生成的块体侵入已生成的块体，则此块体投放失败将进入下一次投放。常用的凸多边形侵入判断准则有面积判别准则与夹角之和判别准则。

1. 面积判别准则

如图 10.5 所示，对任意凸多边形域 $\boldsymbol{\Omega}$，$p(x, y, z)$ 为其内部一点，多边形顶点 a_i 的坐标为 (x_i, y_i, z_i)，按逆时针顺序对多边形顶点编号。$\triangle p a_i a_{i+1}$ 的面积 S_i 可按式（10-10）计算获得。根据几何知识有：

$$\begin{cases} p \in \Omega, & S_i > 0 \quad (i = 0, 1, \cdots, n) \\ p \text{ 在边界 } \Omega \text{ 上}, & \text{至少有一个 } S_i = 0 \\ p \notin \Omega, & \text{至少有一个 } S_i < 0. \end{cases}$$

（10.12）

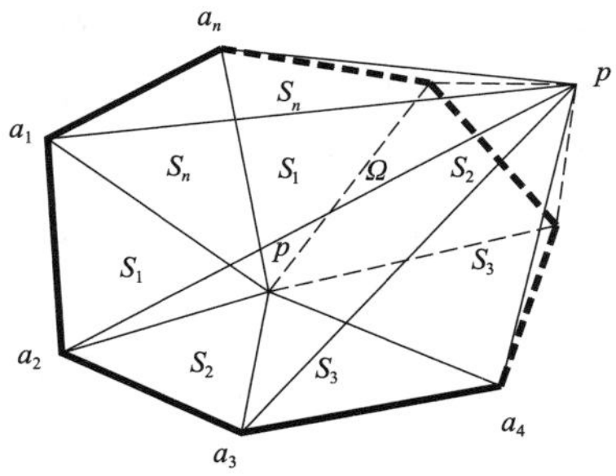

图 10.5 p 点与凸多边形域 $\boldsymbol{\Omega}$ 相对位置判定示意图

当 p 点在凸多边形内部或边界上时，凸多边形域 $\boldsymbol{\Omega}$ 的面积可表示为 $S = S_1 + S_2 + S_3 + \cdots + S_n$；当 p 点在凸多边形外部时，p 点与凸多边形各顶点围成的区域面积 $S' = |S'_1| + |S'_2| + |S'_3| + \cdots + |S'_n|$，由此可证明凸多边形的面积也可表示为 $S = S'_1 + S'_2 + S'_3 + \cdots + S'_n$；从几何关系可知，当 p 点在凸多边形外部时有 $S' > S$。

故判断坐标点在凸多边形外部的条件可表示为

$$|S_1| + |S_2| + |S_3| + \cdots + |S_n| > S_1 + S_2 + S_3 + \cdots + S_n \tag{10.13}$$

2. 夹角之和判别准则

如图 10.5 所示，p 点与构成凸多边形域 $\boldsymbol{\Omega}$ 的各顶点 a_1，a_2，$\cdots$，a_n（按逆时针排序）连线的夹角 $\angle a_1 p a_2$，$\angle a_2 p a_3$，$\cdots$，$\angle a_{n-1} p a_n$，$\angle a_n p a_1$，分别用 θ_1，θ_2，$\cdots$，θ_{n-1}，θ_n 表示其角度值。θ_i 大小可通过余弦定理求得，对于 θ_i 的正负号判定方法为

$$\begin{cases} W_i < 0, \theta_i \text{ 取负} \\ W_i > 0, \theta_i \text{ 取正} \end{cases} \tag{10.14}$$

其中，$W_i = (x_i - x_p)(y_{i+1} - y_p) - (y_i - y_p)(x_{i+1} - x_p)$。则根据几何知识可得判断 p 点与凸多边形关系的条件为

$$\begin{cases} p \in \Omega, & \sum_{i=1}^{n} \theta_i = 360° \\ p \notin \Omega, & \sum_{i=1}^{n} \theta_i = 0 \end{cases} \tag{10.15}$$

3. 块体相交的特殊情况

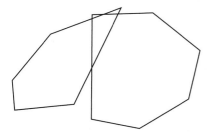

图 10.6 块体相交特殊情况

两凸多边形块体相交的情况除了上述多边形顶点侵入另一多边形域内外，还会出现如图 10.6 所示的特殊情况，为此必须对多边形的边进行检查。通过判断构成一凸多边形的各条边与另一凸多边形各条边是否相交进行判断。

两线段是否相交可通过快速排斥试验和跨立试验进行判断。

（1）快速排斥试验。设以线段 $a_1 a_2$ 为对角线的

矩形为 A，设以线段 $b_1 b_2$ 为对角线的矩形为 B，如果 A 和 B 不相交，显然两线段也不会相交（表 10.1）。可以通过判断两线段的坐标范围来判断矩形 A 和 B 是否相交。如果两矩形相交，即通过快速排斥试验则进入跨立试验判定。

（2）跨立试验。如果两线段相交，则两线段必然相互跨立对方。若线段 $a_1 a_2$ 跨立线段 $b_1 b_2$，则矢量 $\overrightarrow{a_1 b_1}$ 和 $\overrightarrow{a_2 b_1}$ 位于矢量 $\overrightarrow{b_2 b_1}$ 的两侧，即 $\overrightarrow{a_1 b_1} \times \overrightarrow{b_2 b_1} \cdot \overrightarrow{b_2 b_1} \times \overrightarrow{a_2 b_1} > 0$。当 $\overrightarrow{a_1 b_1} \times \overrightarrow{b_2 b_1} = 0$ 时，说明 $\overrightarrow{a_1 b_1}$ 和 $\overrightarrow{b_2 b_1}$ 共线，但是因为已经通过快速排斥试验，所以 a_1 一定在线段 $b_1 b_2$ 上；同理，$\overrightarrow{b_2 b_1} \times \overrightarrow{a_2 b_1} = 0$ 说明 a_2 一定在线段 $b_1 b_2$ 上。

所以判断线段 $a_1 a_2$ 跨立线段 $b_1 b_2$ 的依据是：$\overrightarrow{a_1 b_1} \times \overrightarrow{b_2 b_1} \cdot \overrightarrow{b_2 b_1} \times \overrightarrow{a_2 b_1} \geqslant 0$。同理判断线段 $b_1 b_2$ 跨立线段 $a_1 a_2$ 的依据是：$\overrightarrow{b_1 a_1} \times \overrightarrow{a_2 a_1} \cdot \overrightarrow{a_2 a_1} \times \overrightarrow{b_2 a_1} \geqslant 0$。具体情况见表 10.1。

表 10.1　　　　　　　　　　　　**两线段相交性判断示意图**

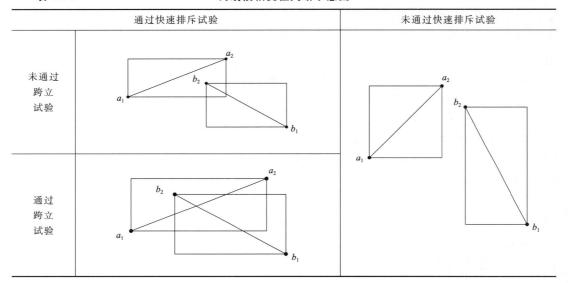

	通过快速排斥试验	未通过快速排斥试验
未通过跨立试验		
通过跨立试验		

10.3.3　块体间距限制及界面层生成

在生成土石混合体细观结构时，可能会有某些特殊的约束限定条件，如块体间距限制及块体与周围土体间的界面层等。本节将对块体间距限制及界面层生成的具体实现算法进行详细介绍。

1. 块体间距限制

相邻两凸多面体间距可采用如图 10.7 所示的计算方法，p 为凸多面体 $\boldsymbol{\Omega}$ 的顶点，O 为另一相邻凸多面体 $\boldsymbol{\Omega}'$ 的重心，连接 p、O 两点的线段与凸多面体 $\boldsymbol{\Omega}'$ 的边的交点为 P'，若线段 pp' 的长度大于某人为设定限定值则满足投放条件。

2. 块体界面层生成

为考虑土石混合体内部块石与周围土体间的胶结程度（即土-石界面问题），除了在计算过程中采用接触单元进行控制外，还可以根据实际情况生成相应的界面层。

为了便于生成，假定块体周围的界面层以等厚度包围在块体的周围。将构成凸多面体的各顶点沿多面体重心的方向收缩相应尺度（其值等于界面层厚度），并依次连接新顶点生成新的边界，则新、老边界之间的部分即构成了块体的界面层（图 10.8）。

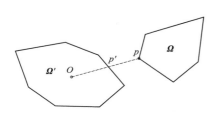 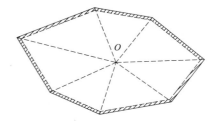

图 10.7　块体间距计算示意图　　　　　　图 10.8　块体界面层生成示意图

（阴影部分为界面层）

10.4　土石混合体二维细观结构随机生成算法（椭圆形块体）

椭圆（或椭球）作为细观结构力学试验研究中常用的一种几何形态[222-228]，它不但可以很好地模拟自然界中存在的颗粒单体，而且椭圆（或椭球）颗粒组成的集合体也可以很好地表征粒状材料的细观结构特征[14]。

众所周知，椭圆几何方程为高阶二次方程，在进行不同椭圆块体间相交性检测时难度较大而且检测速度也较慢。为了克服这一难点，许多研究者分别提出了不同的检测算法[223-227]。其中 Wang[226] 提出的将椭圆形态简化为四段圆弧来处理，从而将不同椭圆间的相交性检测转化为构成椭圆的相应圆弧间的相交性检测，大大降低了处理的难度。

10.4.1　单个随机块体生成

Wang[226] 将椭圆简化为四段圆弧（图 10.9），即弧 KBI、弧 IDH、弧 HAJ 和弧 JCK，其圆心分别为 M、F、L、G。椭圆的长轴为 $2a$，短轴为 $2b$，则有：

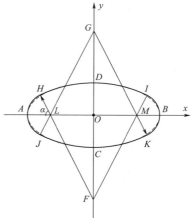

$$\overline{CO}=\overline{DO}=b \tag{10.16}$$

$$\overline{AO}=\overline{BO}=a \tag{10.17}$$

$$\overline{OF}=\overline{OG}=\frac{(a^2-b^2)c+(a^2+b^2)d}{2bc} \tag{10.18}$$

$$\overline{OL}=\overline{OM}=\frac{(a^2-b^2)c+(a^2+b^2)d}{2ac} \tag{10.19}$$

$$\overline{FI}=\overline{FH}=\overline{FD}=\overline{GK}=\overline{GJ}=\overline{GC}=\overline{OF}+b \tag{10.20}$$

$$\overline{MB}=\overline{MI}=\overline{MK}=\overline{LA}=\overline{LH}=\overline{LJ}=a-\overline{OL} \tag{10.21}$$

$$\alpha=\tan^{-1}\left(\frac{\overline{OF}}{\overline{OM}}\right)=\tan^{-1}\left(\frac{a}{b}\right) \tag{10.22}$$

图 10.9　椭圆简化示意图

（图中虚线为所代表的椭圆）

$$c=\sqrt{a^2+b^2}, \quad d=a-b \tag{10.23}$$

　　基于上述简化算法，图 10.10 展示了不同长短轴比情况下简化后的椭圆与原始椭圆的对比示意图。由图可以看出，简化前后的椭圆较为接近，而且长短轴比越小其近似程度越高。

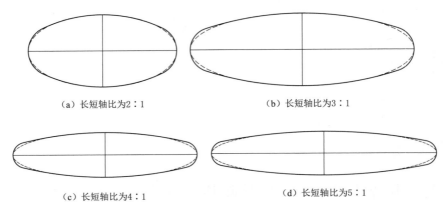

(a) 长短轴比为 2∶1　　　　　　　　　　(b) 长短轴比为 3∶1

(c) 长短轴比为 4∶1　　　　　　　　　　(d) 长短轴比为 5∶1

图 10.10　不同长短轴比情况下的椭圆简化对比（虚线为代表的椭圆）

10.4.2　块体相交性判定

　　根据上述简化算法，由图 10.9 构成的椭圆间的接触关系可以分为三类，即将相邻椭圆间的相交性判定问题转化为构成相邻椭圆的四段圆弧间的相交性判定（图 10.11）。而圆弧的接触判定可以通过圆弧和圆心间的距离与两弧段相应半径间的关系来判断，从而使椭圆间的接触判定很容易通过程序来实现。

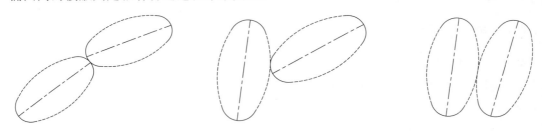

(a) Ⅰ类接触，两实线弧段接触　　　(b) Ⅱ类接触，实线弧段与虚线弧段接触　　　(c) Ⅲ类接触，两虚线弧段接触

（图中实线弧段表示图 10.9 中的弧 *KBI* 和弧 *HAJ*，虚线弧段表示图 10.9 中的弧 *IDH*、弧 *JFK*）

图 10.11　不同块体间的相交类型

10.4.3　块体与试样边界的相交性判定

　　块体与边界的接触类型可分为如图 10.12 所示的两类：①Ⅰ类接触，中间较大的两圆弧（图中虚线弧段）与边界的接触；②Ⅱ类接触，两端较小的两弧段（图中实线弧段）与边界的接触。

　　（1）对于Ⅰ类接触，如图 10.12（a）所示，当满足该类接触时椭圆质心到边界的距离将满足：

$$\overline{OM} = b + \frac{(a^2 - b^2)c + (a^2 + b^2)d}{2bc}(1 - \sin\theta) \tag{10.24}$$

式中：θ 为边界内法线与椭圆块体主轴方向的夹角。

因此，所投放的椭圆块体的质心到边界的距离应大于 $\overline{OM}$。

（2）对于 II 类接触，如图 10.12（b）所示，应满足所投放椭圆块体的实线圆弧段圆心到边界的距离大于其相应的半径。

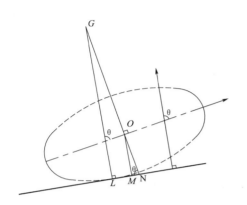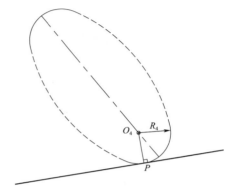

（a）I 类接触，虚线弧段与边界接触　　　　　（b）II 类接触，实线弧段与边界接触

图 10.12　块体与边界的接触类型

10.5　土石混合体三维细观结构随机生成算法（随机凸多面体）

10.5.1　单个块体随机生成

为生成不规则的块石，将块石生成算法简化为由简单的基颗粒（如六面体等）按照一定的规则随机生长而成。

1. 随机六面体基颗粒

将骨料随机粒径作为随机球体半径，通过该随机球体生成相应的四面体或六面体。具体方法为：在过随机球体球心的大圆上，随机生成一正三角形（ABC），然后分别在大圆两侧的球面上各随机生成一点（D、E），组成一个外表面为三角形的六面体，如图 10.13 所示。为了使生成的六面体各个面的大小适中，以便于基颗粒的进一步延拓，控制 D、E 两点到三角形 ABC 形成的面的距离大于随机球体半径的 20%，且保证生成的六面体为凸体。

2. 三维块体随机延拓算法

三维块体随机生成原则：首先遍历多面体的每个三角形表面，判断其是否大于某一限定面积 $S_{\min}$，如

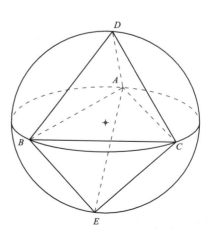

图 10.13　随机生成球的内接六面体

果大于该值则对该面进行延拓。限定面积 $S_{\min}$ 设为

$$S_{\min} = \xi \frac{3\sqrt{3}R^2}{4} \tag{10.25}$$

式中：R 为生成基颗粒时的随机球半径（即块体粒径）；ξ 为人为指定系数。

对于由空间三点 a_1、a_2 及 a_3 ［坐标分别为 $(x_1,\ y_1,\ z_1)$、$(x_2,\ y_2,\ z_2)$ 及 $(x_3,\ y_3,\ z_3)$］ 构成的三角形的面积（图 10.14），根据海伦公式有：

$$\Delta = \sqrt{s(s-d_1)(s-d_2)(s-d_3)} \tag{10.26}$$

其中 d_1、d_2 及 d_3 分别为空间三角形三条边的长度：

$$d_1 = \sqrt{(x_1-x_2)^2+(y_1-y_2)^2+(z_1-z_2)^2}$$
$$d_2 = \sqrt{(x_1-x_3)^2+(y_1-y_3)^2+(z_1-z_3)^2}$$
$$d_3 = \sqrt{(x_2-x_3)^2+(y_2-y_3)^2+(z_2-z_3)^2}$$
$$s = (d_1+d_2+d_3)/2$$

通过上述计算，对于选定的延拓面，计算该面的重心 O，并以该重心点为球心，将重心到该面顶点的最大值 $L_{\max}$ 为半径作球生成多面体的新顶点 p，其坐标为

$$x_p = (x_1+x_2+x_3)/3 + L_{\max}ran_1\cos(ran_2 360)\sin(ran_3 180) \tag{10.27}$$
$$y_p = (y_1+y_2+y_3)/3 + L_{\max}ran_1\sin(ran_2 360)\sin(ran_3 180) \tag{10.28}$$
$$z_p = (z_1+z_2+z_3)/3 + L_{\max}ran_1\cos(ran_3 180) \tag{10.29}$$

式中：$(x_p,\ y_p,\ z_p)$ 为 p 点的坐标；ran_1、ran_2 及 ran_3 分别为 0 到 1 之间的随机数。

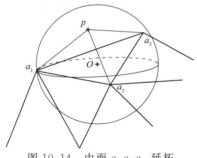

图 10.14　由面 $a_1a_2a_3$ 延拓
新生成的点 p

此外，上述随机得到的点 p 是否满足三维块体生成要求，还需要作以下判断：

（1）p 点是否在已生成的三维块体外部，即点 p 是否侵入空间凸多面体内部。

（2）p 点是否保证新生成的多面体仍然为凸多面体，即空间多面体的"凸性"判定。

如果满足上述两条件，则 p 点为块体的一个新延拓点，依次生成相应的三角面，并对构成各三角面的顶点按右手螺旋定则排序且法向指向块体外侧。

如图 10.14 所示，由空间几何知识可得空间四面体 $pa_1a_2a_3$ 的体积为

$$V = \frac{1}{6}\begin{vmatrix} x & y & z & 1 \\ x_1 & y_1 & z_1 & 1 \\ x_2 & y_2 & z_2 & 1 \\ x_3 & y_3 & z_3 & 1 \end{vmatrix} \tag{10.30}$$

当 p 点在凸多面体内部时，则由上式计算得到的四面体的体积小于 0，若在外部则四面体的体积大于 0。因此，p 点是否侵入空间凸多面体（Ω）的判断准则为

$$\begin{cases} p \notin \Omega, & V > 0 \\ p \text{ 在 } \Omega \text{ 边界}, & V = 0 \\ p \in \Omega, & V < 0 \end{cases} \tag{10.31}$$

3. 空间多面体"凸性"判断

在随机生成空间多面体的过程中，保持多面体的"凸性"特征是控制生成合理形态的关键因素。为此必须对每一步延拓生成的新多面体进行相应的"凸性"判断。

根据构成多面体的各个三角面的顶点排列顺序，如果由面 $a_1a_2a_3$ 延拓后新生成的多面体仍然为凸多面体，则需要满足式（10.30）计算得到的新延拓点 p 与延展面以外的所有三角形边界面组成的体积都应小于 0（各面节点顺序按右手螺旋定则排序且法向指向块体外侧）。

根据上述单个凸型多面体的生成算法，图 10.15 展示了凸性六面体基颗粒经过随机延拓生成三维空间块体的基本过程。单个凸多面体随机生成算法代码（Matlab）见附录 B。

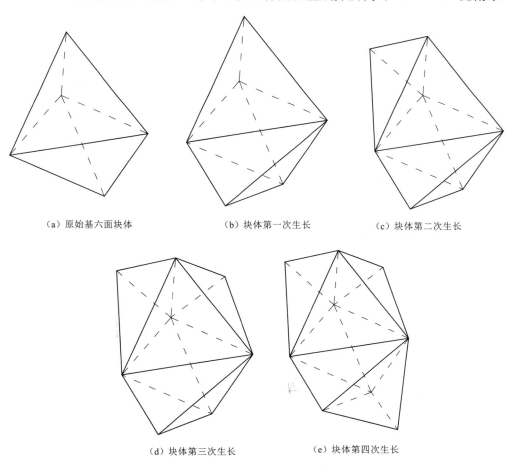

（a）原始基六面块体　　　　（b）块体第一次生长　　　　（c）块体第二次生长

（d）块体第三次生长　　　　（e）块体第四次生长

图 10.15　块体生长过程示意图

10.5.2　块体相交性判定

对于新生成的三维块体，在放入相应的投放空间时，需要判断其与邻界已经投放块体

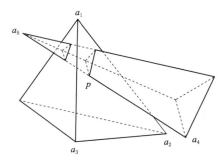

图 10.16　空间块体侵入的特殊情况

的接触侵入情况，防止出现如图 10.16 所示空间块体侵入的特殊情况，为此必须检测其边线与其他已投放凸体的各面单元是否相交。

已知空间三点 a_1、a_2 及 a_3 的坐标分别为（x_1，y_1，z_1）、（x_2，y_2，z_2）及（x_3，y_3，z_3），则该平面的一法向量 $\vec{n}$ 为

$$\vec{n}=\begin{vmatrix} i & j & k \\ x_1-x_2 & y_1-y_2 & z_1-z_2 \\ x_1-x_3 & y_1-y_3 & z_1-z_3 \end{vmatrix} \quad (10.32)$$

即，
$$\vec{n}=ai+bj+ck$$

其中：
$$a=(y_1-y_2)(z_1-z_3)-(y_1-y_3)(z_1-z_2)$$
$$b=(x_1-x_3)(z_1-z_2)-(x_1-x_2)(z_1-z_3)$$
$$c=(x_1-x_2)(y_1-y_3)-(x_1-x_3)(y_1-y_2)$$

式中：i，j，k 为单位向量。

根据空间几何学，过空间三点的平面方程为
$$a(x-x_1)+b(y-y_1)+c(z-z_1)=0 \quad (10.33)$$

此外，由空间解析几何可知过空间两点 a_4（x_4，y_4，z_4）及 a_5（x_5，y_5，z_5）的直线的参数方程为

$$\begin{cases} x=x_4+(x_5-x_4)t \\ y=y_4+(y_5-y_4)t \\ z=z_4+(z_5-z_4)t \end{cases} \quad (10.34)$$

将式（10.34）代入式（10.33）即可得到相应的参数 t，从而求出直线 $a_4 a_5$ 与空间平面 $a_1 a_2 a_3$ 交点 p 的坐标（图 10.16）。要判断 p 点是否在三角形 $a_1 a_2 a_3$ 内，则可通过以下准则进行判断：

$$\begin{cases} \sum S_p > S_\Omega ， & p \notin \Omega \\ \sum S_p = S_\Omega ， & p \in \Omega \text{ 或 } p \text{ 在 } \Omega \text{ 边界上} \end{cases}$$

式中：Ω 为 $a_1 a_2 a_3$ 围成的空间平面域；S_Ω 为空间三角形 $a_1 a_2 a_3$ 的面积［按式（10.26）计算］；$\sum S_p$ 为 p 点与空间三角形 $a_1 a_2 a_3$ 的各边构成的三角形面积之和。

10.6　土石混合体细观结构随机生成软件（随机块体）

10.6.1　细观随机生成软件

根据上述土石混合体细观结构随机生成算法，基于随机块体的土石混合体细观结构随机生成过程可分为以下几个步骤：

（1）步骤一：生成投放域边界。

（2）步骤二：按土石混合体内部块体粒度分布特征，计算最大粒级及各粒级的质量百分含量，并按粒级由大到小进行排列。

本部分粒组分布特征在软件实现过程中除了采用第 10.2.2 节所述的基于粒度分维特征计算方法外，还提供了相应的正态分布、对数正态分布、均匀分布等随机粒度分布产生方法，此外用户还可以直接通过输入指定的各粒组的质量百分含量的方法得到。

（3）步骤三：按要投放的粒级大小随机生成基块体（二维情况下其为三角形；三维情况下为六面体），并进行随机延拓生成相应的凸多面体（三维）或凸多边形（二维）块体。当生成块体为二维椭圆时，则根据其长短轴比特征生成相应的椭圆块体。

（4）步骤四：随机生成块体的产状信息，并对块体进行旋转。

（5）步骤五：在投放域内随机投放块体，并进行块体侵入性判定，如发生侵入继续投放直到超过某一限定次数 $N_{2\max}$，若循环次数小于 $N_{2\max}$ 则块体投放成功，进入步骤七。

（6）步骤六：如对某一块体的随机投放次数超过某一限定值，则执行步骤四、步骤五，直到超过某一限定次数 $N_{1\max}$，若循环次数小于 $N_{1\max}$ 则块体投放成功，进入步骤七。

（7）步骤七：判断是否达到该粒级的投放量，如未达到则继续该粒级的投放，否则进入下一粒级的投放，执行步骤二～步骤六，直到所有粒级投放完毕。

（8）步骤八：输出各块体的几何信息，并生成相应的 CAD 文件。

其具体的程序实现流程如图 10.17 所示。

在此基础上，本书分别研发了土石混合体二维和三维细观结构随机生成软件 R - SRM^{2D} 和 SRM^{3D}。

10.6.2 二维细观结构随机生成软件 R - SRM^{2D}

根据块石形态，土石混合体二维细观结构随机生成软件 R - SRM^{2D}（图 10.18）包含 SRM^{2D}- Polygen 和 SRM^{2D} - Ellipse 两个模块，分别用于二维多面体和二维椭球块体颗粒的土石混合体细观结构模拟。

图 10.19～图 10.23 分别展示了通过 R - SRM^{2D} 生成的具有不同块石形态、不同粒度组成等特征的土石混合体试样及其边坡的细观结构随机模型。

10.6.3 三维细观随机生成软件 R - SRM^{3D}

基于三维随机块体的土石混合体细观结构随机生成软件 R - SRM^{3D}，可以用于随机多面体及球体块石形态的土石混合体细观结构随机模拟。软件主要由主界面、参数输入、单个块体生成、块体投放、结果输出等功能模块组成。

（1）主界面。主界面（图 10.24）包括了标题栏、菜单栏、工具栏和可视化窗口等部分，是实现系统功能的主要交互界面，主要有输入参数、图形可视化、结果导出等功能。

（2）参数输入模块。参数输入是决定试样大小、单个块体的形状特征（粒径）、混合体级配组成和选择投放算法等特征的重要模块。参数可以分为以下三个部分：试样大小、粒组粒径及相应颗粒数或含石量、块体投放方法选择。生成混合体时，从第一个粒组的粒径作为单个块体控制参数，开始生成块体，每生成一个块体就会将已经生成的块体颗粒

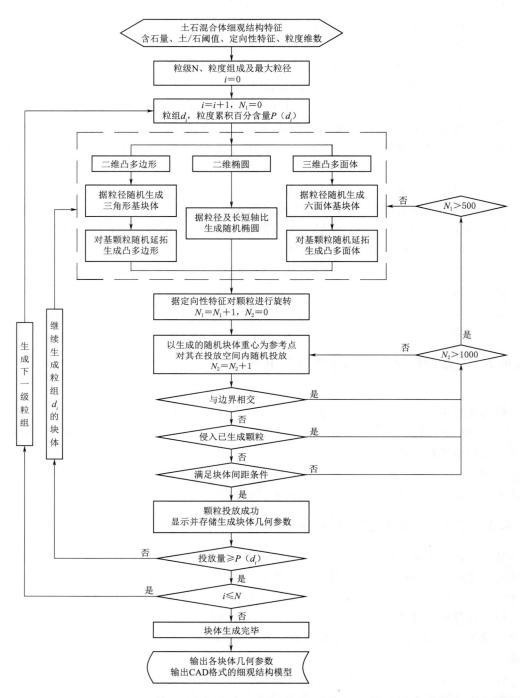

图 10.17　基于随机块体的土石混合体细观结构随机生成软件基本流程

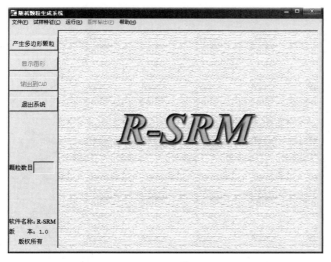

图 10.18　R－SRM^{2D} 系统主界面

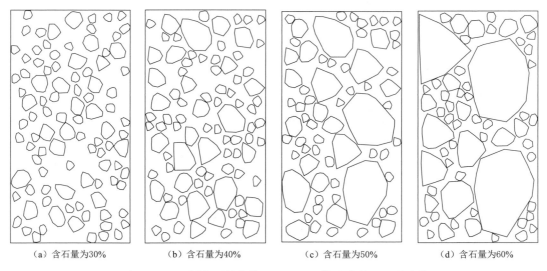

（a）含石量为30%　　（b）含石量为40%　　（c）含石量为50%　　（d）含石量为60%

图 10.19　不同含石量条件下 R－SRM^{2D} 生成的土石混合体
二维随机细观结构模型（试样尺寸为 1m×2m）

数（或者含石量）与输入的第一组设定的颗粒数（或含石量）进行比较，如果达到设定的颗粒数（或含石量），则开始以第二个粒组的粒径作为块体控制参数，生成块体。以此类推，直至最后一个粒组结束，则整个模型生成阶段结束。

参数输入模块有四种输入方式（图 10.25）：按颗粒数生成、按含石量生成、按正态分布生成和按粒度曲线生成。①按颗粒数生成，需要输入粒组的粒径及该粒组内相应的颗粒数；②按含石量生成，需要输入粒组的粒径及该粒组内相应的含石量；③按正态分布生成，需要输入最大粒径、最小粒径、平均粒径、粒径标准差和总含石量，这些数据会首先通过系统的预处理部分，转化为粒组和各粒组的含石量，其后的生成方法与"按含石量生成"的方法相同；④按粒度曲线生成，需要输入土/石分界阈值，即相当于块石最小的粒

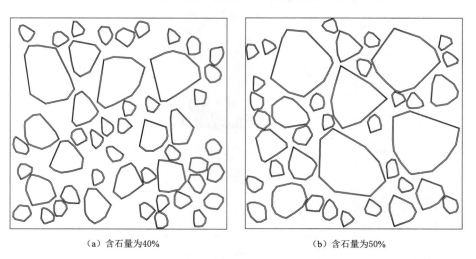

（a）含石量为40%　　　　　　　　　　（b）含石量为50%

图 10.20　带有界面层的土石混合体二维随机细观结构模型（界面层厚度为 0.005，试样尺寸为 1m×1m）

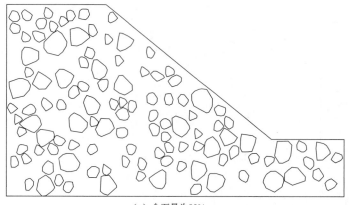

（a）含石量为30%

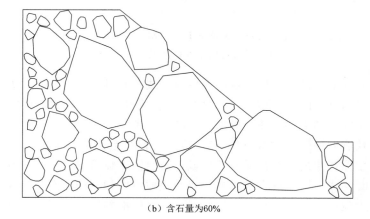

（b）含石量为60%

图 10.21　土石混合体边坡二维随机细观结构模型（坡高 70m，坡角 40°）

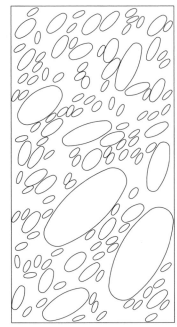

（a）试样一（含石量为40%，主轴倾角　　（b）试样二（含石量为40%，主轴倾角　　（c）试样三（含石量为60%，主轴倾角
　　为0°～30°，长短轴比为2∶1～3∶1）　　　为0°～30°，长短轴比为3∶1～4∶1）　　　为0°～90°，长短轴比为2∶1～3∶1）

图 10.22　不同含石量、主轴倾角、长短轴比条件下生成的土石混合体试样

（试样尺寸为 1m×2m，块体倾角及长短轴比均为在相应范围呈正态随机分布）

径，输入粒度分维数等参数，同正态分布生成一样，这些数据会被预处理，转化为"按含石量生成"的类型。

（3）单个块体生成模块。单个块体生成模块主要是实现单个三维随机凸多面体块体的生成，是系统中的核心部分，可生成随机凸多面块体或者球体。

（4）块体投放模块。块体投放模块（图 10.26）是将上一步生成的单个块体放入试样当中，使各个块体投放在试样内部，形成一个混合体，也是系统的核心部分。根据投放条件分为基球检测和侵入检测两种类型。

1）基球检测根据每个块体的基球进行相交关系判断，允许一定量的相互侵入，可以生成含石量较高的混合体试样。

2）侵入检测根据每个块体的面进行相交关系判断，不允许相互侵入，可生成的混合体试样的最高含石量略低于前者。

（5）结果输出模块。结果输出模块的作用是将生成的块体模型的图形和几何细观参数保存和导出，便于进行下一步的使用。几何细观参数包括了模型实际的含石量、各粒组的粒径、每个块体的面及顶点的坐标信息。根据这些信息，可以重建整个模型。模型的图形可以用 BMP 文件保存，而几何细观参数文件可以用 OUT 文件保存，并可用文本文件的方式打开。

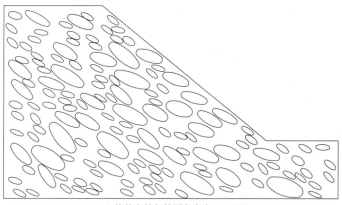

（a）块体主轴与坡面角度为0°～20°

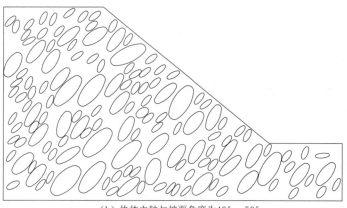

（b）块体主轴与坡面角度为40°～50°

图 10.23　含石量为 40%、长短轴比为 2∶1～3∶1 时生成的
土石混合体边坡模型（坡高：70m，坡度：40°）

下面以尺寸为 0.6m×0.6m×0.6m 的土石混合体试样模型为例，说明 R-SRM³ᴰ 软件的应用。表 10.2 列出了输入该系统的土石混合体参数（包括粒组粒径和指定含石量）以及实际生成的土石混合体参数（实际含量），如表中所列第 4 组工况，当输入参数不合理时（即某种粒径的含石量难以达到指定值），系统将自动进行调整，尽量满足总含石量的要求。

图 10.27 展示了 R-SRM³ᴰ 系统生成的土石混合体模型（编号对应表 10.2 中的组号）。

图 10.24　R-SRM³ᴰ 系统主界面

（a）按颗粒数生成

（b）按含石量生成

（c）按正态分布生成

（d）按粒度曲线生成

图 10.25　参数输入窗口

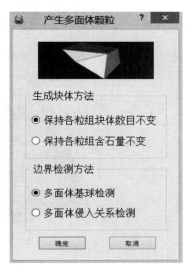

图 10.26　投放方式选项

表 10.2　　　　　　　　　　R-SRM³ᴰ 系统生成土石混合体模型案例

1			2			3			4		
球体			多面体								
粒组粒径/cm	指定含量/%	实际含量/%	粒组粒径/cm	指定含量/%	实际含量/%	粒组粒径/cm	指定含量/%	实际含量/%	粒组粒径/cm	指定含量/%	实际含量/%
20	7	7.8	20	7	7.90	26	10	11.1	34	15	18.0
16	5	4.2	16	5	4.48	22	15	7.9	26	15	2.8
10	5	4.8	10	5	4.82	16	10	7.3	22	4	5.5
6	3	1.1	6	3	2.81	12	5	9.9	16	10	9.3
总计	20	17.9	总计	20	20.01	8	3	6.9	12	5	5.6
						6	2	2.0	8	10	10.4
						总计	45	45.0	6	1	6.5
									总计	60	58.1

注　表中粒组粒径指颗粒基球直径。

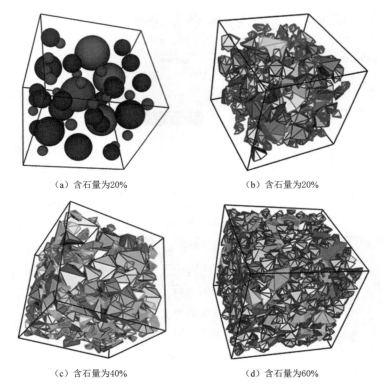

（a）含石量为20%　　　　　　　　　　（b）含石量为20%

（c）含石量为40%　　　　　　　　　　（d）含石量为60%

图 10.27　随机生成的不同含石量和块体形态的土石混合体模型

10.7　土石混合体三维细观结构随机生成（真实块石）

为更好地模拟土石混合体的细观结构特征，本节将阐述基于真实块石的细观结构生成方法，其基本思路为：根据选取块石的特征（块石大小、产地、成因等）从本书第 3 章建立的 MEGGS‑Particle^{3D} 数据库中随机抽取，然后按照一定的算法规则将其投放到一个限定的封闭空间，并使得块石之间不能相交。在此基础上，本书研发了基于真实块石的土石混合体三维细观随机生成系统——SRM^{3D}‑RealBlock。

10.7.1　模型生成参数

用户通过图 10.28 所示的界面输入块石的参数，一共包括含石量、块石级配曲线、块石旋转角度范围、产地、成因五个参数。其中，块石含石量的定义为 $V_石/V_模$，块石含石量是决定土石混合体中块石数量的关键性参数，也是影响土石混合体性质的关键性参数。块石的第 2 个参数是土石混合体中块石的级配曲线，该级配曲线通过块石各个粒径范围内的含石量来体现。如图 10.28 所示，可以输入块石各个粒组的上下阈值，以及该粒组块石体积占块石总体积的比例，如图 10.29 所示，一共输入了 [3.8，6.0]、[6.0，10.0]、[10.0，14.7] 三个粒组，其对应的含石量分别为 2.80%、8.41%、1.69%。为了方便起见，该参数输入允许用户任意添加数组行数，只需要点击"添加行"这个按钮，便可以在表格的最后增加一行，供用户输入。为了防止输入的粒组不符合实际情况，在输入时程序将自动检查各个粒组上下限值是否满足要求，以及各个粒组含石量总和是否等于总的含石量。如果这些条件不满足，该系统会将提示用户重新输入。块石的旋转角度，用于生成模型时在 x、y、z 三个方向上随机生成一个满足范围的角度进行旋转定位。而产地和成因这两个参数则是从数据库中拾取块石时所要满足的条件，以便于用户选用指定成因和产地的块石进行模型生成。

用户通过模型参数界面（图 10.29）设置所要生成的土石混合体模型信息，包括"几何形态"和"几何尺寸"。该建模系统一共允许用户输入三种模型，分别是长方体、圆柱体及外部导入任意形状的几何模型。如图 10.30 所示，本书选取了一个长方体模型，其长度、宽度和高度分别设置为 60、60 和 60。当然也可选择圆柱体模型，用户需要输入圆柱的高度和直径。为了增强建模系统的实用性，系统还允许用户通过导入 STL 文件格式任意封闭三维几何模型，用于模型生成。

图 10.28　块石参数输入界面

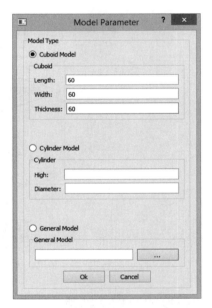

图 10.29　模型信息输入界面

通过以上步骤实现了块石信息和模型信息的输入，系统将基于这些参数进行模型的随机生成。

10.7.2　块石粒组及样本块石生成

生成模型的第一步是从 MEGGS-Particle^{3D} 数据库中拾取块石（图 10.30）。根据输入的块石产地和成因信息，从数据库中随机选取所有满足条件的块石；根据输入的模型几何参数，计算得到模型的总体积，然后按粒组条件范围依次选取满足条件的块石。

本书以 [3.8，6.0] 范围的粒组为例，阐明如何从数据库中选取满足要求的块石。首先，根据模型总体积和该粒组含石量，计算出对应粒组所需要的块石总体积 V_s。然后，从满足产地和成因条件的块石中选取 Length（长度）在［3.8，6.0］这个范围的块石，计算他们的总体积 V_r，如果 $V_r \geqslant V_s$，则说明数据库中该粒组范围的块石数量足够；如果 $V_r < V_s$，说明该粒组范围的块石数量不够，需要为该粒组增加块石。增加块石的具体方法如下：在［3.8，6.0］之间随机生成一个长度参数 L_s，并从满足产地和成因的块石中随机选取一个块石，计算其 Length（长度）值为 L_r，得到放大系数为 L_s/L_r；然后，用该放大系数对选取的块石进行尺寸放大，并将放大后的块石添加到粒组中，直到满足 $V_r \geqslant V_s$。待一个粒组块石选取完毕后，进入下一个粒组块石的选取，最后将各个粒组的块石三维信息保存到内存中，供模型生成时调用。

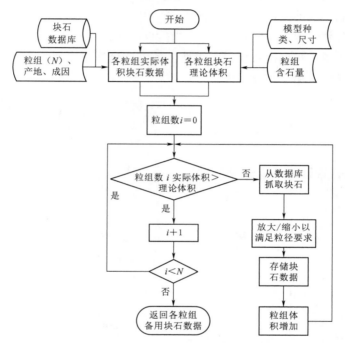

图 10.30　块石样本生成流程图

10.7.3　块石投放及相交判断

根据上述生成的各个粒组块石三维信息，将这些块石投放到所要生成的土石混合体试样模型中，生成土石混合体细观结构模型。图 10.31 展示了块石投放的流程。

本书以［10，14.7］范围的粒组为例进行阐述。首先，从［10，14.7］这个粒组的块石中随机选取一个，并在［0°，180°］随机生成三个旋转角度，将块石分别绕 x、y、z 这三轴旋转对应角度，计算经过旋转后的块石形心坐标。然后，在模型空间范围内随机生成一个点的坐标，将块石的形心平移到这个点，检查块石是否完全在模型空间内；若不在，则重新选点，确保投放的块石完全浸没在试样模型范围内；若在，则检查其是否与已投放的块石相交，如果相交，则需要再重新选取另外一个点并重新投放，直到新投放的块石与已投放的任意一个块石都不相交，则这个块石投放完毕，开始投放下一个块石。当所投放的块石总体积满足该粒组的含量时，则该粒组的块石投放完毕；进行到下一个粒组的

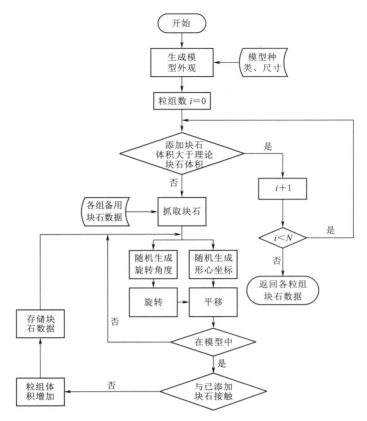

图 10.31 三维细观结构模型生成流程图

块石投放。当所有的粒组都投放完毕后，模型生成结束，输出模型。此外，为了有更高的投放效率，一般而言先投放粒径大的粒组，然后依次投放粒径小的粒组。

在块石投放过程中，关键的一步是判断块石之间是否相交（图 10.32）。为此，首先根据块体的三维几何模型计算各自的 Length（长度），并据此判断两个块石大小，将大的块石命名为 Stone1，小的块石命名为 Stone2。将两个块石的最小包围盒（图 4.12）分别命名为 obbTree1 和 obbTree2，在它们之间共有三种关系，即：obbTree1 包含 obbTree2、obbTree2 与 obbTree1 相交，以及 obbTree2 与 obbTree1 完全相离。对于 obbTree1 包含 obbTree2 的关系又分为三种情况：一是 Stone2 远小于 Stone1，Stone2 仍然可能和 Stone1 相离，此时的 Stone2 是在 obbTree1 的某个角部；二是 Stone2 和 Stone1 相交；三是 Stone2 完全包含于 Stone1。若 obbTree1 和 obbTree2 相交，那么 Stone1 和 Stone2 的关系仍然有三种情况：一是 Stone2 和 Stone1 相离，这种情况较少出现；二是 Stone2 和 Stone1 相交，这种情况是占绝大多数的；三是 Stone2 包含于 Stone1，这种情况极少出现。如果 obbTree1 和 obbTree2 相离，那么两个块石也一定是相离的。因此，利用 obbTree1 和 obbTree2 来判断块石是否相交，一共有如图 10.33 所示的 7 种情况。为了更加形象化地显示，本书列举了三个最常见的块石三维关系示意图，如图 10.34～图 10.36 所示。

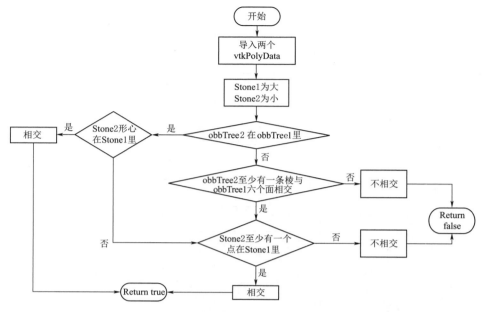

图 10.32　块石相交判断算法

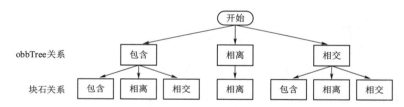

图 10.33　块石间的 7 种可能关系

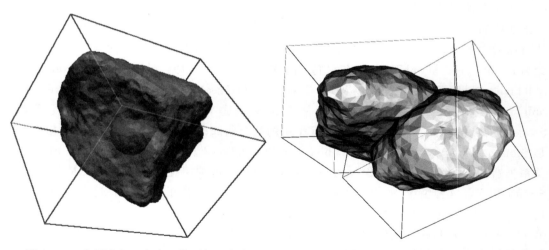

图 10.34　包围盒相互包含，块石相互包含　　　　图 10.35　包围盒部分相交，块石相交

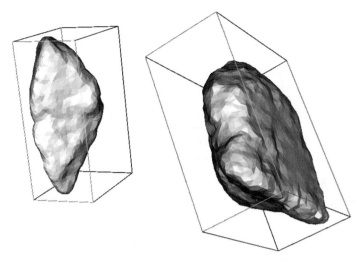

图 10.36 包围盒相互分离，块石相离

根据上述块石间的 7 种空间关系，块石相交判断的算法也就比较清晰了。先判断两个块石包围盒之间的关系，若二者相离，那么两个块石之间的关系为相离；若二者相交，则需进一步判断两个块石之间的关系，此时只需判断 Stone2 中是否有点在 Stone1 里面即可判断是否相交，若有则两个块石相交或者包含，否则相离；若 obbTree2 在 obbTree1 里面，也需进一步判断块石之间的相交关系，判断方法同包围盒相交的情况。

综合上述分析可知，判断包围盒 obbTree 的相交关系是进行块石相交判断的关键。判断块石包围盒 obbTree 的相交关系算法如图 10.37 所示。包围盒模型如图 10.38 所示。

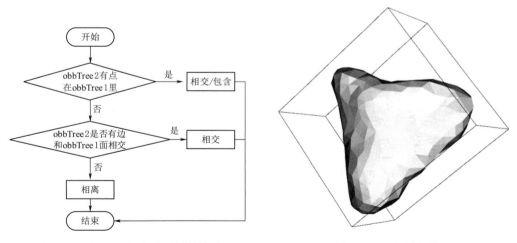

图 10.37 包围盒相交关系判断算法   图 10.38 包围盒模型

判断 obbTree2 是否有点在 obbTree1 内。假定 obbTree1 的两个相对的面 A 和 B 的方程为

$$A_A x + B_A y + C_A z = D_A \tag{10.35}$$

$$A_{\mathrm{B}}x + B_{\mathrm{B}}y + C_{\mathrm{B}}z = D_{\mathrm{B}} \tag{10.36}$$

若 obbTree2 的一个角点坐标为 $O(x_0, y_0, z_0)$，可得该点到 A、B 两个面的距离 d_1 和 d_2 为

$$d_1 = \frac{|A_{\mathrm{A}}x_0 + B_{\mathrm{A}}y_0 + C_{\mathrm{A}}z_0 - D_{\mathrm{A}}|}{\sqrt{A_{\mathrm{A}}^2 + B_{\mathrm{A}}^2 + C_{\mathrm{A}}^2}} \tag{10.37}$$

$$d_2 = \frac{|A_{\mathrm{B}}x_0 + B_{\mathrm{B}}y_0 + C_{\mathrm{B}}z_0 - D_{\mathrm{B}}|}{\sqrt{A_{\mathrm{B}}^2 + B_{\mathrm{B}}^2 + C_{\mathrm{B}}^2}} \tag{10.38}$$

如果 $|d_1 + d_2| > l$，则说明 O 点在包围盒之外；而如果 $|d_1 + d_2| = l$，则说明 O 点在包围盒之内。然后，判断 obbTree2 是否有边和 obbTree1 的面相交。假定 obbTree2 某条边所在的直线方程为

$$\frac{x - x_0}{X} = \frac{y - y_0}{Y} = \frac{z - z_0}{Z} \tag{10.39}$$

假定 obbTree1 某个面的方程为

$$Ax + By + Cz = D \tag{10.40}$$

联立方程（10.39）和方程（10.40），可得到直线和平面的交点坐标为 $P(x_p, y_p, z_p)$。接下来需要判断 P 点是否在 obbTree2 所选取的线段内及是否在 obbTree1 所选取的有限平面内。如图 10.39 所示，如果点 P 在线段 AB 内，则有 $\overrightarrow{AP} \cdot \overrightarrow{BP} \leqslant 0$；否则，有 $\overrightarrow{AP} \cdot \overrightarrow{BP} > 0$。如图 10.40 所示，判断点 P 是否在一个有限平面内：若对于 A、B、C、D 中任意一点，都有 $\overrightarrow{AP} \cdot \overrightarrow{AD} \geqslant 0$ 以及 $\overrightarrow{AP} \cdot \overrightarrow{AB} \geqslant 0$，则表面 A 在有限平面 $ABCD$ 内。

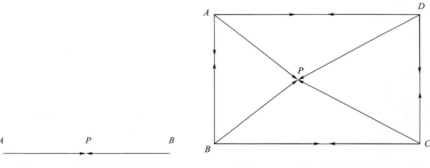

图 10.39　点与线段的关系　　　　　图 10.40　点与有限平面的关系

本书中，通过构成块石表面的三角面来描述一个块石的三维几何模型。假定 P 点为构成 Stone2 表面三角网的某个角点，构成 Stone1 的所有三角面共有 n 个（$\triangle_1$，$\triangle_2$，$\triangle_3$，$\cdots$，$\triangle_n$），它们与点 P 共构成 n 个三棱锥，其体积分别为 V_1，V_2，V_3，$\cdots$，V_n。至此，可以通过判断 $\sum\limits^{n} V_i$ 与 Stone1 体积 V 的大小关系来判定 P 点是否在 Stone2 内，即：若 $\sum\limits^{n} V_i > V$，则点 P 在 Stone1 外；若 $\sum\limits^{n} V_i = V$，则点 P 在 Stone1 内。因此，遍历构成 Stone2 的所有角点与 Stone1 的关系，即可判断两个块石是否相交。

因此，根据上述包围盒 obbTree 之间的相交关系以及点与块石空间关系判断算法，

可快速实现两个块石的相交判定。具体实现
时：首先判断其包围盒是否相交，进行初步
筛选；若包围盒相交，则进一步采用点与块
石空间关系算法判定两个块石是否相交。

10.7.4　模型可视化显示与输出

　　根据上述方法生成的土石混合体模型，
实质上是土石混合体内部的块石分布几何模
型。为了便于模型生成过程中的可视化查看
与分析，每成功投放一个块石，将其在三维
可视化窗口显示。图10.41显示了一个随机
生成的土石混合体内部块石分布模型。模型
生成后，一方面可以用细观结构的可视化分
析，另外可用于后续的数值试验研究中。为

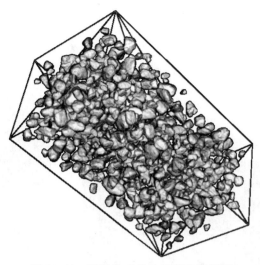

图10.41　随机生成的土石混合体模型

此，可通过 SRM^{3D} – RealBlock 将构成土石混合体试样的所有块石模型，以三角面表征的
STL 格式文件输出。

10.7.5　土石混合体模型的生成示例

　　为了验证 SRM^{3D} – RealBlock 在土石混合体细观结构模型生成方面的可靠性，本节将
对三种几何模型进行示例验证。

　　1. 长方体模型

　　在进行土石混合体数值试验时，有时需要用到长方体模型或正方体模型。图10.42展
示了尺寸为 60cm×60cm×60cm 的正方体形状的土石混合体试样。试样含石量为 20%，
块石数量为 160 块，块石粒组为 [10，15]、[15，20]、[20，25]，各粒组含量分别为
4%、6%、10%。每个块石的三维旋转角度为 0°～180°，所选取的块石来源于云南省糯扎
渡水电工程中掺砾料用的人工破碎花岗岩块石。

　　图10.43展示了尺寸为 60cm×60cm×120cm 的长方体形状的土石混合体试样。试样
含石量为 13%，块石数量为 786 块，块石粒组为 [3.8，6]、[6，10]、[10，14.7]，各
粒组含量分别为 1.8%、8.4%、2.8%。每个块石的三维旋转角度为 0°～180°，所选取的
块石来源于云南省糯扎渡水电工程中掺砾料用的人工破碎花岗岩块石。从图中可以看出，
所生成的模型块石填充整体结果良好。

　　2. 圆柱体模型

　　岩土体的三轴试验通常为圆柱体模型。图10.44为圆柱体模型，该模型的高为
120cm，地面圆直径为 60cm，总含石量为 20%，块石的总数量为 257 块，块石粒组为
[10，15]、[15，20]、[20，25]，各粒组含量分别为 4%、6%、10%。所选取的块石
来源于糯扎渡掺砾料。从显示的图形可以看出，该模型填充较为密实，填充效果比
较好。

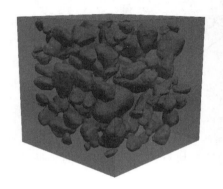

图 10.42　正方体模型的　　　　图 10.43　长方体模型的　　　　图 10.44　圆柱体模型
　　　土石混合体试样　　　　　　　　土石混合体试样

3. 任意形状模型

为了拓展 SRM^{3D} - RealBlock 软件的适用范围，模型的几何形态要满足普适性。如若要生成一个土石混合体边坡的三维结构模型，需要在一个真实的三维边坡内投放块石。图 10.45（a）展示了一个基于实际的边坡三维模型，边坡长度为 120cm、宽度为 90cm、最大高度约为 60cm。边坡地形较为复杂，计算时需考虑边坡内的块石。图 10.45（b）展示了仅考虑大块石的模型，粒度组成为 [6，10]、[10，14]、[14，18]，对应的含量分别为 3%、3%、4%，总含石量为 10%，所填充的块石数量为 376 块。从图中可以看出，边坡三维模型块石填充较为均匀。

（a）边坡三维模型　　　　　　　　　　　　（b）填充块石分布

图 10.45　实际三维土石混合体边坡模型

第 11 章

基于随机模型的土石混合体细观结构力学特性研究

11.1 概述

如果说基于真实结构模型的数值试验分析如同传统的原位试验一样考虑了岩土体的原始结构特征，那么基于随机结构模型的岩土体细观力学数值试验则对应于传统的基于重塑样的室内试验方法。

建立在宏观统计层次上的土石混合体细观结构随机模型及与之对应的细观结构力学数值试验研究，对于从不同角度研究土石混合体的力学性质及变形破坏机理具有重要的理论和应用价值。本章将利用第 10 章提出并开发的土石混合体随机结构模型生成系统，根据不同的试验工况需求生成相应的随机结构模型，对土石混合体的细观结构力学特征进行一系列的数值试验研究。

11.2 土石混合体细观破坏机制研究

为了研究块石对土石混合体细观结构力学的影响及其机理，本章首先对含有单个块体的土石混合体试样的破裂过程进行数值试验研究。试验选取的块体形态为椭圆形，其长短轴比为 2：1（长轴为 40cm，短轴为 20cm），试样尺寸为 70cm×120cm。试验分别考虑块体长轴与主压力轴成正交 [图 11.1（a）]、60°相交 [图 11.1（b）]、30°相交 [图 11.1（c）] 及平行 [图 11.1（d）] 四种情况。同时，为研究土-石界面对破坏特征的影响，在数值试验过程中分别考虑完全胶结和未胶结两种情况。

表 11.1 列出了试验选用土体及块石的物理力学参数，对土-石界面为未胶结时的试验情况，界面采用库仑摩擦模型，摩擦系数取 0.5。

表 11.1　　　　　　　　土石混合体数值试验参数

材料类型	弹性模量 /MPa	泊松比	密度 /(kg/m³)	内摩擦角 /(°)	黏聚力 /kPa
土体	50	0.3	1800	30	50
岩石	20000	0.2	2500	42	500

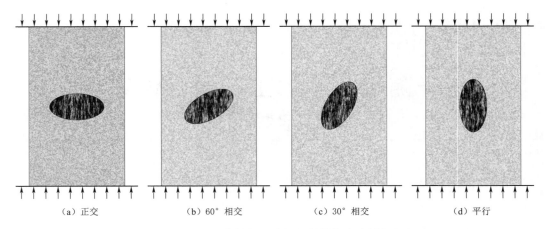

（a）正交　　　　　（b）60°相交　　　　　（c）30°相交　　　　　（d）平行

图 11.1　土石混合体细观破坏机制数值试验研究方案

附录 C 显示了不同试验方案得到的数值试验结果。总体上看来，土-石接触界面是土石混合体中力学性质最为薄弱的部位。由于土与石力学性质的差异，在外界荷载的作用下其界面两侧的土与石变形具有不协调性。土的弹性模量较低，比石更容易产生变形，这种差异性变形的存在引起了界面的应力集中现象，并最终导致首先在这些部位产生失效及伴随着塑性区的进一步扩展。但由于土-石界面的类型及块体空间方位的不同，试样在破坏过程中塑性区的产生及扩展模式有着明显的不同。

当土-石界面处于未胶结状态时，在外荷载作用下土-石界面处的差异变形引起土与石在接触界面的差异滑动、块体的旋转及移动，从而使得土体在块石周围局部地区形成应力集中现象，其结果是引起土-石接触界面处土体的拉张破坏（图 11.2）。由于块石方位与

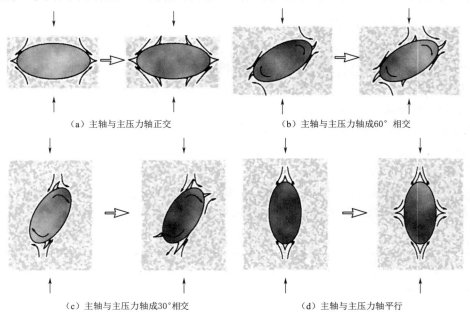

（a）主轴与主压力轴正交　　　　　　　　　　（b）主轴与主压力轴成60°相交

（c）主轴与主压力轴成30°相交　　　　　　　　（d）主轴与主压力轴平行

图 11.2　土石混合体界面处细观破坏过程及模式（界面未胶结）

主压力方向的不同，塑性区的起始位置也有所不同：当块体与主压力轴处于正交或平行时，塑性区首先开始于椭圆的长轴端部；当块体长轴与主压力轴斜交时，塑性区首先开始于靠近椭圆长轴端部的部位。

当土-石界面处于完全胶结状态时，土与石在接触部位将保持位移的一致性，但是由于力学性质的差异在外荷载作用下将产生不协调的变形，其结果势必导致克服这种"位移一致性"的锁固约束，并首先在土与石接触部位出现剪切破坏（图 11.3）。从总体上来看，塑性区首先开始于靠近椭圆长轴端部的部位，但由于块体方位与主压力轴方向的差异其距离端部的位置有所不同。

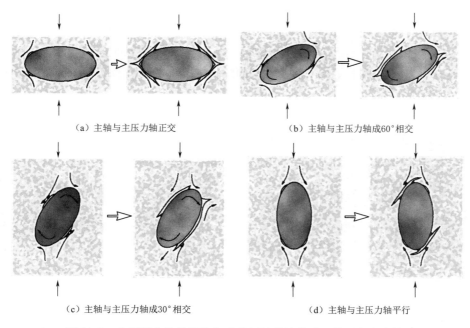

（a）主轴与主压力轴正交　　　　　　　（b）主轴与主压力轴成60°相交

（c）主轴与主压力轴成30°相交　　　　　　（d）主轴与主压力轴平行

图 11.3　土石混合体界面处细观破坏过程及模式（界面完全胶结）

随着外荷载的逐渐增大，这些不同模式及不同部位形成的最初塑性区逐渐沿块石表面或向土体区域偏转和扩展，并伴随有塑性区的分岔、相交、汇合及相互贯通等现象，直到材料完全被破坏。

11.3　土石混合体双轴数值试验研究

11.3.1　试验方案

为研究土石混合体细观结构对细观及宏观力学行为的影响，并从细观损伤及变形机理上探讨这类岩土材料的变形破坏机制，本节运用随机生成的土石混合试样从以下四个方面采用有限元法（finite element method，FEM）进行了一系列的双轴数值试验研究：

（1）含石量对土石混合体力学行为的影响。

（2）块石粒度组成对土石混合体力学行为的影响。

（3）块石空间分布对土石混合体力学行为的影响。

（4）接触界面类型对土石混合体力学行为的影响。

试验选取的试样尺寸为 1m×2m，试验过程中暂不考虑重力作用的影响，试验选取的材料参数见表 11.1，选取界面的摩擦系数为 0.5。

具体的试验步骤为：首先对试样施加围压进行固结，然后轴向加压进行剪切。在数值试验过程中轴向加压采用应变控制加压的方式，试样底部采用固定约束，轴压通过试样上部的刚性板施加，刚性板与试样间的摩擦系数取 0.5。

11.3.2　含石量对土石混合体力学行为的影响

试样采用 R‑SRM²D 程序随机生成，各试样的土/石阈值为 6cm，块石粒度分维数为 2.78，块石长轴产状在 0°～180°范围内均匀随机分布，试样的含石量分别取为 30%、40%、50% 和 60%，图 11.4 为不同含石量的随机土石混合体试样。试验采用的围压分别为 0MPa（单轴压缩试验）、0.2MPa、0.4MPa 及 1.0MPa。

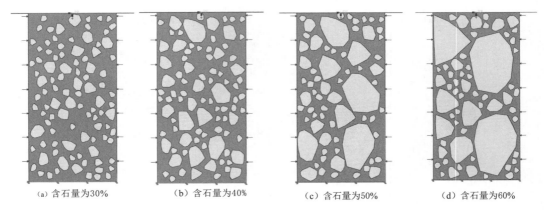

(a) 含石量为 30%　　(b) 含石量为 40%　　(c) 含石量为 50%　　(d) 含石量为 60%

图 11.4　不同含石量的随机土石混合体试样

图 11.5 为不同含石量的随机土石混合体双轴试验应力‑应变曲线，可以看出土石混合体在宏观力学性质上具有明显的应变硬化特性，且随着围压的增大其抗剪强度呈现快速增长趋势。

从附录 D 所示的各试样在单轴及双轴压缩得到的试样最终破坏状态图上还可以看出，在单轴压缩条件下土石混合体具有明显的剪胀现象，试样破坏后在土‑石界处形成许多张开裂隙，而双轴压缩条件下的张开裂隙则明显减少。

由于土‑石界面处于未胶结状态，因此不承受拉应力作用，且单轴试验由于没有侧向围压约束，随着轴向变形的逐渐增加在变形初期土‑石界面处首先出现张开现象，而后由于块石的转动、平移及土体的变形使块石周围的土体进入塑性状态。这种土‑石界面的扩展、块石转动、平动及土体的破坏随着变形的增大相互影响，最终在试样内部形成贯通的剪切塑性带（图 11.6）。从试样的最终破坏特征上还可以看出，土石混合体内部剪切带并不像土体那样规则，而是具有明显的"绕石"现象，且剪切带内的块石发生明显的转动。

在双轴剪切试验中，由于受围压的作用使得剪切带变"窄"，同时在剪切破坏初期并

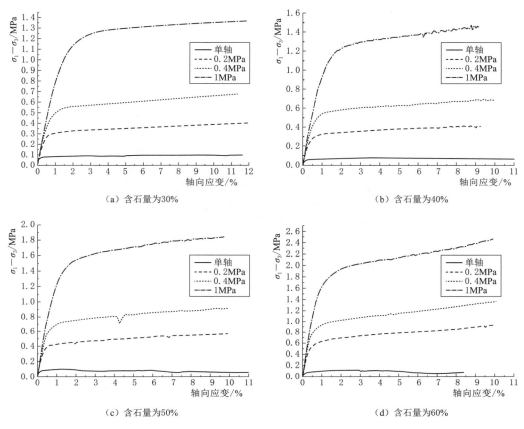

图 11.5 不同含石量随机土石混合体双轴试验应力-应变曲线

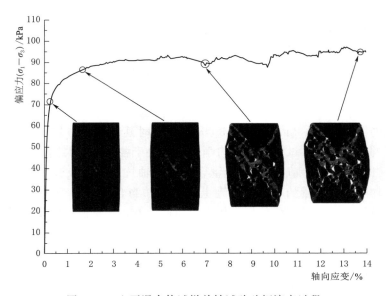

图 11.6 土石混合体试样单轴试验破坏演变过程

未出现土-石界面的张开现象，由于土与石之间的相对滑动使得土-石界面处的土体首先发生破坏，而后逐渐扩展、贯通（图 11.7）。

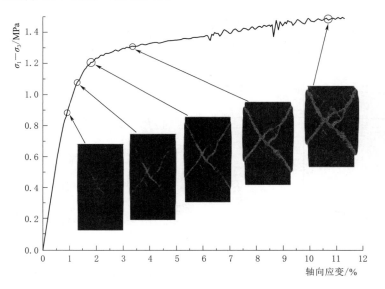

图 11.7　土石混合体试样双轴压缩试验破坏演变过程

由上述两种情况下的试样破坏发展过程可知，破坏区首先发生在土石混合体试样的中部位置，而后逐渐向外扩展、不同部位土体进入塑性状态并相互贯通或分叉。同时由于块石的存在使得土石混合体的剪切带形状极其不规则，具有分叉现象，而且在剪切过程中可能出现相邻块石之间的相互咬合现象。从附录 D 还可以看出随着围压的增大及含石量的增高，在剪切带附近的块石由于阻碍了剪切带的扩展发育及相邻块石的相互作用，使得有些块石产生破坏。

为进一步分析含石量对土石混合体试样强度的影响，图 11.8 分别展示了不同围压下各试样的应力-应变曲线。可以看出当含石量为 30% 和 40% 时，试样在各组围压下的抗压强度变化不大，然而当含石量达到 50% 和 60% 时，试样的抗压强度急剧上升。在粒度维数一定的条件下，随着含石量的增加试样内部的最大粒径也逐渐增大，从附录 D 可以看出当含石量超过 50% 时试样内部的最大粒径的块石基本控制了整个剪切带的形态，进而控制了其宏观的力学性质。当含石量为 30% 和 40% 时其粒径相对较小，单个块石对试样宏观力学特征的影响较小，试样的宏观力学性质取决于各块石的共同作用。

图 11.9 和图 11.10 分别展示了土石混合体的单轴抗压强度及弹性模量随含石量的变化特征，两者均随着含石量的增大而呈现上升趋势。当含石量小于 30% 时，试样单轴抗压强度及弹性模量随含石量变化的幅度较小，而后随着含石量的逐渐增加其上升幅度也逐渐增加。

从上述不同含石量的土石混合体细观结构随机试样的单轴及双轴数值试验结果可以看出，土石混合体的含石量总体上影响了其宏观的力学强度特征，在试验采用的含石量范围内（30%～60%）其力学强度随着含石量的增加而增加，而当含石量在 0%～30% 范围时其力学强度随含石量的增加变化较为缓慢。

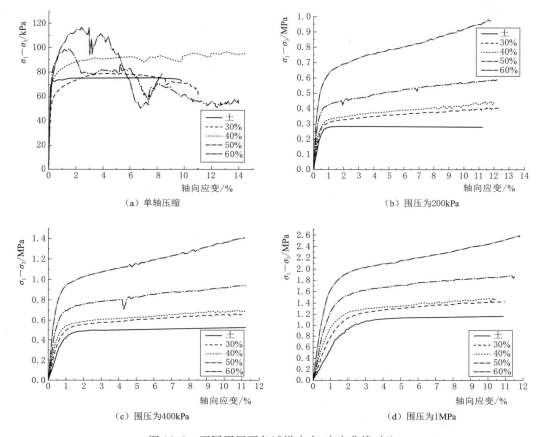

（a）单轴压缩

（b）围压为200kPa

（c）围压为400kPa

（d）围压为1MPa

图 11.8 不同围压下各试样应力-应变曲线对比

11.3.3 粒度组成对土石混合体力学行为的影响

为了研究土石混合体内部块石的粒度组成特征对其宏观力学行为的影响，本书采用 R-SRM^{2D} 随机生成了含石量相同、粒度分维数不同的土石混合体结构模型。试样的含石量为 40%，尺寸为 1m×2m，土/石阈值取为 5cm，土-石界面类型为未胶结，块石倾角在 0°~180°范围内随机均匀分布。粒度分维数 D 分为 2.74、2.76、2.78、2.80、2.82 及 2.84 六组，并分别在围压为 0.4MPa 条件下进行了

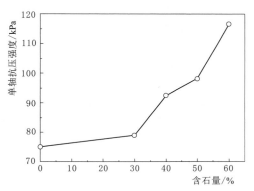

图 11.9 土石混合体单轴抗压强度随含石量变化曲线（土-石界面未胶结）

双轴数值试验（附录 E）。块石粒度组成对土石混合体的宏观强度影响如图 11.11 所示。

图 11.11 展示了试验得到的各试样的应力-应变曲线。从图中可以看出，虽然各试样的含石量相同，但是不同由于块石粒度分维数的试样达到破坏时的轴向应力也不同，总体

上随着粒度分维数的增大其宏观强度呈降低的趋势，但降低幅度不大。此外，还可看出在含石量相同的条件下，粒度分维数对土石混合体弹性模量的影响不大。

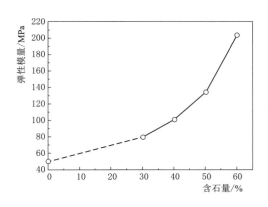

图 11.10　土石混合体弹性模量随含石量
变化曲线（土-石界面未胶结）

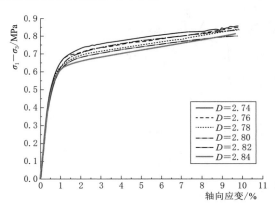

图 11.11　块石粒度组成对土石混合体的
宏观强度影响

随着粒度分维数的增大，粒径较大的块石含量逐渐增多，试样在剪切破坏过程中这些粒径较大的块石基本控制了剪切面的空间位置及形态特征（附录 E）。在决定土石混合体试样的宏观力学性质方面大块石的空间位置、形态等特征起主要的作用，而不像粒度分维数较低的情况下试样的宏观力学性质是由各块石共同作用的，因此在同等围压条件下粒度分维数较高的试样的抗压强度略低于粒度分维数低的试样的抗压强度。

11.3.4　块石空间分布对土石混合体力学行为的影响

由第 3 章对土石混合体的细观结构特征的研究可知，土石混合体内部块石倾角在宏观统计层次上呈现一定的定向性。为了探明块石倾角的定向性对其宏观力学行为的影响本节采用 R‐SRM^{2D} 基于椭圆颗粒形态随机生成了不同倾角的随机土石混合体试样，并对其进行了相应的双轴数值试验研究。

试验选取的土石混合体试样的含石量为 40%，粒度分维数为 2.75，土/石阈值为

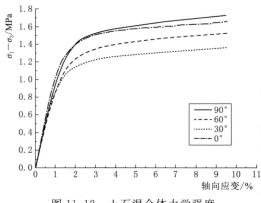

图 11.12　土石混合体力学强度
随块石倾角的变化

0.06，椭圆的长短轴比为 2∶1～3∶1，并在该范围内服从均匀随机分布，土-石界面为完全胶结。试验分别选取块石长轴与主压力轴的夹角为 −10°～10°、20°～40°、50°～70° 及 80°～100°，且在该范围内服从正态随机分布，其均值分别为 0°（平行）、30°、60° 及 90°（正交）。附录 F 显示了各试验中试样的结构特征及数值试验结果。

图 11.12 为在 1.0MPa 围压条件下各试样的应力-应变曲线，可看出块石的定向性特征对土石混合体宏观力学性质的影响

较大。当块石长轴与主压力轴成 0°（平行）及 90°（正交）时其抗压强度较大，而与主应力轴成 60°及 30°时其抗压强度相对较小，成 30°时抗压强度达到最低值。

从附录 F 所示的试验剪切面形态特征上可知，当块石与主压力轴成 0°（平行）及 90°（正交）时其剪切面呈现明显的"绕石"现象，甚至会切断块石（尤其当块石长轴与主压力轴近于正交时这种现象更为明显）。剪切面的这种"绕石"现象或切穿块石的作用造成了土石混合体宏观力学强度的增大，在试样应力-应变曲线上则表现为其峰值强度较高。而且块体长轴与主压力轴近于正交时的强度要大于近于平行时的强度。

当块石长轴与主压力轴斜交时，试样剪切面的"绕石"或"切石"现象要降低很多，其强度较近于平行或正交时的强度要低，当块石长轴与主压力轴的夹角等于 $45° - \varphi_s/2 = 30°$（φ_s 为土体的内摩擦角）时其抗剪强度达到最低值。

11.3.5 土-石界面类型对土石混合体力学行为的影响

由于土与石物理力学性质的差异，在外荷载作用下土-石界面成为土石混合体内部的应力集中部位，也是土石混合体最为软弱的地带。为研究土-石界面的接触类型对其宏观力学特征的影响，本节选取土-石界面为完全胶结及未胶结（界面摩擦系数为 0.5）时的两种情况进行系列单轴及双轴数值试验分析。试验选取的土石混合体试样为本书 11.3.2 节采用的含石量为 40% 的试样。

图 11.13 展示了土-石界面为完全胶结时的土石混合体试样单轴试验破坏过程，与界面未胶结时的单轴试验破坏过程（图 11.6）相比有着明显的差别：从试验获得的应力-应变曲线上来看，当土-石界面为完全胶结时试样在剪切过程中由于土与石在界面处保持变形的一致性，不会出现界面未胶结时明显的张开现象（图 11.14），其剪胀性较为不明显；由于土-石界面的胶结在宏观力学强度特征上也有明显的提高，其单轴抗压强度较界面未胶结时提高了 1 倍之多；在应力-应变曲线上也表现为明显的应变硬化特征，而界面未胶结时单轴试验的应力-应变曲线呈现明显的应变软化特征〔图 11.15（a）〕。

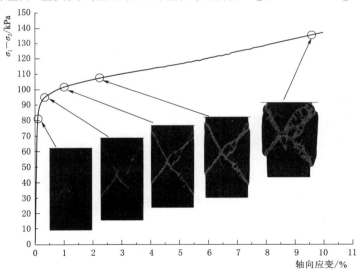

图 11.13 土-石界面为胶结时试样单轴试验破坏演变过程（含石量为 40%）

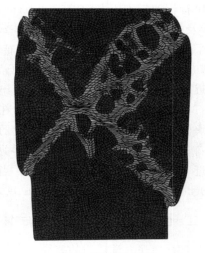

（a）土-石界面未胶结　　　　　　　　　（b）土-石界面完全胶结

图 11.14　两种不同土-石界面类型的土石混合体单轴试验结果

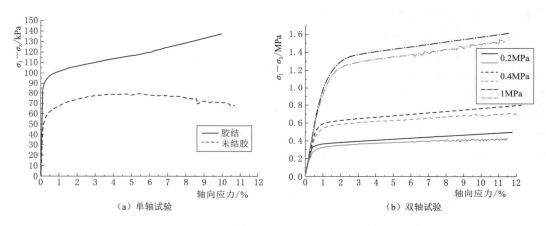

（a）单轴试验　　　　　　　　　　　　　（b）双轴试验

图 11.15　土-石界面对土石混合体应力-应变曲线的影响

图中实线代表试样土-石界面胶结，虚线代表试样界面未胶结

　　在双轴压缩试验时，由于法向应力的作用使得试样土-石界面处产生较大的摩擦阻力，从而使得两种不同界面类型（胶结和未胶结）的土石混合体应力-应变曲线相差程度大幅度降低［图 11.15（b）］，但总体上界面完全胶结时的强度更高于未胶结状态时的强度。

11.4　土石混合体真三轴数值试验研究

11.4.1　试验方案

　　由于块石形态的不规则性及空间分布的不均匀性，土石混合体物理力学性质在三维空间中呈现高度的各向异性。为研究土石混合体在三维复杂应力状态下的变形及强度特征，本节基于 R - SRM³ᴰ 随机生成的三维土石混合体细观结构模型采用有限元法（FEM）开展真三轴数值试验研究。

模型尺寸为 1m×1m×2m，含石量为 40%，土/石阈值为 0.07，块石粒度分维数为 2.78，土-石界面类型假定为胶结。图 11.16 展示了由 R - SRM³ᴰ 生成的三维土石混合体试样。

（a）块石三维空间分布   （b）试验三维剖面

图 11.16　土石混合体三维随机结构模型（含石量为 40%）

数值试验的具体步骤为：①第一步，在给定固结压力（最小主应力）作用下对试样进行三维固结；②第二步，将侧面某一方向（x 或 y）的压力增加至某一压力值（中间主应力）；③第三步，通过试样顶部及底部的刚性板按一定的速率施加位移荷载，以缓慢施加轴向（z 轴方向）压力。构成土石混合体试样的土体及块石采用表 11.1 所示的物理力学参数，刚性板与试样采用库仑摩擦，摩擦系数为 0.5。

单元采用四节点四面体单元，单元划分后生成总节点数为 27078 个，总单元数 150748 个。考虑到采用单个计算机求解的速度较慢，本书在研究过程中仅对图 11.16 所示的几何模型进行了以下两种工况计算：

（1）为研究中主应力对土石混合体应力-应变关系的影响，在试样垂直于 x 轴的表面施加最小主应力（400kPa，大小保持不变），而在试样垂直于 y 轴的表面分别施加 400kPa、800kPa 及 1.2MPa 的中主应力，并在三种工况下进行真三轴数值试验。

（2）为研究土石混合体力学性质在三维空间中的各向异性，分别变换最小主应力（400kPa）及中主应力（800kPa）的方向进行真三轴数值剪切数值试验。

11.4.2　数值试验成果分析

附录 G 显示了最小主应力为 400kPa（施加于试样与 x 轴垂直的平面）、中间主应力（施加于试样与 y 轴垂直的平面）分别为 400kPa 及 800kPa 时，通过真三轴剪切试验获得的各主应力及塑性区分布。从中可以看出，如同二维数值分析所得到的由于构成土石混合体的土体及块石在力学性质上的极端差异性，使其内部细观结构应力场分布呈现明显的不均匀性，且在块石周围具有高度的应力集中现象。在剪切破坏过程中，塑性剪切带首先形成于试样中部的块石周围，然后随着剪切荷载的逐渐增加而不断扩展。此外还可看出，当中主应力远超最小主应力时，试样的主剪切带将在垂直于中主应力的平面内呈明显的共轭 X 形；当中主应力与最小主应力差别不大时，试样剪切带的形态并不明显。

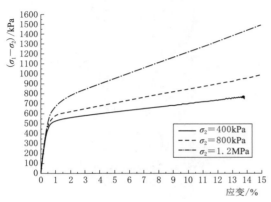

图 11.17　在不同中主应力作用下土石混合体真三轴剪切试验的应力-应变关系

图 11.17 展示了土石混合体试样真三轴数值试验获取的应力-应变关系曲线，其最小主应力（$\sigma_3 = 400$kPa）施加于试样垂直 x 轴的平面，中主应力（σ_2 分别为 400kPa、800kPa 及 1.2MPa）施加于试样垂直 y 轴的平面。从图 11.17 中可以看出，当固结压力 σ_3 一定时，试样偏差应力（$\sigma_1 - \sigma_2$）-应变曲线随着中主应力的变化而具有明显的差异，试样抗剪强度随着中主应力的增加而增大；试样进入塑性阶段的曲线斜率随着中主应力的增大而增加，即应变硬化现象随着中主应力的增大而更加明显。这表明中主应力对土石混合体的应力-应变关系具有明显的影响，尤其对进入塑性阶段后的应力-应变关系影响更大。

为研究土石混合体力学性质的各向异性，本书在研究过程中对上述试样分别变换中主应力（800kPa）及最小主应力（400kPa）的方向重新进行真三轴剪切试验。图 11.18 展示了中主应力施加于试样平行 x 轴的平面时真三轴剪切试验获得的剪切塑性区分布云图。

图 11.19 为中主应力 $\sigma_2 = 800$kPa 施加于试样垂直于 x 轴、y 轴的平面，$\sigma_3 = 400$kPa 相应施加于试样垂直于 y 轴、x 轴平面时两种围压工况下真三轴数值试验得到的偏差应力（$\sigma_1 - \sigma_2$）-应变曲线。从图中可以看出，虽然施加于试样的最大主应力及最小主应力大小相同、试样模型及试验加载方式也完全相同，但是由于最大主应力及最小主应力作用方向的差异，土石混合体试样真三轴剪切试验获得的应力-应变曲线也具有明显的差异性。由于中主应力及最小主应力方向的改变，使得试样剪切带的位置及形态发生明显的改变（图 11.18，附录 G），更重要的是由于试样内部块石形态及空间分布的差异性造成了试样宏观强度对外荷载作用方向较为敏感。这也说明了由于土石混合体内部块石形态、空间分布等细观结构性质上的差异，使其在力学性质上具有明显的各向异性。

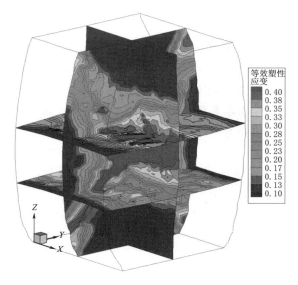

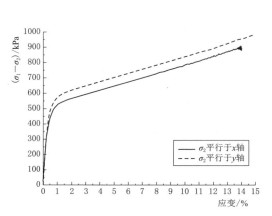

图 11.18　中主应力（800kPa）平行于 x 轴时　　　　图 11.19　中主应力方向对土石混合体
　　　　　剪切塑性区分布　　　　　　　　　　　　　　　偏差应力-应变曲线影响

11.5　细观结构特征与土石混合体边坡稳定性的关系研究

11.5.1　研究方案

　　根据上述土石混合体细观结构试样数值试验的研究成果，土石混合体的宏观力学行为取决于其含石量、粒度组成及定向性等细观结构特征。土石混合体边坡不但作为各类地质体发展演化的产物，而且作为许多人工边坡（如废矿石边坡）及工程构筑物（如土石坝）广泛存在于人类活动的空间范围内。

　　为研究土石混合体边坡的稳定性与其细观结构特征的关系，本节从含石量及粒度组成两个方面采用 R–SRM^{2D} 随机生成土石混合体边坡细观结构模型，并采用有限元强度折减法对其稳定性问题进行研究，以对这类边坡的稳定性特征及变形破坏机理做出相应的分析。

　　研究中采用的土石混合体边坡的坡高为 40m，坡角为 40°，土/石阈值取坡高的 6%，块石倾角在 0°～180° 范围内按均匀随机分布，土-石界面为完全胶结。土石混合体边坡稳定性研究参数见表 11.2。边坡稳定性分析采用有限元强度折减法（有关强度折减理论部分将在第 8 章进行详细阐明），计算分析软件采用 ABAQUS。

表 11.2　　　　　　　　　　　　　　土石混合体边坡稳定性研究参数

材料类型	弹性模量 /MPa	泊松比	密度 /(kg/m³)	内摩擦角 /(°)	黏聚力 /kPa
土体	50	0.3	2000	30	28
岩石	20000	0.2	2500	42	800

11.5.2　含石量对土石混合体边坡稳定性的影响

为研究含石量对土石混合体边坡稳定性的影响，本书分别生成了不同含石量（30％，40％，50％及60％）的土石混合体边坡随机结构模型，其中粒度分维数取2.78。附录 H 中的表 H.1 显示了不同含石量的土石混合体边坡随机结构模型及稳定性分析成果。

图 11.20 展示了计算得到的土石混合体边坡的稳定系数随含石量的变化趋势。总体上看来，土石混合体边坡的稳定系数随着含石量的增加而呈现上升趋势：均值土质边坡的稳定系数为 1.10，当含石量达到 60％时其稳定系数上升到 1.41；当含石量小于 30％时其稳定系数随着含石量的增加变化较为缓慢，当含石量超过 30％时其稳定系数随含石量的增加呈现急剧上升趋势，这种变化趋势与前述双轴试验的结果相符。

在粒度分维数不变时，边坡内部块石的最大粒径随含石量的增加而增大，边坡潜在滑动面形态变得更为曲折，其位置也发生相应的变化。传统的基于极限平衡理论的边坡稳定分析忽略了土石混合体边坡内部结构特征，将滑动面简化为圆弧形，远远低估了其相应的稳定性。

11.5.3　粒度组成对土石混合体边坡稳定性的影响

在粒度组成对土石混合体边坡稳定性的影响方面，本节选取的土石混合体边坡的含石量为 40％，采用 R - SRM^{2D} 随机生成了粒度分维数分别为 2.74、2.76、2.78、2.80、2.82 及 2.84 的六组土石混合体边坡模型（表 H.2）。

从土石混合体边坡的稳定系数与粒度分维数关系曲线（图 11.21）上可以看出，粒度组成特征对边坡稳定性的影响较大。在含石量一定的条件下，边坡的稳定性先随着分维数（D）的增加而上升，而后又呈现下降趋势。由表 H.2 的各边坡的计算滑动面形态上可以看出，随着分维数的增加边坡内部块石最大粒径逐渐增大，计算滑动面形态也更为曲折，边坡的稳定性也逐渐增加。但是，随着块石粒径的增大，这些粒径较大的块石在边坡中的位置对边坡稳定性的影响程度也越大：当这些块石位于坡脚附近时将对边坡起到压脚、护脚的作用，有利于边坡的稳定性（如表 H.2 中 $D=2.82$ 的边坡结构）；然而当块石位于坡顶时将对边坡的稳定性极为不利（如表 H.2 中 $D=2.84$ 的边坡结构），将大大降低边坡的稳定性。

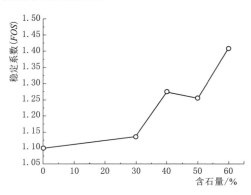

图 11.20　土石混合体边坡稳定
系数随含石量变化

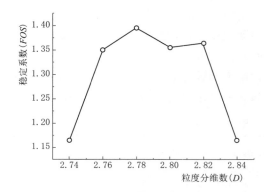

图 11.21　土石混合体粒度分布特征对边坡
稳定性影响（含石量为 40％）

11.6 土石混合体细观结构与渗流特征研究

11.6.1 研究方案

本书第 5 章基于土石混合体野外原位渗透试验分析表明，由于土体及块石渗透性能的差异，块石的分布影响了土石混合体内部渗流场，从而也决定了试样的其宏观渗透特征及渗透破坏机理。为探讨土石混合体细观结构与宏观渗透性的关系，本节从含石量、粒度组成及块石空间分布三个方面分别采用有限元法开展了一系列的数值试验研究。

计算中采用的土体渗透系数为 $5 \times 10^{-3} \mathrm{m/s}$，块石渗透系数为 $1 \times 10^{-9} \mathrm{m/s}$。边界条件为：两侧向边界为不透水边界，试样底部施加 100kPa 的水压力；试样顶部为透水边界且水压力为 0kPa。

1. 含石量不同

为研究含石量对土石混合体渗透性的影响，试验中分别选取含石量为 20%、30%、40%、50% 及 60% 的 5 种试样。其中，含石量为 30%、40%、50% 及 60% 的土石混合体试样选取图 11.4 所示的细观结构模型；含石量为 20% 的试样模型见附录 I 中的图 I.1 (a)。图 I.1 展示了数值渗透试验计算得到的各试样孔隙水压力及渗流场分布特征。

2. 块石空间分布不同

为研究块石长轴与渗流方向的夹角对土石混合体渗透性的影响，试验选取含石量为 40%、块石长轴与渗流方向的夹角分别为 0°（平行）、30°、60° 及 90°（正交）4 种情况下的土石混合体试样进行了渗透试验分析，试样模型见附录 F。图 I.2 展示了数值渗透试验计算得到的各试样孔隙水压力及渗流场分布特征。

3. 粒度组成不同

为研究粒度组成对土石混合体渗透性的影响，试验选取含石量为 40%、块石粒度分维数分别为 2.74、2.76、2.8、2.82 及 2.84 五种情况下的土石混合体试样进行了渗透试验分析，试样模型见附录 E。图 I.3 展示了数值渗透试验计算得到的各试样孔隙水压力及渗流场分布特征。

从附录 I 所示的各工况下土石混合体渗流数值试验计算得到的孔隙水压力及渗流场分布图上可看出：土石混合体的内部细观结构特征对其渗流场及孔隙水压力场分布具有明显的影响；块石之间的狭窄"通道"处的孔隙水压力等值线分布较为密集，表明这些部位孔隙水压力下降较快，且"通道"越窄等值线越密集、孔隙水压力下降越快。如同第 5 章的研究成果，集中渗流现象在土石混合体中普遍存在，流土及最终发展为管道流破坏是土石混合体主要的渗透破坏模式。

11.6.2 土石混合体宏观渗透特征

渗透系数是用来评价岩土体渗透性特征的一个重要参数，建立土石混合体的细观结构特征与其宏观渗透系数的关系将具有很好的应用价值。

众所周知，热传导方程与达西渗流方程在数学表达上是一致的：

$$q = -kA \frac{\Delta h}{L} \qquad (11.1)$$

式（11.1）所对应的渗流方程及热传导方程中各参数的意义见 11.3。因此，对于岩土介质的渗流问题可以借助相应的热力学中的热传导方程来进行求解。

表 11.3　　　　　　　　　渗流方程与热传导方程参数对比

方程类型	变量符号说明				
	q	k	Δh	A	L
渗流方程	渗流流量	渗透系数	水头差	断面面积	渗流路径长度
热传导方程	热流量	热传导系数	温度差	断面面积	热传导路径长度

关于不均质复合材料的宏观热传导系数的研究，众多学者分别开展了相关研究[229-233]，并建立了不同的结构模型，如 Maxwell - Eucken（ME）模型[229]：将模型简化为许多小球体散布在连续的基质中，且相邻的球体距离足够远以至于在热传导过程中不发生相互作用；等效介质理论（effective medium theory，EMT）模型[230]：假定模型内部各组分处于完全随机分布状态；此外，Wang et al.[232-233]在此基础上又分别发展了多种混合结构模型。根据上述对两相不均值复合材料宏观热传导系数的研究成果，表 11.4 展示了四种细观结构模式的土石混合体宏观渗透系数表达式，表达式同样也适用于其他类似的非均质两相岩土介质或其他复合材料。

表 11.4　　　　　　　四种细观结构模式的土石混合体宏观渗透系数表达式

模　式	细观结构模式示意	宏观渗透系数（$k_{\text{S-RM}}$）表达式
层状平行渗流方向		$k_{\text{S-RM(P)}} = C_S k_S + C_R k_R$
层状垂直渗流方向		$k_{\text{S-RM(S)}} = \dfrac{k_S k_R}{C_S k_R + C_R k_S}$

模 式	细观结构模式示意	宏观渗透系数（$k_{\text{S-RM}}$）表达式
Maxwell – Eucken（ME）模型		$$k_{\text{S-RM(ME)}} = \dfrac{k_S C_S + k_R C_R \dfrac{3k_S}{2k_S + k_R}}{C_S + C_R \dfrac{3k_S}{2k_S + k_R}}$$
有效介质理论模型（EMT 模型）		$$C_S \dfrac{k_S - k_{\text{S-RM(EMT)}}}{k_S + 2k_{\text{S-RM(EMT)}}} + C_R \dfrac{k_R - k_{\text{S-RM(EMT)}}}{k_R + 2k_{\text{S-RM(EMT)}}} = 0$$

注　1. 图中黑色代表土体，白色代表块石。
　　2. k、C 分别代表渗透系数及各组分的体积百分含量，下标 S-RM、S、R 分别代表土石混合体、土体及块石。

此外，根据 11.6.1 节所述的各试样数值试验计算结果，利用式（11.1）所示的渗流方程可以计算出各土石混合试样的宏观渗透系数。以土石混合体的宏观渗透系数与相应土体的渗透系数比值（$k_{\text{S-RM}}/k_S$）为纵坐标，建立其与土石混合体各细观结构定量参数的关系曲线。图 11.22、图 11.23、图 11.24 分别显示了不同含石量、块石与主渗流方向夹角及块石粒度维数条件下土石混合体宏观渗透系数预测值与数值试验结果的关系。

从图 11.22 所示的通过各细观结构模型

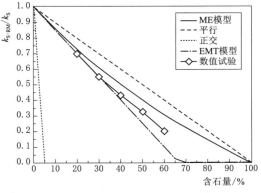

图 11.22　不同含石量的土石混合体宏观渗透系数预测值与数值试验结果对比

预测得到的土石混合宏观渗透系数随含石量的变化曲线可看出：层状且平行于主渗流方向的预测值（$k_{\text{S-RM(P)}}$）最大，其次是 Maxwell – Eucken 模型（$k_{\text{S-RM(ME)}}$）、有效介质理论模型（$k_{\text{S-RM(EMT)}}$）及层状且垂直于主渗流方向的预测值（$k_{\text{S-RM(S)}}$）；通过数值试验得到的土石混合体宏观渗透系数位于 $k_{\text{S-RM(EMT)}}$ 及 $k_{\text{S-RM(ME)}}$ 之间，且随着含石量的增加土石混合体的宏观渗透系数呈现降低趋势。

图 11.23 展示了含石量为 40%、块石为椭圆形时土石混合体试样宏观渗透系数随块石长轴与主渗流方向夹角的变化特征。可以看出：随着块石长轴与主渗流方向夹角的增大试样宏观渗透系数逐渐降低；当两者近似平行时其宏观渗透系数最大，其值与 $k_{S-RM(P)}$ 预测值近似；当两者近似正交时其宏观渗透系数最小，但其值大于有效介质理论模型预测值（$k_{S-RM(EMT)}$）。

图 11.24 展示了含石量为 40% 的土石混合体宏观渗透系数随块石粒度维数的变化关系。从中可看出：随着块石粒度维数的增大，土石混合体内部块石的最大粒径也明显增大，这种效应的最终结果使得其宏观渗透系数有所降低，但总体看来其值基本位于 Maxwell - Eucken 模型计算值（$k_{S-RM(ME)}$）与有效介质理论模型计算值（$k_{S-RM(EMT)}$）之间。

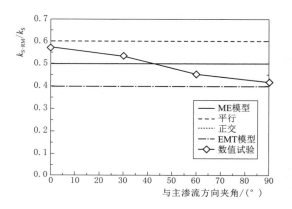

图 11.23　土石混合体宏观渗透系数随块石
长轴与主渗流方向夹角变化关系

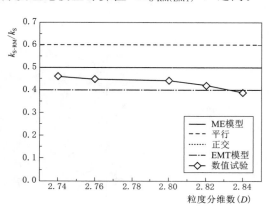

图 11.24　土石混合体宏观渗透系数随块石
粒度分维数变化关系

综上所述，对比采用数值试验计算结果及各种简化模型预测得到的不同细观结构的土石混合体试样的宏观渗透系数可以看出，除了当块石为椭圆且长轴与主渗流方向近似平行的情况外，其余试样的宏观渗透系数基本位于 Maxwell - Eucken 模型计算值（$k_{S-RM(ME)}$）与有效介质理论模型计算值（$k_{S-RM(EMT)}$）之间。鉴于块石为椭圆且长轴与主渗流方向近似平行的情况在自然界中很少存在，因此土石混合体的宏观渗透系数上限值可以定义为

$$k_{up} = k_{S-RM(ME)} \tag{11.2}$$

相应地，其下限值为

$$k_{low} = k_{S-RM(EMT)} \tag{11.3}$$

至此，可以根据实际土石混合体的内部含石量及相应土体的渗透系数来近似获取其宏观渗透系数特征。

11.6.3　土石混合体三维渗流分析

本小节以图 11.16 所示的随机土石混合体试样为例，对土石混合体的三维渗流特征进行了数值试验研究。试样各组分的参数选取同 7.6.1 节所述。模型边界条件为：侧向边界采用不透水边界；模型底面边界施加 200kPa 的水压力作用；模型底面边界为透水边界，水压力为 0kPa。

图 11.25 展示了数值试验获得的试样内部孔隙水压力等值面分布图。从中可以看出，由于块石的存在使得土石混合体内部渗流呈现高度的不均匀性，这在孔隙水压力等值面上表现为非平面特征（图 11.25），在块石之间常形成"高速"集中水流，这对渗透稳定性是不利的。

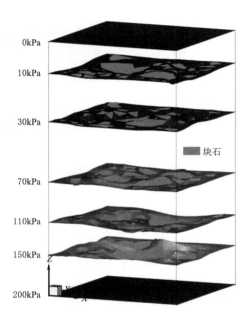

图 11.25　土石混合体三维渗流孔隙水压力等值面分布图

11.7　基于原位试验及数值试验的协同分析

原位试验是研究土石混合体物理力学行为的重要方法。但原位试验通常成本较高、难度大，而且难以深入开展机理性研究，而数值试验恰好弥补了这一不足。为了研究土石混合体的力学特性及变形破坏机理，本节将利用基于真实块石的土石混合体细观结构随机生成系统——SRM^{3D} - RealBlock，以糯扎渡大坝心墙掺砾料（土石混合体）为研究对象，生成试样的三维细观结构模型，基于现场大型直剪试验成果，运用三维离散元分析方法开展土石混合体的细观力学数值试验研究。

11.7.1　大尺度原位直剪试验

糯扎渡水电站位于澜沧江的中下游，其大坝采用心墙堆石坝，最大坝高 261.5m。为提高大坝心墙的强度特性及变形模量，采用的是掺砾料（土石混合体）。掺砾料由土料场的混合土料（土体）掺入 35％的花岗岩砾石构成，图 11.26 展示了现场筛分得到的土料和土石混合体（掺砾料）的粒度分布曲线。

土石混合体应用于土石坝心墙料中，在国内尚属于首次。为了更好地研究土石混合体的物理力学特性，在设计阶段，中国水电顾问集团昆明勘测设计院（现为中国电建集团昆明勘测设计研究院有限公司）针对构成大坝心墙料的土料和土石混合体在工程料场开展了大型现场碾压试验，并分别进行了大尺度现场直剪试验[234]。从图 11.27 所示的土石混合体现场碾压试验的开挖断面照片可以看出，试样中花岗岩砾石基本均匀地"悬浮"在整个空间。

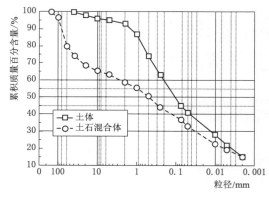

图 11.26　土料和土石混合体粒度级配特征

图 11.27　现场碾压试验得到的土石混合体断面

现场原位直剪试验采用的土体和土石混合体试样尺寸为 $60cm \times 60cm \times 60cm$。图 11.28 展示了试验得到的土体及土石混合体的剪切应力和剪应变关系曲线，图 11.29 展示了相应的抗剪强度关系。从中可以看出，土石混合体的内摩擦角较混合料大（$\Delta\varphi = 7.2°$），而黏聚力则较小（$\Delta c = -39.7kPa$）。从总体上看来，在低应力状态下（约小于 200kPa）土石混合体的抗剪强度要略低于土体，而在高应力状态下（约大于 200kPa）土石混合体的抗剪强度要高于土体；同时可以看出，由于砾石的掺入使试样的内摩擦角大于土体，而由于黏性土体含量的降低，使得土石混合体的黏聚力要略低于土料。

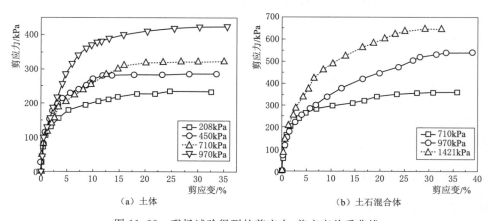

（a）土体　　　　　　　　　　（b）土石混合体

图 11.28　现场试验得到的剪应力-剪应变关系曲线

另外，根据试验得到的试样剪切带特性来看，土体的剪切面基本平整，平面凹凸起伏的差值为 1～3cm；而土石混合体的凹凸起伏差值为 2～4cm，明显大于土体，且断面无掺砾石剪断现象（图 11.30）。这表明，试样在剪切过程中由于强度较高的块石骨架及咬合作用使得剪切带变得更加粗糙，从而在宏观上表现为试样的内摩擦角有增大趋势；而由于块石含量的增加，使得起黏结作用的土体含量减小，从而在宏观上表现为试样黏聚力具有降低趋势。

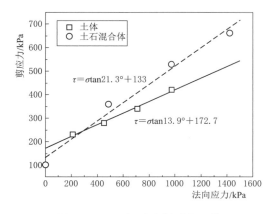

图 11.29　现场试验得到的土体
及土石混合体抗剪强度

图 11.30　土石混合体直剪试验
得到的剪切面形态

11.7.2　土石混合体离散元数值计算模型

1. 土石混合体细观结构模型

块石的形态、粒度组成及含量将直接影响土石混合体的宏细观力学特性。为了生成能够反映土石混合体三维细观结构的模型，本书第 4 章共获得了 100 余块试验现场采用的花岗岩块石三维模型，并将其纳入到 MEGG - Particle3D 数据库中。以这些块石三维模型构成的数据库为样本，根据现场得到的土石混合体粒度组成（图 11.26），利用土石混合体三维细观结构生成系统——SRM³D - RealBlock，根据粒径大小从数据库中随机选取块石模型，生成了土石混合体的三维细观结构模型，即试样块石骨架模型（图 11.31）。

考虑到后续离散元数值计算的效率，在生成试样的过程中：仅对粒径大于 30mm 的块石颗粒采用真实颗粒形态；而对于粒径在 10～30mm 的块石颗粒采用同级配的球形颗粒来模拟；粒径小于 10mm 的颗粒视为土体，并采用 5～10mm 的

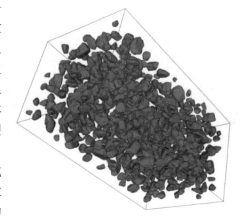

图 11.31　土石混合体细观结构模型

球形颗粒来模拟。图 11.32 展示了生成的土石混合体三维离散元细观结构模型粒度组成特征。从图中可以看出，三维细观结构模型在块石粒度组成上与现场试验试样的粒度组成基本一致，从而保证了后续数值计算的可靠性。

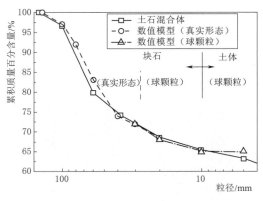

图 11.32　土石混合体细观结构
离散元模型颗粒组成

2. 复杂颗粒形态多球表征

在采用颗粒离散元计算分析时，由于球形颗粒接触判断简单、计算效率较高而成为应用最多的一种颗粒形态。为了模拟多面体形态颗粒，采用球形颗粒集的方式来表征：一种是无嵌套方式，即相邻的球颗粒间紧密接触，且没有任何的重叠[235-238]；另一种是嵌套方式，即相邻的球颗粒间相互嵌套在一起[239-240]。前者，由于颗粒间紧密接触没有嵌套，所以可以用来模拟颗粒破碎效应，然而为了较好地模拟一个复杂的颗粒形态需要以较多的球体颗粒为代价；后者，虽

然可以采用较少的球体颗粒来很好地表征复杂的颗粒形态，但是由于相邻的球体间有较大的嵌套，所以只能用于模拟刚性块体，无法实现颗粒破碎模拟。

对于土石混合体而言，颗粒破碎将直接影响着其宏细观力学特性，为此在研究过程中采用多球颗粒的无嵌套方式来表征复杂颗粒形态（现场试验时并未发现块石颗粒破碎现象，但可为后续在统一框架下开展相关研究提供便利）。图 11.33 展示了对一个重建后的块石用不同粒径的球进行填充表征后的几何形态。从图中可以看出随着球颗粒半径的减小，多球模型越逼近所模拟的块石三维形态。当然随着球颗粒半径的减小，表征单个块石颗粒所需要的球颗粒数也越来越多。因此，考虑到颗粒表征效果，同时兼顾计算效率，本节采用的球颗粒平均粒径为块石厚度的 1/5 ［图 11.33（b）］。

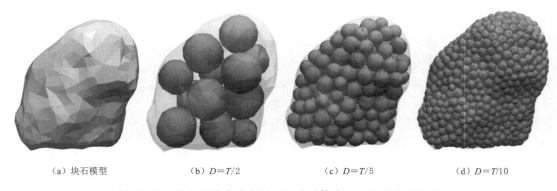

（a）块石模型　　　（b）$D=T/2$　　　（c）$D=T/5$　　　（d）$D=T/10$

图 11.33　块石三维多球表征（D 为球体直径，T 为块石厚度）

3. 土石混合体 DEM 细观结构模型生成

在采用上述方法对块石进行表征后，构成土石混合体试样的土体用相应粒径大小的球形颗粒来充填块石之间的空隙。图 11.34 展示了所建立的土石混合体的离散元细观结构模型。从图中可以看出，块石颗粒均匀地分布在试样内部，这与图 11.27 所示的现场碾压试验得到的土石混合体试样结构相似，从而也反映了数值模型可以较好地模拟真实试样的细观结构。

11.7.3 基于离散元的三维数值直剪试验

为了与现场直剪试验的尺寸相对应，本节采用了与现场试验尺寸相似的试样模型（模型尺寸为 60cm×60cm×60cm）。同时为了实现离散元的直剪试验分析，上下剪切盒分别采用 6 个刚性板来表征（图 11.35）。其中，板 U-⑥和 L-⑥是为了防止剪切过程中由于上下剪切盒剪切错动而导致的试样颗粒露出；U-①为应力伺服板，用于施加法向荷载，并保证在试验剪切过程中法向应力保持不变（或稳定在设置值附近）。

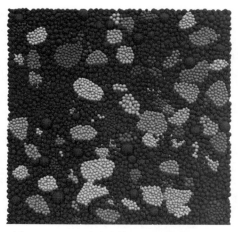

图 11.34　土石混合体细观结构模型剖面

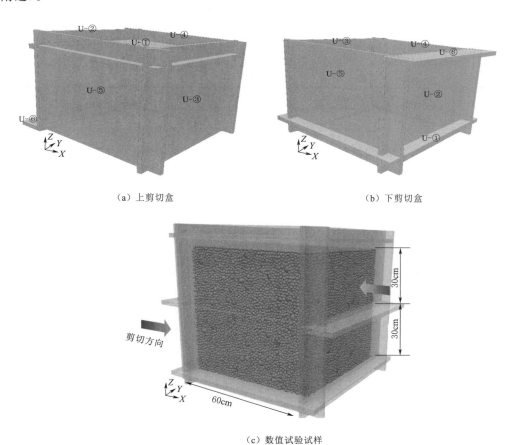

（a）上剪切盒　　　　　　　　　　（b）下剪切盒

（c）数值试验试样

图 11.35　离散元三维数值直剪试验

在进行数值试验时，首先通过速率（或位移）控制应力伺服板 U-①，使得作用在板上的荷载等于所要施加的法向荷载，并保持稳定状态；然后，以一定的速率进行水平剪切。为了加快计算效率，同时也考虑到剪切速率对试验结果的影响，通过多次试验，本书在数值试验中采用上下剪切盒分别沿着相对的方向以 0.1mm/s 的速率进行剪切。且在整个剪切过程中，保持作用在应力伺服板 U-① 的法向荷载与实际应施加的法向荷载误差保持在一定的误差范围内（本书设定为 0.1%）。

11.7.4　土体离散元数值直剪试验

为了得到构成试验土石混合体中细粒土体的细观参数，本节首先根据现场开展土体大尺度原位试验（试样尺寸为 60cm×60cm×60cm），生成了相应的离散元数值计算模型。土体试样模型采用粒径为 5～10mm 均匀分布的球体颗粒来表征（与构成土石混合体试样模型的土体颗粒组成一致）。

计算中，土体颗粒细观接触采用黏结摩擦模型，剪切盒与试样间采用摩擦接触模型。为了得到试验土体的细观力学参数，以法向荷载为 450kPa 时现场试验得到的剪应力-剪应变曲线为基准，开展了系列数值试验研究。并通过神经网络反演的方法得到了一组土体颗粒细观接触参数（表 11.5），满足数值试验得到的剪应变-剪应力曲线与现场试验较为符合。

表 11.5　　　　　　　　　土体数值试验细观力学参数

材　料	参　　　数	数　值
土体	密度 ρ/(kg/m³)	2350
	颗粒接触弹性模量 E_c/MPa	150
	颗粒接触泊松比 ν_c	0.3
	颗粒接触摩擦角 μ/(°)	8.5
	颗粒接触黏聚力 c/kPa	2500
剪切盒	接触弹性模量 E_c/GPa	50
	接触泊松比 ν_c	0.5
	接触摩擦角 μ/(°)	0.0

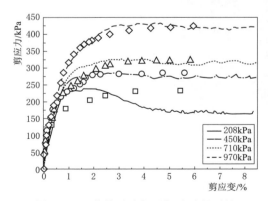

图 11.36　数值试验与现场试验得到的土体剪应力-剪应变关系对比（空心点是现场试验结果）

为了验证表 11.5 所示参数的合理性，运用该组参数进行了其他法向荷载作用下的数值直剪试验。从数值试验及现场试验得到的剪应力-剪应变关系曲线（图 11.36）可以看出：在各个法向荷载作用下的数值试验得到的峰值强度与现场试验较为吻合；除了法向荷载为 208kPa 时两者的曲线形态差别较大外，其余工况下数值试验与现场试验结果也较为吻合。这也反映了所选取的颗粒细观接触力学参数，能够较好地用于研究土体的力学特性模拟，从而为后续土石混合体数值试验研究奠定了基础。

图 11.37 展示了试验前后土体的数值试验模型，从图中可以看出受上下剪切盒剪切作用的影响，在剪切面附近狭窄的范围内形成了一个明显的剪切带，其厚度约 10cm。

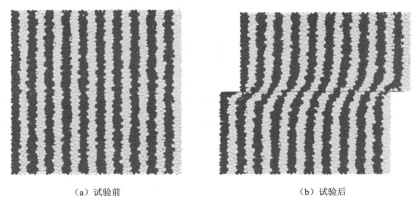

（a）试验前 　　　　　　　　　　　　　（b）试验后

图 11.37　数值试验得到土体试验剪切带

图 11.38 展示了不同剪切阶段土体颗粒的旋转特征。对比图 11.37 和图 11.38 可以看出，两者表现出明显的一致性：随着剪切变形的增加，剪切面附近的颗粒发生明显的旋转，且越靠近剪切面颗粒旋转量越大；在达到抗剪强度时，试样基本形成贯通的剪切带，随后基本沿着剪切带发生剪切错动。

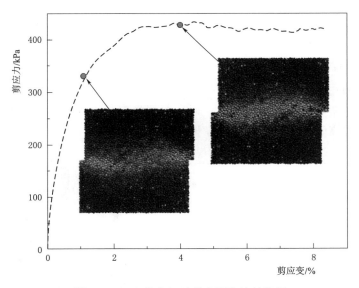

图 11.38　土体剪切过程中颗粒旋转特征

11.7.5　土石混合体离散元数值直剪试验

由于土石混合体数值模型中的细粒土体（图 11.34）与上述土体数值模型采用的球颗粒级配及孔隙特性一致，且现场试验中土石混合体和土体的碾压方式相同，因此在数值试验中假定土石混合体内部细粒土体的力学特性与土体的力学特性相同。并采用表 1 所示的参数。由于土石混合体的现场试验中未发现有明显的块石破碎现象，因此将块石简化为不可破碎的球颗粒簇（构成同一个块石的球颗粒刚性地捆绑在一起）。土石混合体数值试验细观力学参数见表 11.6。

表 11.6　　　　　　　　　　土石混合体数值试验细观力学参数

材　料	参　　数	值
块石	密度 $\rho/(kg/m^3)$	2650
	颗粒接触弹性模量 E_c/GPa	20
	颗粒接触泊松比 ν_c	0.5
土-石接触面	接触摩擦角 $\mu/(°)$	8.5
	接触黏聚力 c/kPa	0.0

图 11.39 展示了数值试验及现场试验得到的土石混合体剪应力-剪应变曲线。从图中可以看出，数值试验得到的结果和现场试验得到的结果较为一致，从侧面验证了本书建立的土石混合体细观结构模型及细观力学参数，可以很好地反映研究试样的力学特性。

图 11.40 展示了数值计算结束时得到的试样剪切变形情况，图 11.41 展示了不同剪切阶段土石混合体试样内部颗粒的旋转变形情况。从中可以看出，在剪切带附近约 20cm 厚度范围内，土石混合体试样颗粒发生了明显的剪切和旋转变形，约为土体试样剪切带的 2 倍左右。且从颗粒旋转变形来看，块石颗粒的旋转变形量明显小于邻近的土体颗粒。这表明受块石的影响，在剪切过程中，土石混合体试样内部剪切变形具有明显的"绕石"现象，从而使整个剪切带更宽厚、更曲折，而且剪切带内部颗粒位移及旋转变形差异较大，其最终结果大大提高了土石混合体的抗摩擦强度。

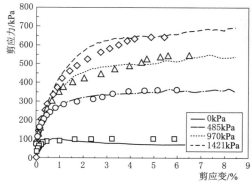

图 11.39　土石混合体直剪试验剪应力-剪应变关系曲线（空心点是现场试验结果）

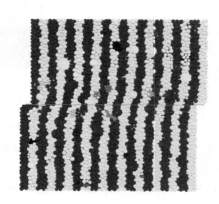

图 11.40　数值试验得到的土石混合体剪切变形特征

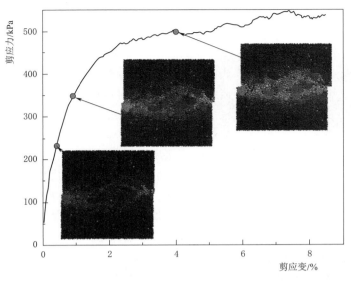

图 11.41　土石混合剪切过程颗粒旋转特征

11.8　基于块石颗粒破碎的数值试验研究

土石混合体内部块石强度特征决定了其在外荷载作用下是否会发生破碎，并在一定程度上影响其宏-细观力学行为特征。为了分析块石破碎对土石混合体力学行为的影响，本节将采用离散元法（DEM）对双轴数值试验进行探讨。

11.8.1　可破碎块石球颗粒表征方法

圆盘、球颗粒是 DEM 中常用的颗粒形态。为了实现块石的破碎模拟，采用紧密接触的组合圆盘对多边形块石进行描述。然而，在采用这种方法时，圆盘颗粒之间的初始接触条件（如相邻圆盘间的接触嵌入深度）可能会极大地影响 DEM 数值计算结果。为了较好地实现土石混合体中块石的破裂过程模拟，提出了一种新的多圆表征方法，即用一系列具有均匀接触力的紧密堆积的圆盘来表征任意形态的多边形块体。

（1）步骤一：将表征块石的多面体几何模型作为边界，在多边形块体内按一定的孔隙比，随机生成半径在 $R_{\min}\sim R_{\max}$ 范围内的圆形颗粒（$R_{\max}$ 可取 $2R_{\min}$），并保证颗粒与颗粒之间互不侵入。同时为了生成满足孔隙比的圆形颗粒，在生成圆形颗粒时可将半径缩小 R_{scale} 倍（通常 $R_{\text{scale}}=2.0$）；待生成后将半径再放大 R_{scale} 倍至原始粒径范围。

以块石颗粒的几何表面为固定边界，进行 DEM 数值计算，直到颗粒系统达到平衡状态。在计算过程中，颗粒采用摩擦接触模型，并设定接触摩擦角为 $0°$，接触弹性模量和泊松比略大于后续采用岩石力学试验的参数。

（2）步骤二：通过步骤一生成的颗粒集合体间的力链非常不均匀 [图 11.43（a）]，反映了颗粒间的接触力大小呈现明显的不均匀性，甚至有些颗粒与周围其他颗粒间没有任何接触，这在很大程度上会影响岩石颗粒破碎的模拟结果。为使颗粒间的接触力更加均匀化，本书提出了"应力均匀化方法"。对于颗粒材料，颗粒 i 所受到的平均应力 $\bar{\sigma}_i$（图 11.42）

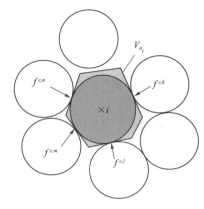

图 11.42　颗粒平均应力计算示意图

的计算公式为

$$\bar{\sigma}_i = \frac{1}{V_{\sigma_i}} \sum_k x^{c,k} \otimes f^{c,k} \qquad (11.4)$$

式中：$x^{c,k}$ 为颗粒 c 与颗粒 k 的接触点；$f^{c,k}$ 为对应的接触力；V_c 为包围颗粒 c 的 Voronoi 多边形的面积。

根据各个圆盘颗粒的平均应力，可以得到其对应的最大主应力（σ_i^1）。为了使颗粒间的接触力分布均匀，以确保所有的圆形颗粒紧密接触在一起，通过逐渐调整圆盘的半径使构成多边形块石的所有圆盘的主应力位于 $\sigma_{\min} \sim \sigma_{\max}$ 范围内（其中 $\sigma_{\min}$ 和 $\sigma_{\max}$ 是预先设置的主应力阈值范围）。如果在当前计算时步下某个圆盘的主应力大于 $\sigma_{\max}$，则减小其半径；若小于 $\sigma_{\min}$，则增加其半径。

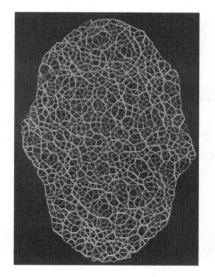

（a）初始接触力链分布

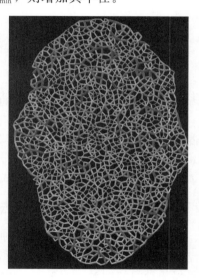

（b）"应力均匀"后接触力链分布

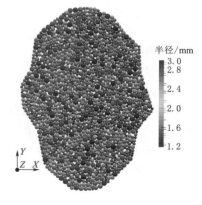

（c）最终生成的圆盘颗粒集合体模型

图 11.43　多边形块石圆形生成（圆形块石直径为 20cm）

图 11.43（b）展示了经过步骤二的"应力均匀化方法"计算后的力链分布。从图中可以看出，构成块石内部相邻圆盘颗粒间的接触力较图 11.43（a）呈现明显的均匀化，图 11.43（c）展示了最终生成的表征块石的圆盘颗粒模型。

（3）步骤三：对于构成土石混合体试样的所有块石，重复步骤二和步骤三，生成表征每个块石的密集圆盘颗粒集合体。

（4）步骤四：根据粒度分布和孔隙度在土石混合体试样块石间的填充生成表征细粒"土体"的圆盘颗粒。

11.8.2　土石混合体细观力学数值试验

本节选取构成四川省地川县唐家山堰塞体的土石混合体，采用离散元数值试验开展土石混合体的力学特性研究。

1. 试验方法

土石混合体数值试验采用双轴试验的方式。在 DEM 数值双轴试验中，侧向围压通常采用直接作用于试样上的刚性墙来施加，这与实际室内试验的柔性边界有一定的差异。为了模拟试验过程中的柔性围压边界条件，数值计算中在试样两侧分别设置有一定厚度的无摩擦球形颗粒（图 11.44），边界颗粒半径与试样颗粒的平均粒径近似，刚度较试样颗粒刚度大。围压通过左右的刚性墙（W_Left，W_Right）伺服施加在边界颗粒上，然后通过边界颗粒再施加到试样上，从而保证试验过程中试样边界上均匀受力，且可以产生差异变形。试验过程大致可以分为以下几个步骤：

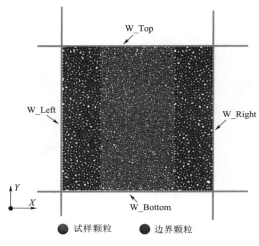

图 11.44　双轴数值试验模型

（1）固结：试验在指定围压下进行固结。围压分别通过对 W_Top、W_Bottom，W_Left 和 W_Right 四个刚性墙施加一定的速率进行加载，并通过伺服控制的方法使得作用在各刚性墙的反作用力达到设定的围压值，并稳定在一定的范围内。

（2）加载：固结完成后，分别对 W_Top 和 W_Bottom 沿着 Y 轴方向施加相反的恒定速率（10^{-5}/s）。当轴向应变达到 25% 时，双轴数值试验完成。在整个加载过程中侧向边界墙 W_Left 和 W_Right 通过伺服的方式控制围压保持设定值（误差在 10^{-5}）。

（3）监控：在数值试验过程中对轴向位移和轴向应力进行记录。轴向位移是通过记录顶、底加载板（W_Top 和 W_Bottom）在 y 方向上的位移来测量，轴向应力 σ_y 是通过记录 W_Top 和 W_Bottom 在 y 方向上的反作用力来计算：

$$\sigma_y = \frac{|F_y^{\text{W\_Top}}| + |F_y^{\text{W\_Bottom}}|}{2W} \tag{11.5}$$

式中：$F_y^{\text{W\_Top}}$ 和 $F_y^{\text{W\_Bottom}}$ 分别为作用在加载板 W_Top 和 W_Bottom y 方向的反作用力；W 为试样宽度。

2. 块石细观力学参数

构成唐家山土石混合体的块石主要为炭质灰岩，为了得到 DEM 计算分析采用的颗粒细观接触参数，本节通过室内巴西劈裂试验得到了岩石试样的宏观强度曲线。其中，室内巴西劈裂试验的试样直径 $D=5\text{cm}$，厚度 $H=3\text{cm}$。

为了得到块石的数值试验细观力学参数，本节建立了平面应变条件下的巴西劈裂数值试验计算模型（图 11.45），试样直径为 20cm，上下加载板的宽度为 5mm。数值试验模型采用半径在 1.2～3mm 范围内均匀分布的圆形颗粒表征，与描述土石混合体试样中岩块的圆盘颗粒尺寸及接触状态相似。数值试验中，通过在试样顶部和底部的刚性板以恒定应变率 $10^{-5}/\text{s}$（应变率与实验室试验相同）来施加轴向载荷 [图 11.45（a）]。颗粒间的接触采用黏结接触模型，表 11.7 显示计算采用的材料细观参数。

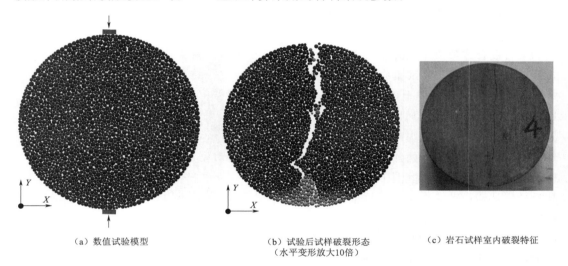

| （a）数值试验模型 | （b）试验后试样破裂形态
（水平变形放大10倍） | （c）岩石试样室内破裂特征 |

图 11.45　巴西劈裂试验

图 11.45（b）和（c）显示了数值试验及室内试验得到的试样破坏模式，可以看出沿试样加载轴向分成两部分，DEM 数值试验的破坏模式与室内试验基本一致。

表 11.7　　　　　　　　　　DEM 数值试验采用的岩石块体接触参数

材　料	参　　数	数　值
岩块	密度 $\rho/(\text{kg/m}^3)$	2650
	接触弹性模量 E_c/GPa	2200
	接触泊松比 ν	0.5
	摩擦角 $\mu/(°)$	35.0
	黏聚力 c/GPa	7.0
加载板	接触弹性模量 E_c/GPa	22000
	接触泊松比 ν	0.5
	摩擦角 $\mu/(°)$	40.0

图 11.46 展示了数值试验与室内试验得到的压应力（σ_P）-应变关系曲线。轴向压应力（σ_P，单位为 Pa）的计算公式为

$$\sigma_P = \frac{2P}{\pi DH} \qquad (11.6)$$

式中：P 为荷载，N；D 为试样直径，m；H 为试样厚度，m（对于 DEM 数值试验，H 为单位长度）。

从图 11.46 可以看出，DEM 数值试验中岩石试样的力学行为和抗拉强度与室内试验相似，因此表 11.7 中岩石的细观

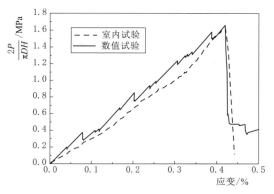

图 11.46 数值试验与室内试验对比

力学参数能较好地模拟构成唐家山堰塞体的土石混合体块石的力学行为。

3. 土体细观力学参数

为获得构成唐家山土石混合体的细粒土体的细观力学参数，首先通过筛分得到粒径小于 5mm 的细粒土体，并对其分别进行了 100kPa、300kPa、600kPa 及 900kPa 围压下的三轴室内试验，室内试验试样的直径为 10cm、高为 20cm。

根据试验土体的粒度组成特征，建立 DEM 双轴数值试验模型，试样尺寸与室内试验试样尺寸一致（宽 10cm、高 20cm）。土颗粒采用圆形颗粒来模拟，其中粒径为 2~3mm 的圆形颗粒占 75%，粒径为 3~5mm 的球形颗粒占 25%。生成的试样共有 2800 个圆形颗粒，孔隙比为 0.45。图 11.44 显示了生成的土体双轴数值试验模型。边界球颗粒数为 1466 个，粒径为 3~4mm 且均匀分布。

根据上述试验方法，分别开展了与室内试样同围压下的双轴数值试验研究，表 11.8 为 DEM 数值试验采用的土颗粒细观接触参数，其中土体采用黏结接触模型，边界颗粒和墙体均采用摩擦接触模型。

表 11.8　　　　　　　　DEM 数值试验采用的土颗粒细观接触参数

材　料	参　　　数	值
土颗粒	密度 ρ/(kg/m³)	2350
	杨氏模量 E_c/GPa	15.0
土颗粒	泊松比 ν	0.5
	摩擦角 φ/(°)	22.0
	黏聚力 c/kPa	1.5
边界颗粒	密度/(kg/m³)	2350
	杨氏模量 E_c/GPa	150.0
	泊松比 ν	0.2
	摩擦角 φ/(°)	0.0
加载板	杨氏模量 E_c/GPa	150.0
	泊松比 ν	0.1
	摩擦角 φ/(°)	5.0

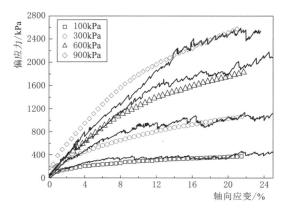

图 11.47　土体的双轴数值试验与室内试验
偏应力-轴向应变关系曲线（空心点为
室内试验结果，实线为数值试验结果）

图 11.47 展示了土体的双轴数值试验与室内三轴试验得到的偏应力-轴向应变关系曲线。从中可以看出，两者在应力-变形发展趋势上基本一致，在数值上也较为吻合。从而也表明利用数值试验选取的土体颗粒级配及细观接触参数模拟研究土体的细观力学参数是合理的。图 11.48 展示了室内三轴试验和 DEM 双轴试验结束时土体试样的破坏模式，由于 DEM 双轴试验通过"柔性边界"施加侧向围压边界，使得试样侧向变形与室内试验相似存在差异 ［图 11.48（b）］。因此，总体上来看表 11.8 中土体颗粒的细观力学参数能够较好地模拟唐家山滑坡坝土样的力学行为。

（a）室内三轴试验

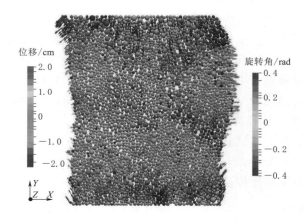

（b）DEM双轴试验

图 11.48　室内三轴试验及 DEM 双轴试验得到的土体试样变形特性

4. 土石混合体双轴数值试验

从构成唐家山堰塞体的土石混合体粒度分布曲线（图 11.49）可以看出，试样内部最大块石粒径约为 20cm。因此，本节建立的土石混合体试样的尺寸为：宽 50cm、高 100cm。在采用 R-SRM^{2D} 生成土石混合体试样时，考虑到计算效率，将粒径大于 5mm 的块石颗粒分为两部分：①粒径为 5～20mm 的颗粒采用圆形颗粒来模拟；②粒径大于 20mm 的颗粒采用随机生成的多边形来模拟，并采用上述的多球颗粒模型来表征。同时为了保证块石颗粒的细观接触参数的合理性，在采用多球颗粒填充多边形块石时，所采用的颗粒半径及应力条件与巴西劈裂试验采用的条件一致。

对于粒径小于 5mm 的土颗粒，其粒度级配与土体双轴试验时采用的级配一致，并且其孔隙比也保持一致，从而使得所生成的土石混合体试样内部土体特性参数与试验土体保持一致。图 11.50 展示了采用 R-SRM^{2D} 生成的土石混合体试样的 DEM 数值计算模型。

数值试验采用的土体及块石颗粒的细观接触参数与上述试验一致，土-石之间的界面接触参数：内摩擦角为 20°，黏聚力为 0kPa。试验根据上述双轴数值试验的方法进行，数值试验加载速率与土体数值试验一致。

图 11.51 显示数值试验计算得到的土石混合体偏应力-应变关系曲线。从图中可以看出，土石混合体的初始弹性模量及

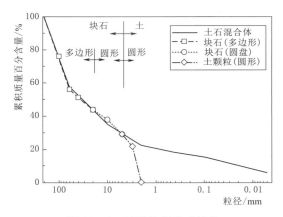

图 11.49 试样粒度组成特性

峰值强度要较同围压下土体的大。在加载初始阶段，土石混合体试样首先经历弹性变形阶段，达到峰值强度，然后呈现一定的应变软化状态，后续随着变形的发展将出现不同程度的应变硬化现象。在低围压下（如小于 300kPa 时），在整个变形阶段土石混合体的偏应力均大于土体的偏应力；而在高围压下（如 600kPa 及 900kPa），土石混合体在应变软化阶段的偏应力将降低到与土体的应力状态一致。

图 11.50 DEM 数值试验采用的唐家山土石混合体试样模型

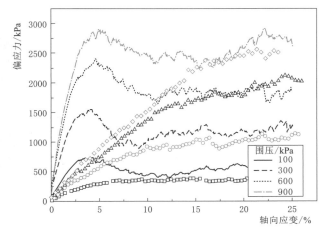

图 11.51 数值试验得到的不同围压下土石混合体偏应力-应变关系曲线（空心点为对应围压下土体试样结果）

图 11.52 显示了双轴试验计算得到的不同围压下土石混合体变形破坏演化过程。从图 11.52（a）中可以看出，在低围压下，整个试验过程中土石混合体内部块石基本没有发生破碎现象；而在高围压下，随着剪切变形的发展在剪切带内部及邻近的块石出现一定程度的破坏，位于剪切带边缘的块石大都以菱角剪切破碎为主，而位于剪切带内部的块石大都

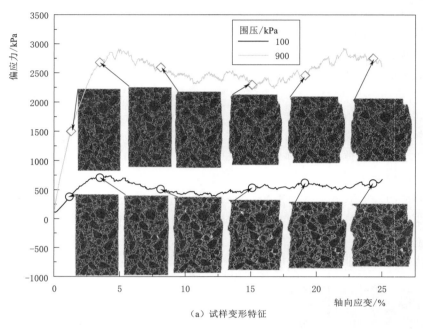

（a）试样变形特征

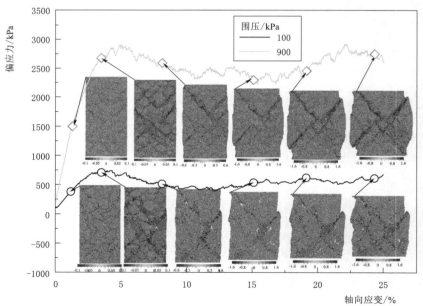

（b）颗粒旋转行为（逆时针为负，顺时针为正，单位为弧度）

图 11.52　不同围压下土石混合体试样的变形破坏过程

呈剪断破坏。

从试样内部颗粒旋转特性的演化过程［图11.52（b）］可以看出，试样在达到峰值强度之前试样内部并未出现明显的剪切带，而是由于内部结构调整，尤其是块石重排列及由此引起的块石和周围土颗粒发生不同程度的旋转。当试样达到峰值强度后，内部颗粒旋转呈明显的局部化现象。在高围压下，由于块石在试验过程中不断破坏，使试样剪切带逐渐趋于平直，并最终导致应力-应变关系曲线进入软化阶段后再次呈现明显的硬化现象；在低围压下，由于块石并未发生明显破坏，试样内部剪切带较宽、不明显，且剪切带内的块石将伴随着剪切过程发生旋转、咬合现象，从而使剪切带内部形成较大的"空隙"，试样宏观应力-应变关系曲线在峰值之后的应变硬化特征并不明显。

图11.53展示了数值计算得到的土体及土石混合体强度包络曲线。根据数值试验得到的最大主应力及最小主应力关系绘制莫尔圆［图11.53（a）］，从图中可以看出：对于试验土体的剪切应力-法向应力强度包线为近似直线，可以求得其内摩擦角为33.9°，黏聚力76.6kPa；而对于土石混合体试样，其τ-σ强度包线并非直线，而是具有明显的分段性，在低应力状态下，内摩擦角较大（42.8°）而黏聚力较小（61.2kPa），而在高应力状态下表现为内摩擦角降低（30°，接近于土体的内摩擦角），而黏聚力明显增加（317.2kPa）。

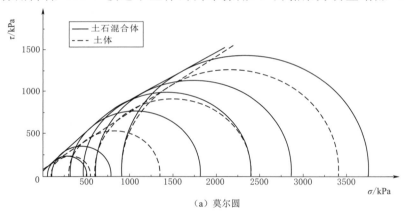

（a）莫尔圆

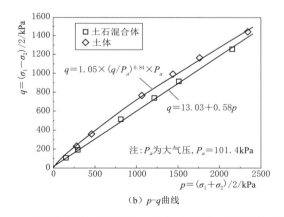

（b）p-q曲线

图11.53 数值试验计算得到的土体和土石混合体强度包络曲线

根据上述试验过程中试样内部剪切带的发育特征，在低应力状态下试样局部变形带内部块石未发生破坏，受块石影响剪切带较为曲折，从而使得试样宏观内摩擦角呈现明显增长趋势，而由于土石间的接触黏聚力较小，试样黏聚力呈现一定的降低趋势。在高应力状态下，剪切带内部块石在剪切过程中发生不同程度的破坏，剪切带趋于平直，从而降低了试样的内摩擦角，而由于块石的黏聚力较大，使得在试样宏观的黏聚力有很大的增加。图 11.53（b）展示了土石混合体及土体在 p-q 平面上的包络线从图中可以明显看出土体的 p-q 关系曲线呈线性关系；对于土石混合体而言，由于块石破碎效应，p-q 关系曲线则成指数相关关系。

第 12 章

土石混合体力学特性影响因素
及宏细观机制

12.1 概述

通过土石混合体的室内三轴试验，获得了含石量、粒度组成和试样尺度对土石混合体宏细观力学性质的影响规律，尤其是通过开展不同粒度组成试样的 CT 三轴试验，定量分析了试验全过程中，试样内部块石的三维运动场和孔隙结构演化，初步揭示了土石混合体承载能力和变形损伤的细观机制。然而，受试验仪器、制样方法和试验成本所限，无法对多结构和大尺度土石混合体试样开展 CT 三轴试验，因此需要借助离散元数值模拟方法对土石混合体细观结构力学性质和尺度效应开展系统研究。土石混合体的细观结构特征指标，除了在室内三轴试验中所研究的含石量、块石粒度组成外，也包括块石形状和空间排布。另外，在试验中还发现块石破碎受其本身强度和围压条件共同控制，并改变试样的级配曲线和细观结构特征，进而影响土石混合体的宏观强度和变形性质。为深入研究上述问题，本节基于土石混合体的随机模型，应用前述土、石材料的细观计算反演参数开展了三轴试验的数值模拟。

在粒度组成一定的条件下，基于随机生成技术，分别获得了不同块石形状、不同块石破碎性能以及不同试样尺度的三组土石混合体数值模型，针对性地研究了这三种因素对其宏细观力学性质的影响效果与机制，试验方案见表 12.1。

表 12.1　　　基于土石混合体细观结构随机模型的数值三轴试验方案

试样名	试样尺寸/mm	块石形状	块石破碎性	围压/kPa
C1_Medium	$\Phi150 \times H300$	随机选择	可破碎	600
C2_Medium				
C2_Slender	$\Phi101 \times H200$	细长状	不可破碎	600
C2_Flat		扁平状		
C2_Sphere		类球状		
C2_RandomU	$\Phi101 \times H200$	随机选择	不可破碎	100、300、600、900
C2_Random			可破碎	

12.2　土石混合体宏细观力学特性的影响因素

12.2.1　块石形状

通过对土石混合体细观结构重建模型中块石的几何形态统计，可以对块石进行分类。即根据块石在空间内三个正交维度上的尺寸特征将其划分为细长状、类球状和扁平状三类，如图 12.1 所示。定义块石在三个正交维度上的尺寸由大到小依次为 $length$，$width$，$height$，则划分标准如下：

$$\begin{cases} length/width>1.75 & \text{细长状} \\ length/width\leqslant1.75;length/height\leqslant1.75 & \text{类球状} \\ length/width\leqslant1.75;length/height>1.75 & \text{扁平状} \end{cases} \quad (12.1)$$

（a）细长状块石　　　　　　（b）类球状块石　　　　　　（c）扁平状块石

图 12.1　三类典型形状的块石

将数据库中的块石模型，按照图 12.1 所示分类建立三个子数据库，用于土石混合体细观结构模型的随机生成。本节中，块石的粒度组成与第 6 章室内试验中等量替代试样保持一致，但在生成细观结构随机模型时选取的块石形状分别为细长状、类球状和扁平状。

基于 SRM^{3D} - RealBlock，在生成的模型空间内按级配要求，从相应块石形状的数据库中随机选取满足粒径要求的块石进行投放。由于球之间的相交判断效率远高于多面体，因此随机填充时采用相应粒径块石的外包球代替拟投放的块石。投放完成后，通过球心定位块石中心，将外包球替换回原始块石，即完成了随机模型生成中的块石部分（图 12.2）。模型中的块石均设置为不可破碎，以控制块石形状为所研究的单因素变量。土石混合体内的块石模型生成后，块石间的土颗粒填充与第 9 章所述重建模型填充方法相同，此处不再赘述。表 12.2 展示了生成的三种土石混合体细观结构模型的基本信息。

表 12.2　　　　含不同形状块石的土石混合体随机模型的基本信息

试样名	块石形状	块石数量/块	块石颗粒数/个	土颗粒数/个	颗粒总数/个
C2_Slender	细长状	912	31295	20277	51572
C2_Sphere	类球状	912	25205	20201	45406
C2_Flat	扁平状	912	31733	20201	51934

（a）细长状块石模型　　　　（b）类球状块石模型　　　　（c）扁平状块石模型

图 12.2　含不同形状块石的土石混合体随机模型（块石部分）

基于上述三种模型，采用 DEM 计算方法开展围压为 600kPa 的数值三轴试验，图 12.3 展示了数值试验得到的各试样的应力-应变关系曲线。可以看出：类球状块石所能提供的咬合作用最低，试样偏应力最小；而细长状块石具有较强的咬合作用，因此偏应力最高；而扁平状块石的试样，则介于两者之间。与类球状块石相比，细长状和扁平状块石的旋转会导致试样细观结构有较大的调整，因此试验初期这两种试样都表现出较大的体缩，且细长状块石试样体缩量略大于扁平状块石试样；而在试验后期，整体看来，块石间咬

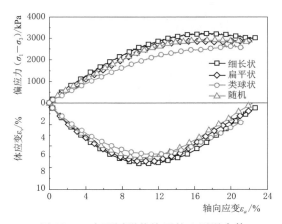

图 12.3　含不同形状块石的土石混合体
三轴试验应力-应变曲线

合作用更为突出，旋转等空间位置的调整则变得困难，因此试样开始出现明显剪胀，体变超过类球状块石试样。

12.2.2　块石破碎

对于同类块石，影响其破碎的重要因素是应力水平，即三轴试验中的围压。因此，本书基于随机试样研究了在四种围压条件下，块石破碎对土石混合体试样应力应变特性的影响。试样中的块石是在总数据库中随机选择的，因此含有前述三种形状的块石，试样模型具有完全相同的细观结构，仅块石的破碎性质不同，其中的块石部分如图 12.4 所示，基本信息见表 12.3。

表 12.3　　　　　用于研究块石破碎的土石混合体随机模型基本信息

试样名	块石特性	块石数量/块	块石颗粒数/个	土颗粒数/个	颗粒总数/个
C2_Random	可破碎	2798	40279	20686	60965
C2_RandomU	不破碎	2798	40279	20686	60965

基于表 12.3 所示的两种土石混合体试样，开展了四种围压条件下的三轴数值试验，试验得到的应力-应变曲线如图 12.5 所示。

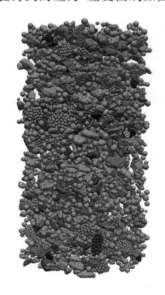

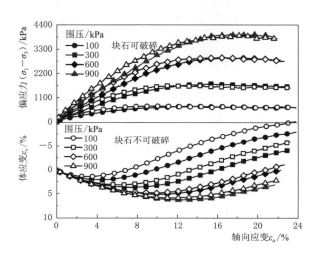

图 12.4　用于研究块石破碎的土石
混合体随机模型（块石部分）

图 12.5　含不同破碎性块石的土石混合体
试样应力-应变曲线对比

由图 12.5 可以看出，在四种围压条件下，两种试样的应力-应变曲线具有相同的发展趋势，仅在量值上有所差别。在试验前半段，可破碎块石试样的偏应力低于不可破碎块石试样，但是其偏应力曲线具有更快的增速；在试验后期，即轴向应变达到 14% 之后，偏应力超过了不可破碎块石试样。不可破碎块石采用 DEM 计算中的刚性"颗粒簇"表征，因此对试样整体的增强作用更为明显。随着轴向应变的增大，可破碎块石所承受的应力不断增加，当构成块石的颗粒间接触力超过其接触强度时，颗粒间的黏结将发生断裂，块石发生破碎。大块石破碎后，产生了更多小粒径的块石，从而改变了试样级配，在加载过程中细观结构不断调整以更好地承担外部荷载，因此在加载后期可破碎块石试样的偏应力略高于不可破碎块石试样。

与偏应力相比，两种试样的体应变表现出更为明显的差别。在四种围压条件下，不可破碎块石试样的体缩量均小于可破碎块石试样。造成该现象的原因如上所述，两种试样在试验初期具有相同的细观结构，在轴向压缩过程中，不可破碎块石在咬合作用下只能调整空间位置，从而更容易发生剪胀，而可破碎块石则会发生破碎，试样中的孔隙会被一部分破碎产生的小粒径块石填充，相对不可破碎块石会变得更为密实。但是随围压的增大，两种试样的体应变差别逐渐减小，当围压为 900kPa 时，两种试样的体应变曲线几乎重合。在较高围压下固结的试样会更加密实，即使块石破碎，碎裂后的小粒径块石也难以调整位置和角度，即试样的内部结构调整自由度大大受限，因此与不可破碎块石试样的体应变相近。

12.2.3 试样尺度

受设备限制，室内试验无法通过 CT 三轴试验研究土石混合体宏细观力学特性的尺度效应。因此，本节基于土石混合体细观结构随机模型，采用数值试验的方式研究了试样尺度对其力学特性的影响。

根据第 6 章室内试验采用的小尺度的超径块石试样（C1）和等量替代试样（C2）的重建模型的颗粒形态及粒度组成，基于 SRM^{3D} – RealBlock 生成了较原尺寸放大 1.5 倍的土石混合体试样。为与第 6 章室内试验方案保持一致，仍旧称其为中尺度试样。C1 和 C2 试样重建模型及中尺度随机模型分别如图 12.6 和图 12.7 所示，基本信息见表 12.4。

（a）重建模型（C1_Recon，$\Phi101\times H200$）　　（b）随机模型（C1_Rand，$\Phi150\times H300$）

图 12.6　本书第 6 章的 C1 试样重建模型及中尺度随机模型（块石部分）

表 12.4　　　　　　**两种粒度组成的不同尺度土石混合体随机模型基本信息**

试样名	试样尺寸 /mm	块石数量 /块	块石颗粒数 /个	土颗粒数 /个	颗粒总数 /个
C1_Rand	$\Phi150\times H300$	4681	144240	60602	204842
C1_Recon	$\Phi101\times H200$	396	43718	15838	59553
C2_Rand	$\Phi150\times H300$	9449	114088	69421	183509
C2_Recon	$\Phi101\times H200$	881	29018	17814	46895

图 12.8 展示了四种试样在围压为 600kPa 时经三轴试验得到的应力-应变曲线。可以看出，在三轴试验中试样尺度对土石混合体的应力-应变特性有较为明显的影响。对于两种粒度组成的试样，中尺度试样的偏应力均低于小尺度试样，且体缩量偏小，后期发生较明显的剪胀。在试验前期，试样处于压密阶段，两种尺度试样的偏应力基本相等。当轴向应变达到 9% 时，两者的偏应力曲线向不同方向发展，对于小尺度试样，超径块石已经发

（a）重建模型（C2_Recon，$\Phi101\times H200$mm）　（b）随机模型（C2_Rand，$\Phi150\times H300$mm）

图 12.7　本书第 6 章的 C2 试样重建模型及中尺度随机模型（块石部分）

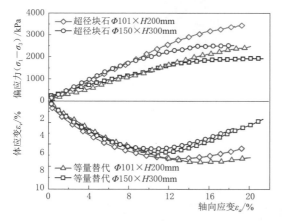

图 12.8　两种粒度组成的四种不同尺度的土石
混合体试样应力-应变曲线对比

挥控制性作用，承担大部分荷载，因此偏应力以较稳定的速率持续上升；而超径块石在中尺度试样内只是构成骨架，且相对小尺度试样，边界对中尺度试样内部颗粒的约束效应较小，内部结构能够更灵活地调整，因此偏应力曲线增速逐渐减缓，最终趋于平稳。与偏应力曲线相对应，试样前期两种尺度试样的体应变曲线基本一致，后期中尺度试样出现更为明显的剪胀现象。在级配相同的条件下，同样粒径的块石在小尺度试样中发挥主要的承载作用，在较高围压下破碎更为突出，产生的小粒径块石有效填充了试样中的孔隙，使得试样更为密实，因此小尺度试样的体缩量大于中尺度试样。这与第 6 章室内试验得到的土石混合体尺度效应相吻合。

12.3　土石混合体细观结构特征的表征体系

12.3.1　颗粒接触与力链网络

土石混合体可以看作是由块石和土颗粒共同构成的非均质颗粒集，通过颗粒间的接触进行力的传递，形成力链网络，实现共同承载。因此颗粒间的接触关系和力链网络既可以表征土石混合体的细观结构特征，也对土石混合体的宏观强度有明显影响。对于颗粒间的接触关系，配位数是最简便的表征指标（指每个颗粒与其周围颗粒的平均接触数，表示颗粒集的密集程度），土石混合体试样中平均配位数的演化，在一定程度上反映承载颗粒体系的发展规律。图 12.9 为土石混合体力链网络的典型演化过程，其中力链的粗细和颜色均表示其大小。在轴向压缩开始前，试样内颗粒间的作用力分布均匀，且量值较小，围压由所有颗粒共同承担。随着轴向压缩，接触作用力普遍增大，且内部块石附近出现多处应力集中，这些散布的应力集中区逐渐扩展连通，受粒径较大的块石阻隔，并没有贯通整个试样。同时，由于外荷载主要由部分大粒径颗粒承担，力链网络中出现局部架空，整体有变稀疏的轻微趋势。

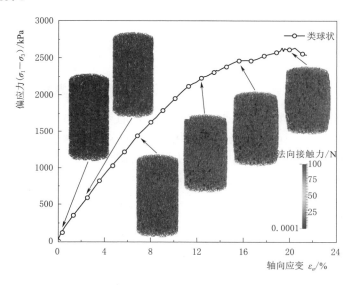

图 12.9 土石混合体力链网络的典型演化过程

在不均匀的外力作用下，土石混合体还会出现各向异性现象，表现为颗粒间接触方向、法向接触力和切向接触力在空间内的统计主方向发生偏移。图 12.10 展示了土石混合体试样的内部颗粒间接触方向、法向接触力和切向接触力的玫瑰花图随轴向加载过程的演化规律。从图中可以看出，在固结过程中颗粒间的接触在宏观上表现为各向同性，随着轴向加载过程逐渐呈现各向异性特征。其中，法向接触力的空间统计分布由类球状转化为花生状，主方向趋向于轴向加载方向，且各向异性程度也随轴向偏应力的增大而增大。在上述三个接触指标中，法向接触力与切向接触力的空间统计分布在轴向应变为 3.57% 时即已表现出典型的各向异性形状，之后主方向也基本保持不变，仅仅是各向异性的程度持续发展；而接触方向的主方向在试验过程中则持续发生偏移。

12.3.2 颗粒运动

土石混合体中的土颗粒与块石在承载过程中，不断调整自身空间位置，细观结构随之变化，因此土颗粒与块石在空间内的平移和旋转直接决定了土石混合体的变形特征，是表

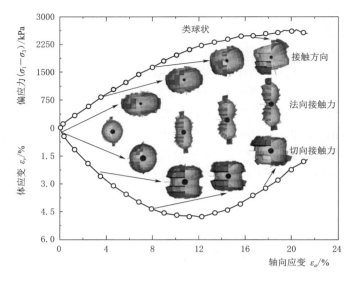

图 12.10　土石混合体内部颗粒接触的应力诱发各向异性典型演化过程

征土石混合体细观结构的基础指标。第 8 章自主研发的 MSRAS[3D] 得到了土石混合体试样中的块石在三轴试验中的空间位移场，发现从试样两端对称压缩，导致端部块石以向试样中心的轴向运动为主，而靠近试样中部的块石则以向试样外侧的径向运动为主。三轴试验中土石混合体内部颗粒的位移场演化如图 12.11 所示。

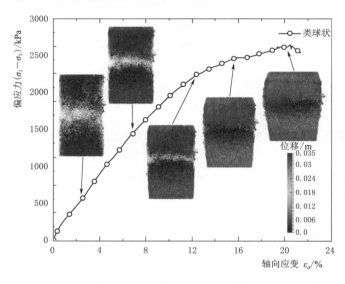

图 12.11　三轴试验中土石混合体内部颗粒的位移场演化

在密实的土石混合体中，土颗粒和块石均会在承载过程中发生明显的旋转。其中，土颗粒通过旋转耗散能量，即外部荷载所做的功；块石的旋转则会改变土石混合体细观结构，使其向更适宜承载的趋势发展。不同于颗粒平移具有较强整体性，试样中不同部位的颗粒旋转有较大差别，通常会出现变形局部化现象。块石旋转对土石混合体细观结构起控制作用，为了更清晰地展示块石旋转与试样宏观力学及变形特性之间的关系，对图 12.12 所示含石量为 50％的土石混合体试样开展了柔性侧边界条件下的双轴数值试验研究，其中块石均不可破碎。

以块石最长轴与 x 方向夹角的变化表征旋转量，以逆时针旋转为正，顺时针旋转为负。由于块石体积较大且棱角分明，因此其旋转量介于 $-90°\sim90°$ 之间。图 12.13 为轴向应变为 18.7％时，在不同围压条件下试样中块石的旋转角度频率分布图，统计间距为 20°。可以看出，大多数块石的旋转角度都较小，有 30％的块石旋转角度集中在 $-3°\sim3°$ 区间内，但是随围压的增大，土石混合体试样的侧向不均匀变形也随之增大，有更多块石的旋转角度增大，因此块石旋转频率分布曲线峰值逐渐降低。

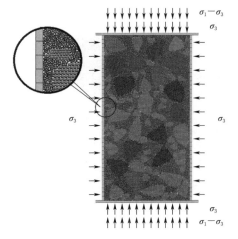

图 12.12　土石混合体的双轴数值模型

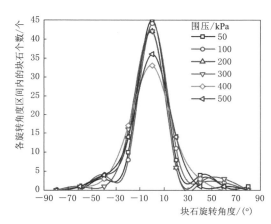

图 12.13　不同围压的双轴试验中块石旋转量的频率分布图（轴向应变为 18.7％）

块石在 400kPa 围压双轴试验中的旋转量变化如图 12.14 所示，可以清晰地观察到土石混合体试样中变形集中区的形成过程。

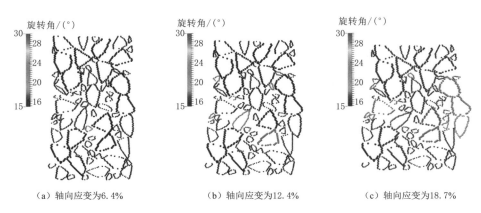

（a）轴向应变为 6.4%　　　　（b）轴向应变为 12.4%　　　　（c）轴向应变为 18.7%

图 12.14　块石在 400kPa 围压双轴试验不同加载阶段的旋转量变化

　　从变形集中区内部和外部分别选取一些代表性块石，绘制各自旋转量随轴向压缩的变化曲线，如图 12.15 所示。由图 12.14 可见，变形集中区外部的块石在整个试验过程中的旋转量都非常小，主要集中在 $-5°\sim5°$ 区间内。而变形集中区内部块石的旋转量则明显随轴向应变的增大而增大，在试验结束时，绝大部分块石的旋转量都超过了 $10°$；并且旋转量变化曲线与应力-应变曲线有很好的对应关系，根据偏应力曲线的发展趋势，可以将整个过程划分为四个阶段：弹性段、峰值前弹塑性段、峰后稳定段和二次峰值段。在弹性段内，试样主要是被压密，块石旋转量很小，增长也相当缓慢；在峰前弹塑性段，块石旋转量开始增大，但增速仍然较低；当偏应力达到第一个峰值后，块石旋转量的增速变大，在这个应力稳定段，块石的旋转量都有不同程度的增大，绝大多数块石旋转量介于 $10°\sim20°$ 区间内，试样细观结构出现较大调整；由于细观结构调整为一个更适宜承载的状态，偏应力水平又有所上升，变形集中区内大部分块石的旋转量以一个较大的速度呈线性增大，有一些甚至超过了 $30°$。综上所述，块石的旋转可以很好地表征土石混合体内部的变形集中区。

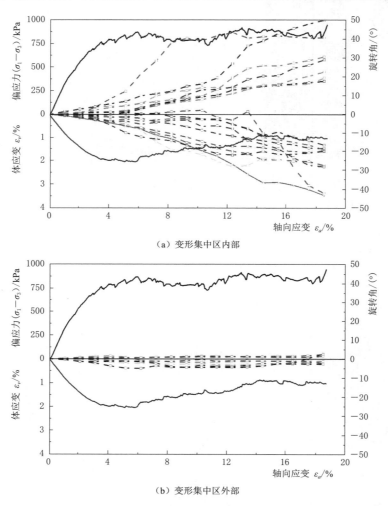

（a）变形集中区内部

（b）变形集中区外部

图 12.15　400kPa 围压双轴试验中变形集中区内部和外部典型块石的旋转量变化曲线

此外，变形集中区的形成还受土石混合体内部块石的空间排布所控制。如在双轴试样中，左上部有邻近几个块石构成三角形小集簇，这样的局部结构因为块石间的相互制约具有较强的整体性，因此这部分块石的运动以集簇的平移为主，而旋转量很小，也不易出现局部变形区。相反，悬浮在土颗粒中的块石则具有更大的旋转灵活度，易于发展为集中变形区甚至剪切带，是土石混合体中的相对薄弱区。

图 12.16 展示了在 50kPa 和 400kPa 围压下，土石混合体试样中变形集中区的形式，对比可见两者有较大差别。在 50kPa 围压下，变形集中区从试样右上部和右下部分别向试样内部延展，并在中心偏左处相交；在 400kPa 围压下，主要的变形集中区从试样左侧中部向右侧底部延展，形成了贯通试样的剪切带。

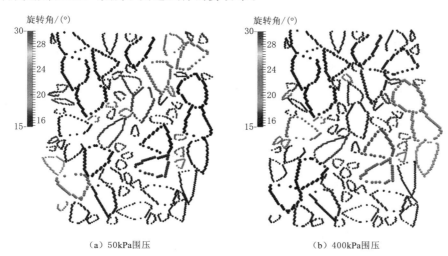

（a）50kPa围压　　　　　　　　　　（b）400kPa围压

图 12.16　两种围压条件下的土石混合体变形集中区形式对比图

12.3.3　孔隙结构与细观体变

根据土石混合体三轴试验的结果，土石混合体的密实度是影响其宏观力学性质的重要因素之一，内部孔隙结构的演化则决定试样的体变特性。由第 6 章土石混合体在 CT 三轴试验中的孔隙率演化分析发现试样的细观体变并不均匀，且其分布与变形集中区联系紧密。因此细观体变也是土石混合体细观结构特征的表征指标之一。在数值试验中，采用 Voronoi 网格定义细观体变，对三维颗粒集进行 Voronoi 网格划分，每个颗粒的 Voronoi 网格的顶点是颗粒集空间内距离该颗粒比距离其他颗粒更近点的集合（图 12.17），由此定义颗粒的细观孔隙率 n_{meso} 为

图 12.17　球形颗粒集合体的
Voronoi 风格示意图

$$n_{\text{meso}} = \frac{V_{\text{voro}} - V_{\text{particle}}}{V_{\text{voro}}} \times 100\% \tag{12.2}$$

式中：V_{particle} 为球颗粒体积，对用于模拟不破碎块石的绑定球集则为相应块石体积；V_{voro} 为相应的 Voronoi 网格体积。

　　基于以上定义，以三轴试验固结结束时刻为基准，可以计算试样在轴向压缩过程中的细观体变。

12.4　细观结构特征对土石混合体力学性质的影响机制

12.4.1　粒度组成

　　本书第 6 章开展了超径块石试样和等量替代试样重建模型的三轴数值试验研究，图 12.18 为试验过程中两种不同粒度组成的土石混合体试样内部土颗粒平均配位数和平均法向接触力的演化过程。结合图 12.9 中的力链演化特征分析，考虑到土石混合体中颗粒的承载作用与其粒径相关，因此将土颗粒按照粒径划分为 3～4mm 和 4～5mm 两个区间，对两类粒径土颗粒的配位数和接触力分别进行统计分析。

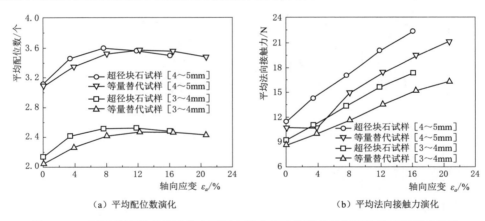

（a）平均配位数演化　　　　　（b）平均法向接触力演化

图 12.18　不同粒度组成的四种土石混合体内部平均配位数与平均法向接触力演化

　　在土石混合体的三轴试验中，土颗粒的平均配位数总体上呈先上升后下降的趋势。由于试验前期土石混合体试样发生压缩变形，变得更为密实，使得颗粒的平均配位数有所增加。而在试验后期，土石混合体试样主要通过土颗粒和块石的旋转，甚至是块石破碎来调整细观结构，在这个过程中，由于块石发挥更多的承载作用，在含石量较高时甚至形成骨架，试样内部出现架空等变形局部化现象，造成土颗粒的平均配位数有所下降，这也与土颗粒的力链网络逐渐变稀疏相对应。对比两个粒径区间内的土颗粒平均配位数可知，两者具有一致的变化规律，仅仅是量值上有所差别，其中大粒径土颗粒的平均配位数比小粒径土颗粒多 1 个左右。同样，大粒径土颗粒的平均法向接触力也大于小粒径土颗粒，且两者间的差距随轴向应变的增大而增大。土颗粒的平均法向接触力变化趋势与宏观偏应力-轴向应变曲线一致，都持续增加。

对比超径块石试样与等量替代试样中土颗粒的平均配位数发现，超径块石试样中配位数的变化要比等量替代试样配位数的变化更加剧烈，且更早地开始下降，出现前期高于等量替代试样、后期又低于等量替代试样的现象。导致该现象的原因是：超径块石在试验初期孔隙较多，在试样压密阶段土颗粒的配位数增加较快，而其中的超径块石会更快地发挥骨架承载作用，使得土颗粒配位数有所下降。超径块石试样中土颗粒的平均法向接触力则始终高于等量替代试样。

12.4.2 块石形状

本书第 12.2 节针对三种含不同形状块石的土石混合体随机模型，开展了三轴数值试验研究，图 12.19 为试验过程中三种土石混合体试样内部土颗粒的平均配位数和平均法向接触力演化过程。

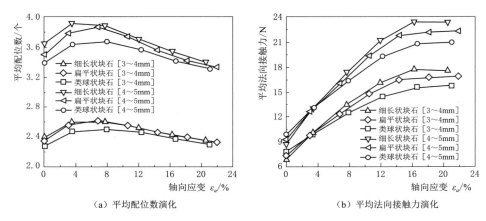

（a）平均配位数演化　　　　　（b）平均法向接触力演化

图 12.19　含不同形状块石的土石混合体内部平均配位数与平均法向接触力演化过程

三种试样中不同粒径区间内的两类土颗粒配位数在试验初期呈增大趋势，当轴向应变达到 4% 后逐渐减小。与此同时，土颗粒的平均法向接触力演化在 4% 的轴向应变之后也发生了反转。这主要是由于在加载初始阶段，试样尚不密实，块石的骨架效应尚不明显，土颗粒发挥了很大的承载作用，同时由于在具有相同体积的空间几何体中，球的表面积最小，配位数最低，承担了邻近的外荷载，则类球状块石试样中的平均法向接触力高于扁平状块石试样，细长状块石试样的平均法向接触力最小。当轴向应变达到 4% 后，内部块石的咬合效应得以充分发挥，土颗粒配位数逐渐下降，且以细长状块石的咬合作用最突出，类球状块石最低。

图 12.20 是三种试样颗粒间接触的各向异性拟合参数的演化过程。采用球谐级数对三维各向异性拟合，球谐级数是拉普拉斯方程解的角度部分在球坐标下的形式，该级数工具适用于三维形态分析。在球坐标系下描述应力诱发各向异性空间分布形态的拟合公式为

$$R_f(\theta, \phi) = \sum_{n=0}^{\infty} \sum_{m=0}^{n} (\alpha_{m,n} \cos m\phi + \beta_{m,n} \sin m\phi) P_n^m(\cos\theta) \tag{12.3}$$

式中：$R_f(\theta, \phi)$ 为球坐标系下拟合图像在方向角（θ, ϕ）处的半径；n 为拟合阶数；$P_n^m(\cos\theta)$ 为缔合勒让德函数；$\alpha_{m,n}$ 和 $\beta_{m,n}$ 为用于描述图像各向异性程度的 Fourier –

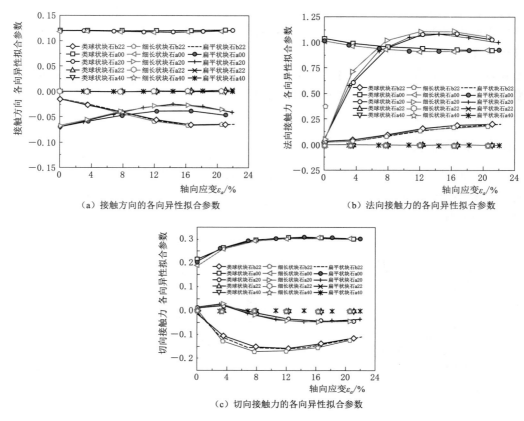

（a）接触方向的各向异性拟合参数　　　　　（b）法向接触力的各向异性拟合参数

（c）切向接触力的各向异性拟合参数

图 12.20　三种试样颗粒间接触的各向异性拟合参数的演化过程

Legendre 系数。

拟合参数 $\alpha_{m,n}$ 和 $\beta_{m,n}$ 具有如下形式：

$$\alpha_{m,n} = \frac{(2n+1)(n-m)!}{2\pi(n+m)!} \int_{-1}^{1} \int_{0}^{2\pi} R(\theta,\phi) P_n^m(w) \cos(m\theta) \mathrm{d}\theta \mathrm{d}w \tag{12.4}$$

$$\beta_{m,n} = \frac{(2n+1)(n-m)!}{2\pi(n+m)!} \int_{-1}^{1} \int_{0}^{2\pi} R(\theta,\phi) P_n^m(w) \sin(m\theta) \mathrm{d}\theta \mathrm{d}w \tag{12.5}$$

根据已有的相关研究成果，本书选取 $\alpha_{0,0}$，$\alpha_{2,0}$，$\alpha_{2,2}$，$\alpha_{4,0}$，$\beta_{2,2}$ 五个参数对土石混合体中颗粒接触的应力诱发各向异性进行拟合，并开展研究。

从图 12.20 可以看出，对于接触方向、法向接触力和切向接触力，$\alpha_{2,2}$，$\alpha_{4,0}$ 在试验过程中均没有变化，故此不作分析。剩余三个参数中，对法向接触力起主导作用的是 $\alpha_{2,0}$，对切向接触力起主导作用的是用于描述水平方向各向异性的 $\beta_{2,2}$，接触方向则由两者共同控制，$\alpha_{0,0}$ 在试验全程中基本无变化。分别观察对三项指标起主导作用的相应拟合参数，发现对于法向接触力和切向接触力，参数 $\alpha_{2,0}$ 和 $\beta_{2,2}$ 都是细长状块石试样＞扁平状块石试样＞类球状块石试样，说明颗粒间接触力的各向异性程度以细长状块石试样最大，以类球状块石试样最小，这也反映了细长状块石对土石混合体试样的细观结构具有更强的非均质性。

12.4.3 块石破碎性

本书第 12.2 节针对含不同破碎性能块石的土石混合体随机模型，开展了三轴数值试验研究，图 12.21 为在 600kPa 围压下的三轴试验过程中不同块石破碎性的土石混合体试样内部土颗粒的平均配位数和平均法向接触力的演化过程。从图 12.21 可以看出，含有可破碎块石的土石混合体试样中，土颗粒的平均配位数略高于不可破碎块石，这是由于不可破碎块石在试样内部调整自身空间位置，尤其是发生旋转时，容易形成更多的架空区域，若块石可破碎，形成的小粒径块石能够有效填充块石邻近区域内的这类架空区，从而增大了试样的密实度，相应提高了试样中土颗粒的配位数。在试验初期，两者相差甚微则是由于此时尚处于试样压密阶段，未发生明显的块石破碎。两者的平均法向接触力对比则与宏观偏应力曲线大小关系一致，不可破碎块石试样中，大粒径土颗粒的平均法向接触力开始高于可破碎块石试样，在试验后期趋于一致，而小粒径土颗粒的平均法向接触力则始终相差不大，说明块石破碎仅对较大粒径的颗粒有影响。

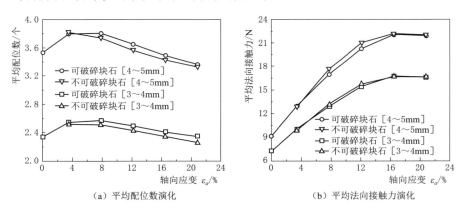

（a）平均配位数演化　　　　（b）平均法向接触力演化

图 12.21　不同块石破碎性的土石混合体试样内部土颗粒的
平均配位数和平均法向接触力的演化过程

12.4.4 试样尺度

本书第 12.2 节针对相同粒度组成的两种尺度土石混合体随机模型，开展了三轴数值试验研究，图 12.22 为在三轴试验过程中，超径块石和等量替代两种级配的中尺度和小尺度土石混合体试样内部土颗粒的平均配位数和平均法向接触力演化过程。

从图 12.22 可以看出，对于不同粒度组成的两类土石混合体，在不同尺度的试样中，土颗粒的平均配位数和平均法向接触力演化都遵循同样的规律，即试验初期，中尺度试样中的平均配位数明显高于小尺度试样，随后出现较明显的下降，后期低于小尺度试样，且这种差别在大粒径土颗粒中更为明显。对于平均法向接触力，试验前期中尺度试样高于小尺度试样，但其平均法向接触力随轴向压缩逐渐下降，后期低于小尺度试样。由图 12.6 和图 12.7 可以看出，在粒度曲线相同的情况下，相同粒径的块石在小尺度试样中会表现为大粒径块石，相对中尺度试样具有更为明显的非均质性。因此在试验前期，由于中尺度

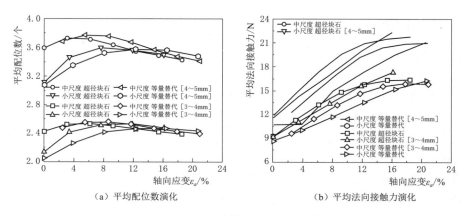

（a）平均配位数演化　　　　　　　　（b）平均法向接触力演化

图 12.22　不同尺度的土石混合体试样内部土颗粒的
平均配位数与平均法向接触力演化过程

试样中含有较少的由大粒径块石构成的集中型架空孔隙，而是均匀分布，因此土颗粒的配位数会高于小尺度试样。但在试验后期，中尺度试样中的块石逐渐形成骨架并发生咬合，产生架空孔隙；而小尺度试样中的块石破碎现象更为明显，相应改善了试样的级配，提高了密实度，在两者共同作用下，中尺度试样的土颗粒平均配位数低于小尺度试样。

第 13 章

土石混合体边坡稳定性研究——以金沙江中游梨园水电站左岸土石混合体边坡为例

13.1　概述

如前文所述，土石混合体内部的块石含量、粒径及空间分布等结构特征影响着土石混合体的强度及变形破坏机理。但受技术条件的限制，难以建立土石混合体边坡的真实内部结构模型，目前对这类岩土体的稳定性分析仍然沿用一般的土质斜坡的稳定性分析方法。

传统的边坡稳定性方法主要有：地质历史分析法、极限平衡法、概率分析法、数值分析法、物理模拟法及非线性方法等。其中，基于计算分析的边坡稳定性方法大致可以分为两类：①基于极限平衡理论的极限平衡法、极限分析法及滑移场法等；②基于有限元法（FEM）、有限差分法（finite difference method，FDM）、离散元法（DEM）及物质点法（material point method，MPM）等数值计算方法的稳定性分析法。

极限平衡法是工程中应用最多，也最为成熟的边坡稳定性分析方法。它是通过分析在临界破坏状态下滑体外力与内部强度所提供的抗滑力之间的平衡关系来计算滑动体在自身及外部荷载作用下的稳定程度。根据计算分析假定条件，极限平衡法可以分为瑞典条分法、简布法、萨尔玛法、美国陆军师团法及斯宾塞法等。同时随着极限平衡理论、数值计算技术及计算机技术的发展，基于三维极限平衡理论的边坡稳定性分析方法已经得到了广泛的应用。

极限平衡法在岩土工程设计中得到了极其广泛的应用，但由于极限平衡法需要率先知道滑动面的大致位置和形状，对于均质土坡可以通过搜索迭代确定其危险滑动面，但是对于某些边坡（如大型堆积体边坡、土石混合体边坡等）由于其内部结构比较复杂，难以准确确定滑动面的位置，而且确定时也带有很大的人为性和随机性，给此类边坡的稳定性分析带来了较大的困难。此外，极限平衡法无法考虑边坡内部的应力场问题，也给边坡稳定性分析带来了很大的不准确性，而且无法对边坡的变形破坏模式作出判定。传统的基于数值计算技术的边坡应力、应变特征及变形破坏机理方法一般只能得出边坡的应力、位移状况等，而无法得到边坡的潜在滑动面和相应的稳定系数。

强度折减法（strength reduction method，SRM）是随着各类数值计算技术及岩土力学的不断发展而逐渐形成的一种用于岩土体稳定性分析的新方法。Duncan[241]指出边坡的安全系数可定义为使边坡刚好达到临界破坏状态时，对岩土体的剪切强度进行折减的程度，并定义边坡的安全系数为岩土体的实际抗剪强度与临界破坏时的抗剪强度的比值。随着计算机技术的发展，尤其是岩土材料的非线性计算技术的发展及各种成熟的大型有限元计算软件（如 ABAQUS、ANSYS、ADINA 等）及有限差分程序（FLAC2D/3D）的推出，为强度折减法在边坡稳定性分析中的广泛应用提供了方便。Ugai[242]，Matsui et al.[243]，Griffiths et al.[244]，Dawson et al. 等[245]对强度折减法在边坡稳定性分析中的应用做了重要的研究。

　　土石混合体边坡的稳定性问题一直是岩土工程及地质工程中普遍面临的难题，尤其是库岸土石混合体边坡的稳定性问题，如库水位上升、骤降及在地震荷载等作用下土石混合体边坡的稳定性及相应的变形特性等。本章将以云南省金沙江中游梨园水电站左岸下咱日土石混合体边坡为例，对其在上述工况下的稳定性及变形演化特征进行深入研究。

13.2　下咱日土石混合体边坡工程地质概况

　　研究区位于云南省丽江市玉龙纳西族自治县（右岸）与迪庆藏族自治州香格里拉市（左岸）交界的金沙江中游梨园水电站坝址区，地处北纬 $27°40'$、东经 $100°18'$。梨园电站为金沙江中游河段规划的 8 个梯级电站的第 3 个梯级。梨园水电站以发电为主，兼顾防洪、旅游等，最大坝高 145.8m，水库正常蓄水位 1618.00m，库长约 58km，总库容 8.11 亿 m^3，装机容量 2400MW，属一等大型工程。

　　梨园水电站坝址区金沙江总体呈凸向右岸的弧形，出露的基岩地层主要为二叠系上统东坝组（P_2d）玄武质喷发岩，次为三叠系中统北衙组（T_2b）和上统中窝组（T_3z）灰岩、白云质灰岩，位于区域性的上咱日断裂与老炉房断裂之间（图 13.1）。坝址区土石混合体斜坡较为发育，其中有三个边坡的规模较大（图 13.2）：位于坝址上游左岸的下咱日土石混合体边坡（估计方量约 5084 万 m^3）、坝址上游右岸的念生恳沟土石混合体边坡（估计方量约 660 万 m^3）及坝址下游的观音岩土石混合体边坡（估计方量约 2500 万 m^3）。作为坝址区最大的堆积体——下咱日堆积体，因紧靠坝址上游左岸，且堆积体下游部分为电站引水隧洞入口处，其稳定性问题关系到电站的顺利施工及正常运营，是本章研究的重点。

　　根据现场钻孔、平洞等勘探资料，构成下咱日土石混合体边坡的主要物质为胶结、半胶结的间冰期泛洪积型土石混合体和河流相冲积型土石混合体（图 13.3）。

　　1. 洪积型土石混合体

　　根据电子自旋共振（electron spin resonance，ESR）测年法得到的资料，从第四纪冰期发育史上该层由内到外分别形成于倒数第三次冰期（520kaBP 以前）与倒数第二次冰期（333～136kaBP）之间的间冰期，以及倒数第二冰期中的第 I 阶段（333～316kaBP）与第 II 阶段（277～266kaBP）之间的间冰期。构成该层的块石粒径较大（可视粒径的最大值大于 5m）岩性主要为广泛分布于该区域的灰岩及玄武岩。根据该区域的第四纪冰川发育史及地形、地貌特征（图 13.1），其成因主要应为间冰期的泛洪堆积成因的土石混合体。

　　2. 冲积型土石混合体

　　该层位于边坡的前部，其主要成分为具有良好的沉积韵律的胶结、半胶结的砂、卵砾

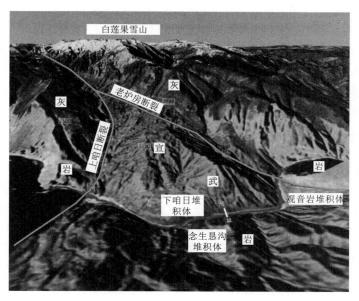

图 13.1　坝址区地形、地貌及地质构造概貌

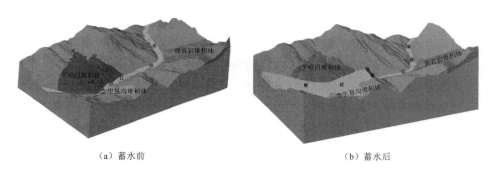

（a）蓄水前　　　　　　　　　　　　　　（b）蓄水后

图 13.2　研究区土石混合体边坡分布概貌

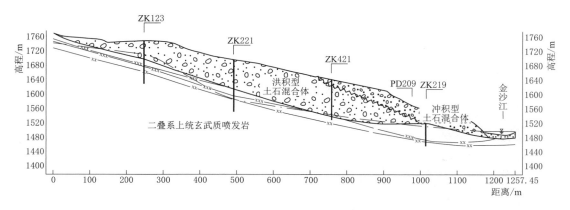

图 13.3　下咱日土石混合体边坡 I—I 剖面

石层（共约有 15 个沉积层，倾向坡外），岩性成分较为复杂，主要为灰岩、玄武岩等粒径较大的块石（大者可达 3m 之多）及粒径相对较小的花岗岩、砂岩卵砾石。由于研究区内未见有花岗岩及砂岩分布，从成因上看该层物质为古金沙江河流从上游携带此而沉积形成的。

13.3　边坡稳定的强度折减法

13.3.1　基本原理

边坡稳定分析的强度折减法是指在理想弹塑性计算中将边坡岩土体抗剪强度参数逐渐降低直到其达到破坏状态为止，程序可以自动根据弹塑性计算结果得到潜在滑动面（塑性应变和位移突变的地带），同时得到边坡的强度储备安全系数 f[241]。该方法将数值计算应用于边坡的稳定分析，为边坡稳定开辟了一条新的途径。该方法认为：滑动面塑性区贯通是岩土体破坏的必要条件，但不是充分条件，岩土体破坏的标志应该是部分土体出现无限移动，此时滑移面上的应变或者位移出现突变，这种突变同时会引起有限元计算的不收敛现象。因而，采用数值计算是否收敛作为土体破坏的依据是合适的[242]。

目前流行的各类大型有限元软件，如 ABAQUS、ANSYS 等中的岩土材料的本构模型采用的屈服准则均为广义 Mises 准则：

$$f = \alpha I_1 + \sqrt{J_2} - K = 0 \tag{13.1}$$

式中：I_1、J_2 分别为应力张量第一不变量和应力偏张量的第二不变量；α、K 为与岩土材料的内摩擦角 φ、黏聚力 c 及膨胀角 ψ 有关的常数。

在广义 Mises 屈服准则中引入强度折减系数 F，则屈服准则表示为

$$f = \frac{\alpha}{F} I_1 + \sqrt{J_2} - \frac{K}{F} = 0 \tag{13.2}$$

式中：F 为强度折减系数。

在计算过程中通过不断增加 F 的值，相应地调整岩土体的强度参数，利用调整后的强度参数进行计算，直到程序不收敛为止，此时的 F 值就是坡体的安全系数，相应的塑性破坏区即为坡体的滑动破坏面。

13.3.2　算例分析

为了验证强度折减法在边坡稳定性分析计算中的可行性，本书选取某一土质高边坡作为算例，分别采用强度折减法及 Spencer 条分法对其进行了分析。该边坡土体容重为 15.5kN/m^3，坡比为 1∶0.75，坡高为 40m，坡底底面边界固定约束，左、右边界为水平约束，其他面为自由约束，计算单元选用平面 15 节点三角形单元，如图 13.4 所示。有限元计算参数见表 13.1。

图 13.4　边坡失稳后形成的塑性应变剪切带

E/MPa	υ	$\gamma/(kN/m^3)$	$\varphi/(°)$	c/MPa
110	0.3	15.5	28	0.02

表 13.1　有 限 元 计 算 参 数 表

通过有限元强度折减法计算得到的安全系数为 1.15，较采用传统的极限平衡（Spencer 条分法）计算的安全系数（1.195）小，即较传统的极限平衡得到的结果偏安全。传统的极限平衡法将条块视为刚性体，而强度折减法将岩土体视为弹塑性材料更能反映边坡的真实力学行为特征，因此采用传统的极限平衡法获得的稳定系数存在着"虚量"，具有一定的误差。

图 13.5 为利用 Spencer 条分法搜索的最优滑动面，图 13.6 为不同方法获得的潜在滑动面对比。从图 13.5 和图 13.6 中可以明显看出，采用有限元强度折减法获得的潜在滑动面与采用 Spencer 条分法搜索的最优滑动面是一致的。

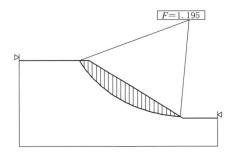

图 13.5　利用 Spencer 条分法
搜索的最优滑动面

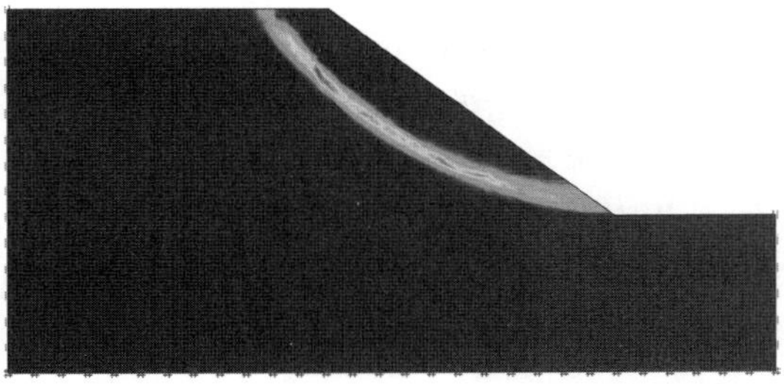

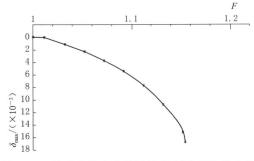

图 13.6　有限元计算滑面与 Spencer 条
分法搜索滑面对比

为了分析强度折减过程中边坡的变形发展情况，在利用有限元强度折减法计算时对坡顶的最大位移随折减系数的变化进行了检测（图 13.7）。由图 13.7 可知，边坡的最大位移与折减系数之间有着直接关系，坡顶的最大位移随着强度折减系数的增加而逐渐增加，在达到极限破坏状态时最大位移呈现急剧增大趋势并产生突变，使得数值计算无法继续运行下去，此时的强度折减系数即为边坡的稳定系数。

图 13.7　坡顶的最大位移随强度折减系数的变化

上述算例表明有限元强度折减法在边坡稳定性方面具有强大的优势和良好的计算精度，尤其在三维稳定性分析方面较传统的极限平衡法更具有强大的优势。本章基于这一强大的理论体系，以下咱日堆积体为例对这一类土石混合体边坡在天然状态、库水位上升及骤降等工况下的稳定性问题进行了研究，以期为工程建设及其他的类似问题提供有意义的参考价值。

13.4 库水位升降作用下土石混合体边坡的稳定性分析

水电站的建设将引起库区地表水和地下水环境及动力作用系统的变化，不仅会加剧原有水岩作用的进程，而且往往还会引起一些新形式的水岩作用。这种作用一方面会改变岩土体内的应力状态，另一方面也会改变岩土体的内部结构及降低其物理力学性质，最终可能会导致岩土体因无法满足新的平衡状态而发生灾变现象。研究表明 90% 以上的边坡失稳事件与地下水活动有着直接的关系[246]。

1963 年，意大利瓦依昂（Vajont）水库发生滑坡灾害事故，导致 2600 人丧生，引起了世界各国的工程地质研究者对库水位作用下边坡稳定问题的高度重视[247-253]，成为滑坡尤其是库岸滑坡研究史上重要的里程碑。Jones 等调查了 Rossevelt 湖附近地区 1941—1953 年发生在更新世冰川堆积体的一些滑坡，结果发现 49% 的滑坡发生在 1941—1942 年的蓄水初期，30% 发生在水位骤降 10~20m 的情况；其余多为发生在其他时间的小型滑坡。中村浩之等[248]对日本的库岸滑坡的研究过程中发现，大约 60% 的水库滑坡发生在库水位骤降时期，其余的 40% 发生在水位上升时期，包括初期蓄水过程。中村浩之等[248]采用极限平衡法对某库岸边坡在库水位升降过程中的稳定性进行了分析研究发现：①随着库水位的上升边坡的稳定性缓慢递减，直到某一水位（最危险水位：库水位上升过程中边坡稳定系数最小时对应的库水位）时其稳定系数达到最小值，此后随着库水位的继续上升其稳定性系数再次逐渐递增（图 13.8，$J \to E \to D \to C \to B \to A$）；②在库水位下降过程中由于动水压力的作用边坡的稳定性呈下降趋势，且下降速率随着库水位落差的增大而增大（图 13.8，$A \to F$、$B \to G \to H$、$D \to I$）。

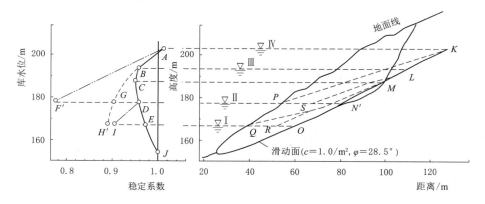

图 13.8 边坡稳定系数随库水位变化的关系图[250]

Ⅳ—超常水位线；Ⅲ—正常水位线；Ⅱ—限制水位线

综上所述，库区边坡除了具有一般边坡的稳定问题外，还具有以下三个特殊的潜在稳定问题：

（1）库水位上升过程中，由于库水位压力的增高可能会诱发地震。

（2）库水位上升将导致边坡岩土体浸水体积的增加，进而导致滑动带处的孔隙水压力升高，此外部分岩土体由于浸水作用致使其强度降低，一方面对边坡的稳定产生不利影响；另一方面由于坡面水压力会产生一定的抗滑阻力作用，这对边坡的稳定性是有利的。因此，在库水位上升过程中库岸边坡的稳定性取决于这两者之间的相互抗衡，最终决定于哪方面占据主要因素从而对边坡稳定性起主导作用。

根据本书第 5 章的试验研究，土石混合体内部的"细粒相"（特别是当"细粒相"含有黏性土时）在浸水作用下会发生软化而导致土石混合体的宏观强度降低（尤其是黏聚力将急剧下降，内摩擦角因含石量的不同及内部细粒组分的变化情况而发生不同情况的变化），因此，浸水软化现象对于土石混合体边坡显得更为重要。

（3）库水位骤然下降，由于坡体中地下水位的下降存在相对的滞后现象，导致坡体内将产生超孔隙水压力作用，这对边坡的稳定是不利的。

13.4.1 库水位上升作用下的边坡稳定性分析

库水位作为边坡渗流场的一个边界条件，当库水位正常上升时边坡内部渗流场将随着边界条件的变化而不断地调整，这一过程伴随着坡体内部的地下水位的抬升。土石混合体渗透系数一般相对较大，当库水位缓慢上升时坡体内部的地下水位近似与库水位同步上升。与此同时，库水位的上升将对坡面施加水压力作用，其大小为 $h_w \gamma_w$（h_w 为距库水位深度，γ_w 为水容重），由库水位处的 0 随深度的增加逐渐呈线性递增，方向垂直于坡面（图 13.9）。

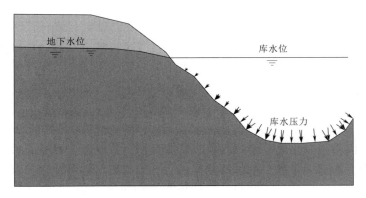

图 13.9　库水位上升过程中边坡稳定性受力分析示意图

13.4.2 库水位骤降作用下的边坡稳定性分析

当库水位骤降时，由于坡体内部孔隙水压力不能及时消散，从而导致地下水位下降过程与库水位下降过程相比呈现滞后现象。可以假定库水位下降瞬间，坡体内的地下水位保持不变，此时边坡体稳定计算中的库水作用范围内的边界条件分为以下两段（图 13.10）：

（1）第一段：即原库水位与骤降后库水位之间的坡面，该段坡面的孔隙水压力及坡面压应力边界条件均为 0。

（2）第二段：库水位骤降后库水位以下的坡面段，该段坡面处库水压力（大小为 $h_w' \gamma_w$，h_w 为距骤降后库水位深度，γ_w 为水容重）由骤降后库水位处的 0 随深度的减小逐渐呈线性递增。

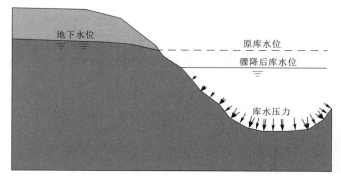

图 13.10　库水位骤降作用下的边坡稳定性受力分析示意图

13.5　下咱日土石混合体边坡三维计算模型

建立复杂地质体的三维精细结构模型，是对地质体稳定性数值模拟分析的前提，也是确保其工程构筑物稳定性及正常运营的关键技术问题。然而，由于地质体具有结构复杂、空间单元复杂等特征，使得模型在建立过程中工作繁琐，难于进行，有的研究者为了建立一个合理的模型甚至要花费几个月的时间，目前国内外在对工程地质体的数值计算分析中往往不得不对地质模型进行大量的简化[254-255]，这在一定程度上影响了数值计算分析的效果。为了建立精确的三维地质体结构模型，并将其与现行数值计算分析软件进行结合以精确实现地质体的力学分析，众多研究者纷纷采用不同的方法进行处理分析，取得了较好的成果[254,255-258]。

随着计算机硬件及软件技术的飞速发展，计算机逆向工程技术被广泛应用于模具制造业、玩具业、电子业、鞋业、艺术业、医学工程及产品造型设计等方面。所谓逆向工程通常是以专案方式执行一模型的仿制工作，它是指根据实物模型测得的数据构造 CAD 模型，继而用于相应的分析制造及快速成型等。逆向工程技术应用领域的不断扩展带来相应理论及软件行业的飞速发展，现行逆向工程大型软件主要有 CATIA、Geomagic 等。由于逆向工程技术在复杂三维模型建立方面具有独特的优势，将其应用于地质体的三维模型建立方面将对于解决地质体精细模型建立方面的不足具有很大的潜力。

基于逆向工程的三维地质体建模方法（图 13.11），是利用地形等高线、钻探等测量及勘探资料，建立地形面、地层分界面及断层面等三维曲面模型，然后根据这些用来描述地质体结构特征的三维曲面建立相应的地质体实体结构模型。

由于现行大型通用有限元计算软件及专业有限前

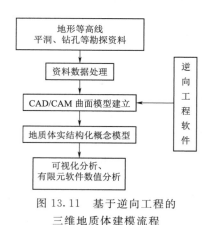

图 13.11　基于逆向工程的
三维地质体建模流程

处理软件均与 CAD/CAM 文件格式有着良好的导入、导出接口，因此通过逆向工程软件生成的地质体结构模型可以轻松实现向大型通用有限元计算分析软件的导入、分析计算。

基于上述方法，本书利用下咱日土石混合体边坡地形图资料（比例尺为 1∶2000）、地质勘探资料（20 个勘探钻孔及 2 个勘探平洞）及现场踏勘等野外勘探工作建立了堆积的三维地质结构模型（图 13.12），实现了对堆积体结构的三维可视化功能，同时也可以直接将模型导入数值计算分析软件，进行相应的稳定性分析。

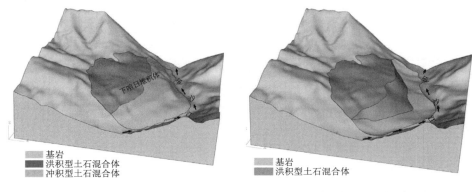

（a）三维地形结构及物质组成　　　　　　（b）冲积型土石混合体层底界面

图 13.12　下咱日土石混合体边坡三维地质结构模型

13.6　下咱日土石混合体边坡三维稳定性分析

根据图 13.12 建立的下咱日土石混合体边坡三维地质结构模型，本节采用四结点四面体单元进行网格划分，网格划分生成结点总数为 34486 个，单元总数为 189189 个（图 13.13）。基于大型野外试验结果及工程类比，下咱日土石混合体边坡三维有限元的计算采用莫尔-库仑本构模型。下咱日土石混合体边坡稳定性分析参数见表 13.2。

表 13.2　下咱日土石混合体边坡稳定性分析参数

岩土类型		密度 /(g/cm^3)	弹性模量 /MPa	泊松比	黏聚力 /kPa	内摩擦角 /(°)	渗透系数 /(×10^{-3}mm/s)
洪积型 土石混合体层	天然	2.10	55	0.30	40	38	1
	饱和	2.15			12	37	
冲积型 土石混合体层	天然	2.00	42	0.30	30	35	8
	饱和	2.10			10	34	
基岩（弱风化）		2.50	9000	0.27	850	43	—

计算中选取的边界条件为：模型底面采用位移全约束边界，模型侧面施加侧向位移约束边界。选取参数时水位以下的岩土介质采用饱和参数，水位以上的岩土介质采用其相应的天然强度参数。

为了模拟水库蓄水过程本章利用 FLAC^{3D} 内置的 FISH 语言进行了二次开发，其中库水位上升速度按 2.5m/d 计算。同时考虑库水位上升过程中岩土体物理力学性质的变化，本书编制了相应的 FISH 函数以适时检测计算过程中单元的饱和度，当单元处于饱和状态时自动对单元的材料参数进行调整，实现库水位上升、渗流及参数变化等之间的耦合，从而使得计算结果更加符合实际情况。

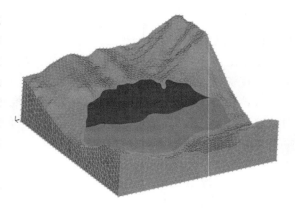

图 13.13　下咱日土石混合体
边坡三维有限元计算模型

13.6.1　初始应力场及天然状态下的稳定性

对于土石混合体边坡（斜坡）来说，构造应力对其内部应力场的影响较小，因此在计算过程中可以不予考虑，仅考虑重力荷载。根据上述材料参数及计算边界条件，计算下咱日土石混合体边坡的初始应力场及孔隙水压力场分布状态（图 13.14）。

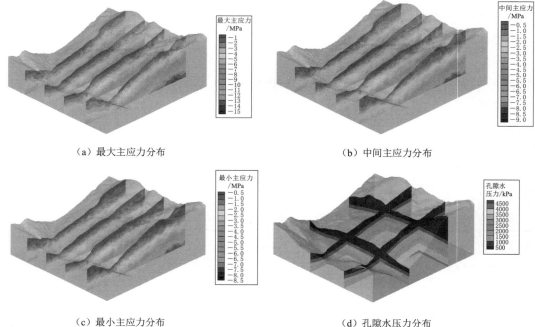

（a）最大主应力分布

（b）中间主应力分布

（c）最小主应力分布

（d）孔隙水压力分布

图 13.14　下咱日土石混合体边坡的初始应力场及孔隙水压力场分布状态

根据上述初始应力场，采用强度折减法对下咱日土石混合体边坡在天然状态下的稳定性进行了计算分析（图 13.15）。在计算过程中，随着折减系数的不断增大数值计算越来越难以收敛，当折减系数增大到 1.64 时模型达到收敛极限，当再次增大折减系数时模型数值计算不再收敛。因此，天然状态下下咱日土石混合体边坡的稳定性系数即为此时的强度折减系数 1.64。

 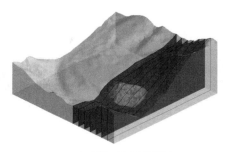

（a）塑性区分布　　　　　　　　　　　　　　（b）推测三维底滑面形态

图 13.15　天然状态下稳定性分析成果（$FOS=1.637$）

13.6.2　库水位上升对边坡稳定性的影响

水库蓄水后土石混合体边坡内部水文地质环境将发生很大程度的变化，岩土体的强度参数也将随之发生变化，由此而影响着边坡的稳定性问题。

13.6.2.1　库水位上升引起边坡渗流场变化特征

根据上述库水位的上升条件（上升速度为 2.5m/d），本书对库水位上升过程中边坡内部的渗流场进行了计算分析。附录 J 为库水位每上升 10m 后堆积体内部的孔隙压力场分布云图，可以看出，边坡内部地下水位的上升在一定程度上滞后于库水位的上升，但由于该区域土石混合体的渗透性较好，这种滞后性并不显著。

13.6.2.2　库水位上升引起边坡位移场变化特征

库水位在上升过程中一方面对坡体产生水压力作用，另一方面改变边坡内部渗流场及岩土体参数，进而使得边坡的位移场不断调整以满足其相应的应力场的变化。附录 K 为库水位上升过程中边坡位移云图及矢量图，从图中可以看出当库水位从 1500.00m 上升到1618.00m 的过程中边坡的位移逐渐增大，且变形范围也随着库水位的上升而逐渐扩大。

边坡的变形主要集中在下游范围内，而且在下游边坡的位移方向指向库区，而上游边坡位移表现为向上隆起，随着库水位的上升边坡内部应力场不断调整，这种向上隆起的趋势逐渐降低。由此可以看出，在坡体的不同部位由于坡体形态（坡角）及结构上的差异，因库水位上升而引起的位移场分布有很大的差别。

为了研究在库水位上升过程中边坡表面位移的情况，在模拟过程中分别对下游的 A 点［坐标为（1078.91，1361.68，1674.88）］及边坡主剖面的 B 点［坐标为（1138.67，1374.30，1655.57）］两个地面点的位移随时间的变化进行了监测（图 13.16）。可以看出在库水位上升初期边坡地表变形较为缓慢，当大约蓄水 15 天时，即库水位高程达到 1540.00m左右时，其地表变形趋势陡增，并主要位于边坡下游部位，最大变形约为 30cm。

同时，为研究边坡在不同深度处的位移随库水位的变化特征，计算过程中对地面点 A［坐标为（1078.91，1361.68，1674.88）］及以下不同深度（每隔 20m）处的位移值进行了监测结果如图 13.17 所示。从图中可以看出随着库水位的不断增高，不同深度处的位移逐渐增大，并且在总体上表现为地表变形较大随着深度增加其变形逐渐减小，当深度达到约 80m 时其基本未发生相应的变形。从各点的位移随时间的变化情况来看，当蓄水约

36d（蓄水水位约为 1590.00m）后各监测点的位移基本保持不变。

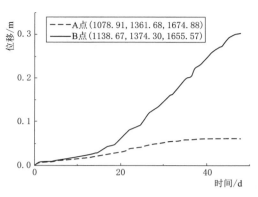

图 13.16　监测点处位移随库水位上升变化

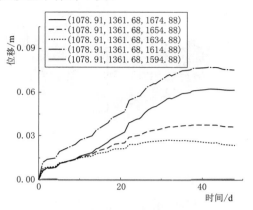

图 13.17　边坡 A 点不同深度位移随库水位上升过程的演化

13.6.2.3　库水位上升对边坡稳定性的影响

如前文所述，库水位在上升过程中引起边坡内部应力场及岩土介质力学性质的变化，这种变化将引起边坡稳定状态的调整以适应新的地质环境。尤其对于土石混合体边坡而言，这种变化对稳定性的影响更为重要。为了研究土石混合体边坡在蓄水后的稳定性特征，本书以下咱日土石混合体边坡为例，运用三维强度折减法分析在不同蓄水高程阶段的边坡稳定性，以计算得到

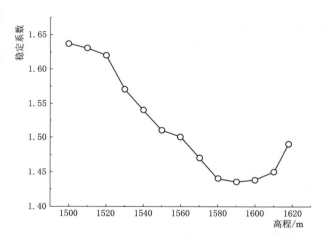

图 13.18　边坡稳定系数随蓄水高程的变化曲线

各阶段的稳定系数。附录 L 显示了针对不同蓄水高程阶段边坡稳定性计算得到的剪应变增量云图及推测三维滑动面几何形态。

依据附录 L 的计算结果绘制边坡三维稳定系数随蓄水高程的变化曲线（图 13.18），从中可以看出在开始阶段随着库水位的上升边坡稳定性呈现逐渐下降趋势，当蓄水至 1590.00m 左右时边坡的稳定系数达到最低值（1.435），而后随着库水位的继续上升边坡稳定系数呈现回弹上升趋势。因此，对于下咱日土石混合体边坡，最危险的水位在 1590.00m 附近。

13.6.3　库水位骤降对边坡稳定性的影响

库水位骤降过程中由于边坡内部孔隙水压力场来不及调整，将产生对坡体稳定性不利的动水压力，与此同时边坡坡面的压力也将减小，这些因素将对边坡的稳定性带来不利因素。

为探讨土石混合体边坡因库水位骤降而产生的应力场、位移场及由此产生的稳定性变化，本节对库水骤降引起的下咱日土石混合体边坡的稳定性进行了三维数值计算分析。计算过程中分别考虑库水位由设计蓄水高程（1618.00m）骤降 6m（骤降后水位高程为1612.00m）和 13m（骤降后水位高程为 1605.00m）两种工况条件。附录 M 显示了两种工况下边坡位移场及稳定性计算成果。

从附录 M 所示的库水位骤降引起的边坡位移场变化可以看出，由于库水位的下降及作用于边坡表面水压力荷载的降低使得边坡位移呈现向上隆起现象，且隆起的大小随着库水位骤降幅度的增大而增大：当库水位骤降 6m 时边坡的最大位移为 3mm，当库水位骤降 13m 时边坡的最大位移约为 6.5mm。

与此同时，随着库水位的骤降边坡的稳定系数呈明显的降低趋势，且降低程度随着库水位骤降幅度的增大而增大：当库水位骤降 6m 时其稳定系数约为 1.301，当库水位骤降13m 时其稳定系数降低到 1.184。

综上所述，通过对下咱日土石混合体边坡在水库蓄水及库水位骤降等工况下的稳定性计算结果可以看出：在水库蓄水初期边坡的稳定性随着蓄水高程的增加而降低，当蓄水至临界水位时其稳定系数达到最低值，而后边坡的稳定性随蓄水高程的增加将出现回弹上升；库水位骤降将引起土石混合体边坡内部应力场及位移场的急剧变化，由此导致边坡的稳定性急剧降低，这种变化程度随着库水位骤降幅度的增大而增大。

13.7　水下土石混合体边坡地震动力学响应

大量的地震灾害调查结果显示，地震诱发的边坡失稳是主要的地震灾害类型之一。例如，1933 年 8 月发生在四川叠溪的 7.5 级地震引发了多处滑坡，其中叠溪台地及教场坝等滑坡堵塞岷江形成 4 个堰塞湖，在 45 天后湖坝决口，形成了高达 60m 的水头澎湃而下；日本 1995 年发生的阪神地震引起了宝螺市海湾航道处人工堆积体边坡与下覆地基接触面的失稳，导致 5500 余人丧生，直接经济损失 1000 亿美元[259]。

我国是一个多山的国家，尤其是我国西南地区地处青藏高原东部边缘，地质构造复杂，活动断裂发育，现今构造活动十分强烈，复杂的边坡动力学问题十分突出。随着我国西部大开发战略的实施和推进，西南和西部地区许多重大水利水电工程正在建设中或处于可研论证阶段，这些地区的边坡（尤其是库岸边坡）在地震作用下的变形和稳定性问题成为各类大规模工程建设的主要工程地质问题之一。

土石混合体边坡尤其是库区土石混合体边坡是水电工程建设中经常遇到的边坡类型，也是库岸边坡中一种相对较为脆弱的地质体。如前文所述，土石混合体边坡在水库蓄水后的物理力学性质及赋存环境将发生变化，研究水下土石混合体边坡在地震作用下的变形破坏机制及其动力学响应特征具有十分重要的理论及工程意义。

目前对水下土石混合体边坡动力学特征的研究相对较小，本节以下咱日土石混合体边坡为例，采用数值分析手段并利用人工合成地震波对这类水下土石混合体边坡的动力响应过程进行了分析研究，以期取得一些有意义的成果。

13.7.1　水下边坡地震动力学分析模型建立

本节选取下咱日土石混合体下游Ⅱ—Ⅱ剖面（图 13.19）进行计算，考虑库水位处于设计正常蓄水位（1618.00m），分析计算时采用 ABAQUS 软件，各岩土体的计算参数同表 13.2。

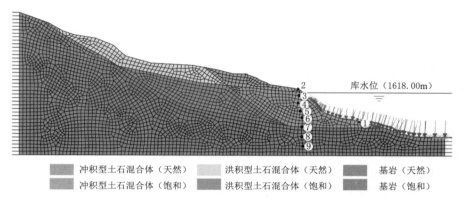

图 13.19　下咱日土石混合体边坡动力响应分析模型

13.7.1.1　地震过程中库水与边坡的相互作用

众所周知，在地震等动力作用下库水对边坡的作用力可分为静水压力和动水压力。其中，静水压力被认为在整个动力时程分析中保持不变。

由于地震荷载作用的加速度大小及方向随时间不断变化，边坡产生与之相应的往复运动，库水与坡体之间产生大小和方向也不断发生变化的相对惯性力，以及相对的滑动。Westergaard[260] 在对水体-重力坝体系的动水压力响应研究基础上，对此类问题提出了简化形式的附加质量法。该方法假定水对坡面某点产生的动水压力等效于该点附加一定质量的液体与坡面一起运动而产生的惯性力，这是一种解耦的算法，从而为分析这类工程问题提供了方便。二维条件下的附加质量计算公式为

$$\overline{m} = \frac{7}{8}\rho_w \sqrt{H(h_w - y)} \quad (\text{其中 } y \leqslant h_w)$$

(13.3)

式中：$\overline{m}$ 为附加质量，kg/m^2；ρ_w 为水的密度，$1000kg/m^3$；H 为坡高，m；h_w 为库水位高程，m；y 为计算点高程，m。

该方法由于简单且方便计算，被广泛应用于桥梁和重力坝的动力分析计算，如在我国公路桥梁的设计规范中就建议在设计中考虑动水压力影响时采用该方法。

在有限元计算过程中，将上述附加质量法简化为作用在单元节点上的力来实现。图 13.20 展示了 1618.00m 时坡面

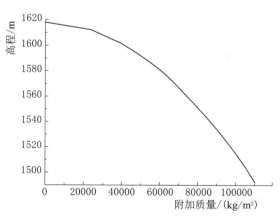

图 13.20　附加质量随高程变化的曲线
（库水位 1618.00m）

各点的附加质量随高程变化的曲线。

13.7.1.2 边界条件

为了减小或消除因地震波在边界上的反射而带来的计算误差，在利用数值计算进行边坡的动力分析时通常采用截断边界、黏滞边界、透射边界及有限元与无限元（或边界元）相结合等边界处理方法。在 ABAQUS 软件中提供了一种有效的方法，即有限元与无限元相结合的方法。在采用该方法计算时，除了要采用一般的有限元来构造近场网格外，还需要用无限元来构造远场网格。

在本次模型计算时，在模型侧向边界上采用无限元，模型底边界分别施加水平方向和垂直方向的地震加速度。场地水平方向的地震加速度时程曲线如图 13.21 所示，总时程为50s，时间间隔为 0.02s；垂直方向的地震加速度取水平方向的 2/3。

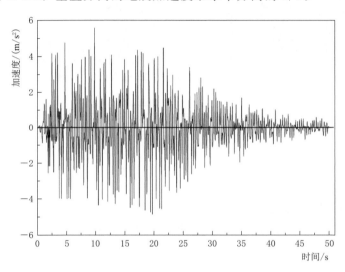

图 13.21 场地水平方向的地震加速度时程曲线

13.7.1.3 阻尼

众所周知，岩土体对地震波的传播存在阻尼作用，因此在动力分析过程中通常选用瑞利阻尼。瑞利阻尼是结构分析和弹性体系分析中用来抑制系统自振的，通常可以用下式表示：

$$C = \alpha M + \beta K \tag{13.4}$$

式中：α、β 分别为质量阻尼常数和刚度阻尼常数。

β 与模型的一阶模态临界阻尼有关，可由下式确定：

$$\beta = 2\xi / \omega_1 \tag{13.5}$$

式中：ξ 为材料的阻尼比率系数（本书取 5%）；ω_1 为模型的第一阶振动临界阻尼。

通过对边坡进行分析来提取自然频率，得到其一阶模态特征频率 $\omega_1 = 0.265\text{rad/sec}$，则相应的刚度阻尼系数 $\beta = 2 \times \dfrac{0.05}{0.265} = 0.38$。

13.7.2 水下土石混合体边坡动力学响应结果分析

在进行边坡的动力分析计算时，首先对边坡现有应力场进行分析，建立初始应力场（图 13.22）及孔隙水压力场（图 13.23），然后对其施加地震加速度进行动力分析模拟。附录 N 显示了各分析阶段边坡内部各点的加速度、速度及位移云图。

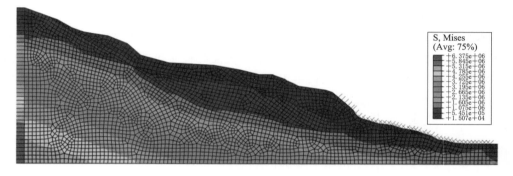

图 13.22 边坡初始状态米赛斯应力分布

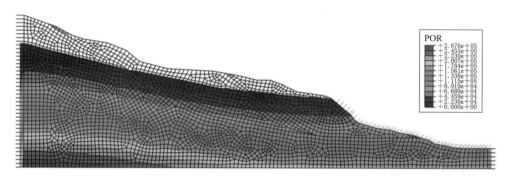

图 13.23 初始孔隙水压力场分布

从附录 N 所示地震过程中各阶段的动力响应（加速度、速度及位移）云图上可以看出，由于土石混合体与下覆岩体在力学性质上的差异，在地震波传输过程中有基岩进入土石混合体时在基覆面处将产生突变现象。此外，从总体上来讲，由于地震波从地下传向地表，由其产生的巨大冲击波使地壳表层岩土体整体向上抛射，并向临空面发生松动，在位移云图上表现为向上隆起现象。

为了监测地震过程中边坡各部位的动力响应特征，在计算过程中分别布置了 1～9 号监测点（图 13.19）。从 1 号（位于坡脚）和 2 号（位于坡顶）两监测点的水平方向位移及速度随时间的变化曲线（图 13.24 和图 13.25）上看出，虽然两个监测点位于边坡不同的部位但其动力时程曲线非常相似，且坡脚部位对地震波的响应要早于坡顶部位。

从位移-时间曲线（图 13.24）上还可以看出，虽然坡体总体上向上隆起（或抛射），

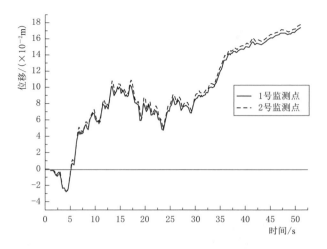

图 13.24　1 号、2 号监测点水平方向位移随时间的变化曲线

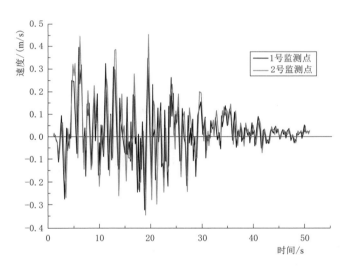

图 13.25　1 号、2 号监测点水平方向速度随时间的变化曲线

但是在整个地震过程中随着地震波的变化，还存在多个大幅度"抛射"及"下落"的波动现象，这种作用将引起岩土体的循环拉伸或压缩变形，并成为造成地震作用下边坡失稳的一个重要因素。在地震后期，随着地震波的逐渐减弱，这种"抛射""下落"循环幅度也逐渐降低，直至最后平稳，形成地震永久位移。从曲线上可以看出坡顶处的永久位移约为 16cm。

　　在由 2～9 号监测点构成的监测断面上，沿水平方向上的加速度放大系数和速度放大系数（加速度放大系数为各监测点的加速度峰值与输入的地震波加速度峰值之比；速度放大系数是指各监测点的速度峰值与 9 号监测点的速度峰值之比）随高程的变化特征如图 13.26 所示，从图中可以看出由基岩到上覆土石混合体层在基覆面处的加速度及速度放大系数将呈现明显的降低趋势，并达到一最低值（加速度放大系数最低值位于 4 号监测点附近，速度放大系数最低值位于 5 号监测点附近），而后又逐渐增加。

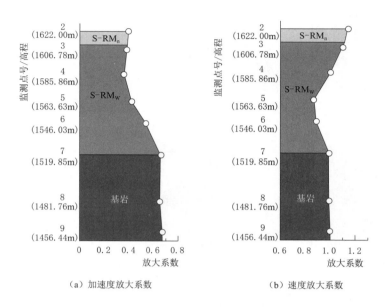

（a）加速度放大系数　　　　　　（b）速度放大系数

图 13.26　监测断面各点水平方向加速度和速度放大系数随高程的变化特征

13.8　基于随机结构模型的下咱日土石混合体边坡稳定性研究

基于现场及室内分析获得的构成下咱日土石混合体边坡的两大组成物质（冲积型土石混合体及洪积型土石混合体）的粒度分析成果，本章利用 R-SRM^{2D} 软件以 Ⅱ—Ⅱ 剖面为例生成了考虑边坡内部块石结构的随机模型（图 13.27）。

两种类型的土石混合体随机模型生成参数分别为：①洪积型土石混合体，含石量选取 45％，粒度维数选取 3.78，土/石阈值选取 7m；②冲积型土石混合体，含石量选取 30％，粒度维数选取 3.76，土/石阈值选取 5.5m。两类土石混合体的土体选取表 13.2 中对应的参数。

图 13.28 展示了考虑及不考虑细观结构模型时的下咱日土石混合体边坡 Ⅱ—Ⅱ 剖面稳定性分析结果。从图中可以看出，考虑块石的存在后其稳定性有着明显的提高，且其滑动面形态也有所改变，滑动面呈现明显的绕石现象。

此外，对比二维（不考虑随机结构模型）及三维稳定性分析结果可以看出，二维计算获得的稳定系数明显小于三维稳定系数，三维条件下考虑了边坡的整体效应使得结果更为可靠。

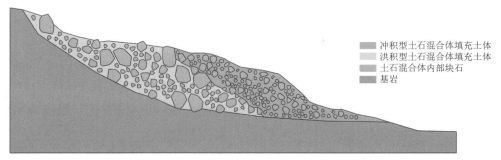

（a）Ⅱ—Ⅱ剖面随机结构模型

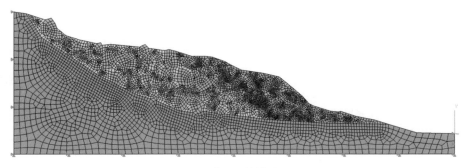

（b）有限元分析模型

图 13.27 下咱日土石混合体边坡Ⅱ—Ⅱ剖面随机结构模型及有限元计算模型

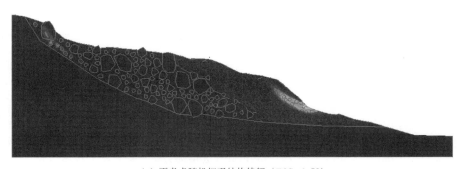

（a）不考虑随机细观结构特征（$FOS=1.52$）

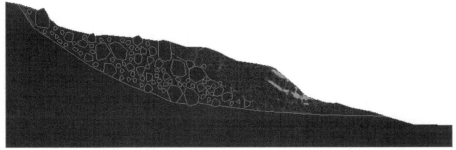

（b）考虑随机细观结构特征（$FOS=1.65$）

图 13.28 下咱日土石混合体边坡Ⅱ—Ⅱ剖面稳定性分析计算滑动面

参 考 文 献

［1］ 丁秀美. 西南地区复杂环境下典型堆积（填）体斜坡变形及稳定性研究 ［D］. 成都：成都理工大学，2005.

［2］ MEDLEY E，GOODMAN R E. Estimationg the block volumetric proportions of mélanges and similar block – in – matrix rocks（bimrocks）［C］. In Proceeding of the 1st North American Rock Mechanics Conference（NARMS），Austin，Texas，Rotterdam：Balkema，1994：851 – 858.

［3］ 油新华. 土石混合体的随机结构模型及其应用研究 ［D］. 北京：北京交通大学，2001.

［4］ 油新华，汤劲松. 土石混合体野外水平推剪试验研究 ［J］. 岩石力学与工程学报，2002，21（10）：1537 – 1540.

［5］ 能源部，水利部水利水电规划设计总院. 混凝土面板堆石坝研究成果汇编 ［R］. 北京：能源部、水利部水利水电规划总院，1990.

［6］ 殷坤龙. 滑坡灾害预测预报 ［M］. 北京：中国地质大学出版社，2004.

［7］ 夏金梧，郭厚桢. 长江上游地区滑坡分布特征及主要控制因素探讨 ［J］. 水文地质与工程地质，1997（1）：19 – 22，32.

［8］ 国土资源部地质环境司宣传教育中心. 中国地质灾害与防治 ［M］. 北京：地质出版社，2003.

［9］ GEERTSEMA M，HUNGR O，SCHWAB J W，et al. A large rockslide – debris avalanche in cohesive soil at Pink Mountain，northeastern British Columbia，Canada ［J］. Engineering Geology，2006，83（1）：64 – 75.

［10］ GEERTSEMA M，CLAGUE J J，SCHWAB J W，et al. An overview of recent large catastrophic landslides in northern British Columbia，Canada ［J］. Engineering Geology，2006，83（1 – 3）：120 – 143.

［11］ IANNACCHIONE A T. Shear strength of saturated clays with floating rock particles ［D］. University of Pittsburgh，1997.

［12］ ERMINI L，CASAGLI N. Prediction of the behaviour of landslide dams using a geomorphological dimensionless index ［J］. Earth Surface Processes and Landforms，2003，28（1）：31 – 47.

［13］ 黄润秋，王士天，张倬元，等. 中国西南地壳浅表层动力学过程及其工程环境效应研究 ［M］. 成都：四川大学出版社，2001.

［14］ 陈祖煜. 土质边坡稳定分析——原理·方法·程序 ［M］. 北京：中国水利水电出版社，2003.

［15］ 中国水利水电建设集团公司. 700 米级高陡边坡及堆积体开挖与锚固施工技术 ［M］. 北京：中国电力出版社，2007.

［16］ 李树武，聂德新，刘惠军. 大型碎屑堆积体工程特性及稳定性评价 ［J］. 岩石力学与工程学报，2006，25（z2），4126 – 4131.

［17］ 杨根兰，黄润秋，严明，等. 小湾水电站饮水沟大规模倾倒破坏现象的工程地质研究 ［J］. 工程地质学报，2006，14（2）：165 – 171.

［18］ 张玉军，朱维申. 小湾水电站左岸坝前堆积体在自然状态下稳定性的平面离散元与有限元分析 ［J］. 云南水力发电，2000，16（1）：36 – 39.

［19］ 杜军，胡良文. 紫坪铺水利枢纽工程左岸堆积体稳定分析 ［J］. 四川水力发电，2006，25（1）：61 – 62.

［20］ 杨学堂，张永兴. 长江三峡黄蜡石滑坡群石榴树包滑坡灾害性分析 ［J］. 岩石力学与工程学报，

2002，21（5）：688－692.

[21] 伏永朋，潘伟，赵欣. 黄蜡石滑坡基岩弯曲松弛带工程地质特性、形成机制及失稳预测 [J]. 地质灾害与环境保护，2007，18（2）：61－64.

[22] 李同录，赵剑丽，李萍. 川藏公路 102 滑坡群 2♯ 滑坡发育特征及稳定性分析 [J]. 灾害学，2003，18（4）：40－45.

[23] 许建聪. 碎石土滑坡变形解体破坏机理及稳定性研究 [D]. 杭州：浙江大学，2005.

[24] 冯玉勇. 第四纪工程地质学与西南山区河床深厚覆盖层研究 [D]. 北京：中国科学院地质与地球物理研究所，1999.

[25] 窦兴旺. 深覆盖层上高土石坝坝与地基静动态相互作用研究——冶勒土石坝静、动态数值分析和振动台试验研究 [D]. 南京：河海大学，1999.

[26] 阮元成，陈宁，常亚屏. 察汗乌苏水电站坝基覆盖层土料的动强度特性 [J]. 水力发电，2004，30（1）：21－24.

[27] 梁宗仁. 甘肃九甸峡水利枢纽深厚覆盖层工程特性 [J]. 水利规划与设计，2007（3）：28－30.

[28] 殷跃平，张加桂，陈宝荪，等. 三峡库区巫山移民新城址堆积体成因机制研究 [J]. 工程地质学报，2000，8（03）：265－271.

[29] 李维树，刘将忠. 奉节新城碎石土地基承载力试验研究 [J]. 长江科学院院报，2003，20（2）：61－64.

[30] BOONE S J，WESTLAND J，BUSBRIDGE J R，et al. Prediction of boulder obstructions [C]. In Proceedings Tunnel and Metropolies，Rotterdam：Balkema，1998：817－822.

[31] HUNT S W，ANGULO M. Identifying and baselining boulders for underground construction [C]. In Proceedings of 3rd Int. Conf. Geo－Engineering for Underground Facilities，UI at Urbana－Champaign，IL，Reston：ASCE，June 1999：255－270.

[32] TANG W，QUEK S R. Statistical model of boulder size and fraction [J]. Journal of Geotechnical Engineering，1986，112（1）：79－90.

[33] STOLL W W. Probability that a soil boring will encounter boulders [C]. In Processing Conf. Better Contracting for Underground Construction，Detroit Michigan，May 1976：35－48.

[34] MEDLEY E. Using stereological methods to estimate the volumetric proportions of blocks in mélanges and similar block－in－matrix rocks（bimrocks）[C]. In Proceedings 7th Congress International Association of Engineering Geology，Balkema，Rotterdam，Sep. 1994：1031－1040.

[35] MEDLEY E. Uncertainty in estimates of block volumetric proportions in mélange bimrocks [C]. In Proceedings International Symposium on Engineering Geology and the Environment，IAEG，Balkema，Rotterdam，1997，267－272.

[36] MEDLEY E. Estimating block size distributions of mélanges and similar block－in－matrix rocks（Bimrocks）[C]. In Proceedings 5th North America Rock Mehcanics Symposium（NARMS），Toronto，Canada，July 2002：509－606.

[37] SONMEZ H，MEDLEY E，NEFESLIOGLU H. Relationships between volumetric block proportions and overall UCS of volcanic bimrock [J]. Felsbau，2004，22（5），27－34.

[38] MEDLEY E. The engineering characterization of mélanges and similar block－in－matrix rocks（bimrocks）[D]. University of California at Berkeley，California，USA，1994.

[39] MEDLEY E，LINDQUIST E S. The engineering significance of the scale－independence of some Franciscan mélanges in California，USA [C]. 35th U. S. Symposium，Balkema，Rotterdam，1995：907－914.

[40] MEDLEY E. Orderly characterization of chaotic Franciscan mélanges [J]. Felsbau，2001，19（4）：20－33.

[41] CASAGLI N，ERMINI L，ROSATI G. Determining grain size distribution of the material composing landlside dams in the Northern Apennines：sampling and processing methods [J]. Engineering Geology，2003，69（1-2）：83-97.

[42] HARRIS S A，PRICK A. Conditions of formation of stratified screes，Slims river valley，Yuken territory：a possible analogue with some deposits from Belgium [J]. Earth Surface Processes and Landforms，2015，25（5）：463-481.

[43] GARCIA-RUIZ J M，VALERO-GARCES B，GONZALEZ-SAMPERIZ P，et al. Stratified scree in the central Spanish Pyrenees：Palaeoenvironmental implication [J]. Permafrost and Periglacial Processes，2001，12：233-242.

[44] LIU G N，CUI Z J，GE D K，et al. The stratified slope deposits at Kunlunshan pass，Tibet Plateau，China [J]. Permafrost and Periglacial Processes，1999，10：369-375.

[45] SCHROTT L，HUFSCHMIDT G，HANKAMMER M，et al. Spatial distribution of sediment storage types and quantification of valley fill deposits in an alpine basin，Reintal，Bavarian Alps，Germany [J]. Geomorphology，2003，55：45-63.

[46] SASS O. Determination of the internal structure of alpine talus deposits using different geophysical methods（Lechtaler Alps，Austria）[J]. Geomorphology，2006，80：45-58.

[47] SASS O，KRAUTBLATTER M. Debris flow-dominated and rockfall-dominated talus slopes：Genetic models derived from GPR measurements [J]. Geomorphology，2007，86：176-192.

[48] 郭庆国. 粗粒土的工程特性及应用 [M]. 郑州：黄河水利出版社，1998.

[49] 杨坤明. 动力触探（DPSH）试验在碎石土地基勘查中的应用 [J]. 岩土工程师，2001，13（1）：25-28.

[50] 孔位学，郑颖人. 三峡库区饱和碎石土地基承载力研究 [J]. 工业建筑，2005，35（4）：62-64.

[51] 谢昭雪，谌文武，王生新，等. 甘南洛大乡碎石土地基的压缩变形性能 [J]. 兰州大学学报（自然科学版），2007，43（3）：23-26.

[52] 张智，屈智炯. 粗粒土湿化特性的研究 [J]. 成都科技大学学报，1990，53（5）：51-56.

[53] 屈智炯，刘昌贵. 论粗粒土的湿化变形特性 [C]. 第六届中国土木工程学会土力学及基础工程学术会议论文集，上海：同济大学出版社，1991：147-154.

[54] 殷宗泽. 土工原理 [M]. 北京：中国水利水电出版社，2007.

[55] ANTHINIAC P，BONELLI S. Modelling saturation settlements in rockfill dams [C]. Proceedings of the international symposium on new Trends and Guidelines on Dam Safety，Barcelona Spain，1998，2：17-19.

[56] ORDEMIR I. Compression of alluvial deposits due to wetting [C]. Proceedings of the 11ᵗʰ International Conference on Soil Mechanics and Foundation Engineering，1985，4：50-54.

[57] KAST K，BRAUSE J. Influence of the extent of geological disintegration in the behavior of rockfill [C]. Proceedings of the 11ᵗʰ International Conference on Soil Mechanics and Foundation Engineering，1985，4：131-134.

[58] 李广信. 堆石料的湿化试验和数学模型 [J]. 岩土工程学报，1990，12（5）：58-64.

[59] 王辉. 小浪底堆石料湿化特性及初次蓄水时坝体湿化计算研究 [D]. 北京：清华大学，1992.

[60] 刘祖德. 土石坝变形计算的若干问题 [J]. 岩土工程学报，1983，5（1）：1-13.

[61] 李鹏，李振，刘金禹. 粗粒料的大型高压三轴湿化试验研究 [J]. 岩石力学与工程学报，2004，23（2）：231-234.

[62] 魏松，朱俊高. 粗粒料三轴湿化颗粒破碎试验研究 [J]. 岩石力学与工程学报，2006，25（6）：1252-1258.

[63] 魏松. 粗粒料浸水湿化变形特性试验及其数值模型研究 [D]. 南京：河海大学，2006.

［64］ 魏松，朱俊高. 粗粒土料湿化变形三轴试验研究［J］. 岩土力学，2007，28（8）：1609－1614.

［65］ 沈珠江，徐刚. 堆石料的动力变形特征［J］. 水利水运科学研究，1996（2）：143－150.

［66］ 王昆耀，常亚屏，陈宁. 往返荷载下粗粒土的残余变形特性［J］. 土木工程学报，2000，33（3）：48－53.

［67］ 贾革续，孔宪京. 粗粒土动残余变形特性的试验研究［J］. 岩土工程学报，2004，26（1）：26－30.

［68］ 陈希哲. 粗粒土的强度与咬合力的试验研究［J］. 工程力学，1994，11（4）：56－62.

［69］ IRFAN T Y，TANG K Y. Effect of the coarse fraction on the shear strength of colluviums in Hong Kong［R］. Hong Kong Geotechnical Engineering office Report 23，1993，TN 4/92.

［70］ MILLER E A，SOWERS G F. The strength characteristics of soil－aggregate mixtures［J］. Highway Research Board Bulletin，1957，183：16－23.

［71］ KAWAKAMI H，ABE H. Shear characteristics of saturated gravelly clays［J］. Transactions of the Japanese Society of Civil Engineers，1970，2（2）：295－298.

［72］ PATWARDHAN A S，RAO J S，GAIDHANE R. B. Interlocking effects and shearing resistance of boulders and large size particles in a matrix of fines on the basis of large scale direct shear tests［C］. Proc 2nd Southeast Asian Conference on Soil Mechanics，Singapore，1970：265－273.

［73］ SHAKOOR A，COOK B D. The effect of stone content，size，and shape on the engineering properties of a compacted silty clay［J］. Bulletin of the Association of Engineering Geologists，1990，27：245－253.

［74］ SAVELY J P. Determination of shear strength of conglomerates using a Caterpillar D9 ripper and comparison with alternative methods［J］. International Journal of Mining and Geological Engineering，1990，8：203－225.

［75］ LINDQUIST E S，GOODMAN R. E. Strength and deformation properties of a physical model mélange［C］. In Proceeding 1st North America Rock Mehcanics Symposium（NARMS），Balkema，Rotterdam，1994：843－850.

［76］ LINDQUIST E S. The strength and deformation properties of mélange［D］. University of California at Berkeley，California，USA，1994.

［77］ MEDLEY E W. Observation on tortuous failure surfaces in bimrocks［J］. Felsbau，Rock and Soil Engineering－Journal for Engineering Geology Geomechanics and Tunneling，2004，22（5）：35－43.

［78］ SONMEZ H，ALTINSOY H，GOKCEOGLU C，et al. Considerations in developing an empirical strength criterion for bimrocks［C］. Rock Mechanics in Underground Construction，ISRM International Symposium 2006，4th Asian Rock Mechanics Symposium，2006.

［79］ SONMEZ H，TUNCAY E，GOKCEOGLU C. Models to predict the uniaxial compressive strength and the modulus of elasticity for Ankara Agglomerate［J］. International Journal of Rock Mechanics and Mining Sciences，2004，41：717－729.

［80］ SONMEZ H，GOKCOGLU C，MEDLEY E，et al. Estimating the uniaxial compressive strength of a volcanic bimrock［J］. International Journal of Rock Mechanics and Mining Sciences，2006，43：554－561.

［81］ FRAGASZY R J，SU W，SIDDIQI F H. Effects of oversize particles on the density of clean granular soils［J］. Geotechnical Testing Journal，1990，13（2）：106－114.

［82］ FRAGASZY R J，SU W，SIDDIQI F H. et al. Modeling strength of sandy gravel［J］. ASCE J. Geotech. Eng，1991，118（6）：920－935.

［83］ VALLEJO L E，MAWBY R. Porosity influence on the shear strength of granular material－clay mixtures［J］. Engineering Geology，2000，58（2）：125－136.

［84］ VALLEJO L E. Interpretation of the limits in shear strength in binary granular mixtures ［J］. Canadian Geotechnical Journal，2001，38（5）：1097 – 1104.

［85］ SPRINGMAN S M，JOMM C，TEYSSEIRE P. Instabilities on moraine slopes induced by loss of suction：a case history ［J］. Geotechnique，2003，53（1）：3 – 10.

［86］ KIM C，SNELL C，MEDLEY E. Shear strength of Franciscan complex mélange as calculated from back – analysis of a landslide ［C］. 5th International Conference on Case Histories in Geotechnical Engineering，New York，NY，2004.

［87］ 田永铭，郭明传，古智君. 宏观各向同性混杂岩力学特性及形状研究 ［J］. 岩土工程学报，2006，28（3）：364 – 371.

［88］ 张嘎，张建民. 大型土与结构接触面循环加载剪切仪的研制及应用 ［J］. 岩土工程学报，2003，25（2）：149 – 153.

［89］ 张嘎，张建民. 粗粒土与结构接触面单调力学特性的试验研究 ［J］. 岩土工程学报，2004，26（1）：21 – 25.

［90］ 张嘎，张建民. 循环荷载作用下粗粒土与结构接触面变形特征的试验研究 ［J］. 岩土工程学报，2004，26（2）：254 – 258.

［91］ 谢婉丽，王家鼎，张林洪. 土石粗粒料的强度和变形特性的试验研究 ［J］. 岩石力学与工程学报，2005，24（3）：430 – 437.

［92］ 董云，柴贺军，杨慧丽. 土石混填路基原位直剪与室内大型直剪试验比较 ［J］. 岩土工程学报，2005，27（2）：235 – 238.

［93］ 时卫民，郑宏录，刘文平，等. 三峡库区碎石土抗剪强度指标的试验研究 ［J］. 重庆建筑，2005，17（2）：30 – 35.

［94］ 孔位学. 蓄水引起的岩土体弱化及地基承载力稳定性研究 ［D］. 重庆：后勤工学院，2005.

［95］ 刘文平，时卫民，孔位学，等. 水对三峡库区碎石土的弱化作用 ［J］. 岩土力学，2005，26（11）：1857 – 1861.

［96］ 赵川，石晋旭，唐红梅. 三峡库区土石比对土体强度参数影响规律的试验研究 ［J］. 公路，2006（11）：32 – 35.

［97］ 侯红林，赵德安，蔡小林，等. 黄河二级阶地洪积碎石土剪胀特性分析 ［J］. 西部探矿工程，2006，119（3）：22 – 24.

［98］ 张文举，何昌荣. 宽级配泥石流砾石土的动强度试验研究 ［J］. 四川水力发电，2003，22（1）：66 – 69.

［99］ 刘垂远，何昌荣，王琛. 西藏某泥石流区砾石土动力试验研究 ［J］. 四川水力，2004（2）：19 – 21.

［100］ 李维树，丁秀丽，邬爱清，等. 蓄水对三峡库区土石混合体直剪强度参数的弱化程度研究 ［J］. 岩土力学，2007，28（7）：1338 – 1342.

［101］ 董云. 土石混合料强度特性的试验研究 ［J］. 岩土力学，2007，28（6）：1269 – 1274.

［102］ 程展林，丁红顺，吴良平. 粗粒土试验研究 ［J］. 岩土工程学报，2007，29（8）：1151 – 1158.

［103］ COROTIS R B，HASSAN M，KRIZEK R J，Nonlinear Stress – strain Formulation for Soils ［J］. Journal of the Geotechnical Engineering Division，ASCE，1974，100（9）：993 – 1008.

［104］ SCHULTZE E，TEUSEN G. A common stress – strain relationship for soils ［C］. 9th International Conference on Soil Mechanics and Foundation Engineering（Tokyo），1979，1/57：277 – 280.

［105］ DUNCAN J M，BYRNE P，WONG K S，et al. Strength，stress – strain and bulk modulus parameters for finite element analyses of stresses and movement in soil masses ［R］. Report No. UCE/GT/80 – 01，University of California，Berkeley，Calif，1980.

［106］ 刘祖德，陆士强，杨天林等. 应力路径对填土应力-应变关系的影响及其应用［J］. 岩土程学报，1982，4（4），45 – 55.

［107］ 保华富，屈智炯. 粗粒土的本构模型研究［J］. 成都科技大学学报，1990（4）：63 – 69.

［108］ 张斌，屈智炯. 考虑剪胀和软化特性的粗粒土应力-应变模型［J］. 岩土工程学报，1991，13（6）：64 – 69.

［109］ 刘开明，屈智炯，肖晓军. 粗粒土的工程特性及本构模型研究［J］. 成都科技大学学报，1993，73（6）：93 – 101.

［110］ 肖晓军. 不同应力路径下粗粒土的应力应变强度特性［J］. 成都科技大学学报，1992，65（5）：37 – 42，58.

［111］ 张嘎，张建民. 粗颗粒土的应力应变特性及其数学描述研究［J］. 岩土力学，2004，25（10）：1587 – 1591.

［112］ 陈晓斌，张家生. 红砂岩粗粒土弹塑性双屈服面模型试验研究［J］. 塑性工程学报，2007，14（2）：123 – 129.

［113］ VOIGT W. Lehrbuch der Kristallphysik［M］. BG Teubner，Leipzig，1910.

［114］ REUSS A. Berechnung der Fließgrenze von Mischkristallen auf Grund der Plastizitätsbedingung für Einkristalle［J］. Zeitschrift für Angewandte Mathematik und Mechanik，1929，9（1）：49 – 58.

［115］ HASHIN Z，SHTRIKMAN S. A variational approach to the theory of elastic behavior of multiphase materials［J］. Journal of the Mechanics and Physics Solids，1963，11（2）：127 – 140.

［116］ HILL R. A self – consistent mechanics of composite materials［J］. Journal of the Mechanics and Physics Solids，1965，13（4）：213 – 222.

［117］ MCLAUGHLIN R. A study of the differential scheme for composite materials［J］. International Journal of Engineering Science，1977，15（4）：237 – 244.

［118］ HASHIN Z. The moduli of an elastic solid reinforced by rigid particles［J］. Bulletin Research Council of Israel，1955（5）：46 – 59.

［119］ VALLEJO L E，LOBO – GUERRERO S. The elastic moduli of clays with dispersed oversized particles［J］. Engineering Geology，2004，78（1）：163 – 171.

［120］ KOKUSHO T，ESASHI Y，SAKURAI A. Dynamic properties of deformation and damping of coarse soils for wide strain range［R］. Central Research Institute of Electric Power Industry，Civil Engineering Laboratory Report No. 380002［in Japanese］.

［121］ 贾革续. 粗粒土工程特性的试验研究［D］. 大连：大连理工大学，2003.

［122］ 汝乃华，牛运光. 大坝事故与安全·土石坝［M］. 北京：中国水利水电出版社，2001.

［123］ 刘杰. 土的渗流稳定与渗流控制［M］. 北京：水利电力出版社，1992.

［124］ BOLTON A J. Some measurements of permeability and effective stress on a heterogeneous soil mixture：implication for recovery of inelastic strains［J］. Engineering Geology，2000，57（1）：95 – 104.

［125］ BORGESSON L，JOHANNESSON L E，JOHANNESSON D. Influence of soil structure heterogeneities on the behavior of backfill materials based on mixtures of bentonite and crushed rock［J］. Applied Clay Science，2003，23（1 – 2）：121 – 131.

［126］ 邱贤德，阎宗岭，刘立，等. 堆石体粒径特征对其渗透性的影响［J］. 岩土力学，2004，25（6）：950 – 954.

［127］ 朱崇辉，刘俊民，王增红. 粗粒土的颗粒级配对渗透系数的影响规律研究［J］. 人民黄河，2005，27（12）：79 – 81.

［128］ 周中，傅鹤林，刘宝琛，等. 土石混合体渗透性能的正交试验研究［J］. 岩土工程学报，2006，28（9）：1134 – 1138.

[129] 周中，傅鹤林，刘宝琛，等. 土石混合同渗透性能的试验研究 [J]. 湖南大学学报（自然科学版），2006，33（6）：25-28.

[130] 许建聪，尚岳全. 碎石土渗透特性对滑坡稳定性的影响 [J]. 岩石力学与工程学报，2006，25（11）：2264-2271.

[131] 魏进兵，邓建辉，谭国焕，等. 泄滩滑坡碎石土饱和与非饱和水力学参数的现场试验研究 [J]. 岩土力学，2007，28（2）：327-330.

[132] 计灵民. 粗粒土渗透变形试验的探讨 [J]. 地下水，2008，27（4），254-255.

[133] 朱崇辉，王增洪，刘俊民. 粗粒土的渗透破坏坡降与颗粒级配的关系研究 [J]. 中国农村水利水电，2006（3）：72-74.

[134] MORRIS H C. The effect of particle shape and texture on the strength of a non-cohesive aggregate [D]. University of Washington，USA，1959.

[135] LEBOURG T，RISS J，PIRARD E. Influnece of morphological characteristics of heterogeneous moraine formations on their mechanical behavior using image and statistical analysis [J]. Engineering Geology，2004，73：37-50.

[136] 谢学斌，潘长良. 排土场散体岩石粒度分布与剪切强度的分形特征 [J]. 岩土力学，2004，25（2）：287-291.

[137] JIANG M J，LEROUEIL S，KONRAD J. M. Insight into shear strength functions of unsaturated granulates by DEM analysis [J]. Computers and Geotechnics，2004，31：473-489.

[138] SHAMY U E，ZEGHAL M. A micro-mechanical investigation of the dynamic response and liquefaction of saturated granular soils [J]. Soil Dynamics and Earthquake Engineering，2007，27（8）：712-729.

[139] POTYONDY D O，CUNDALL P. A. A bonded-particle model for rock [J]. International Journal of Rock Mechanics and Mining Sciences，2004（41）：1329-1364.

[140] SITHARAM T G，Discrete element modeling of cyclic behavior of granular materials [J]. Geotechnical and Geological Engineering，2003，21：297-329.

[141] KANEKO K，TERADA K，KYOYA T，Y. Kishino. Global-local analysis of granular media in quasi-static equilibrium [J]. International Journal of Solids and Structures，2003（40）：4043-4069.

[142] KRISTENSSON O，AHADI A. Numerical study of localization in soil systems [J]. Computers and Geotechnics，2005（32）：600-612.

[143] 油新华，何刚，李晓. 土石混合体边坡的细观处理技术 [J]. 水文地质与工程地质，2003（1）：18-21.

[144] 赫建明. 三峡库区土石混合体的变形与破坏机理研究 [D]. 北京：中国矿业大学（北京），2004.

[145] 廖秋林. 土石混合体地质成因、结构模型及力学特性、流固耦合特性研究 [D]. 北京：中国科学院地质与地球物理研究所，2006.

[146] 李世海，汪远年. 三维离散元土石混合体随机计算模型及单向加载试验数值模拟 [J]. 岩土工程学报，2004，26（3）：172-177.

[147] CROSTA G B，CHEN H，FRATTINI P. Forecasting hazard scenarios and implications for the evaluation of countermeasure efficiency for large debris avalanches [J]. Engineering Geology，2006，83（1）：236-253.

[148] MAQUAIRE O，MALET J P，REMAITRE A，et al. Instability conditions of marly hillslopes：towards landsliding or gullying? The case of the Barcelonnette Basin，South East France [J]. Engineering Geology，2003，70（1）：109-130.

[149] MEDLEY E W, REHERMANN P S. Characterization of bimrocks (Rock/Soil Mixtures) with application to slope stability problems [C]. EUROCK 2004 & 53rd Geomechanics Colloquium Salzburg, Austria, OCT. 2004. 9.

[150] BUTTON E A, SCHUBERT W, RIEDMUELLER G, et al. Tunneling in tectonic mélanges – accommodating the impacts of geomechanical complexities and anisotropic rock mass fabric [J]. Bulletin of Engineering Geology and the Enviroment, 2004, 63: 109 – 117.

[151] MORITZ B, GROSSAEUR K, SCHUBERT W. Short term prediction of system behavior of shallow tunnels in heterogeneous ground [J]. Felsbau, Journal of Engineering Geology, Geomechanics and Tunnelling, 2004, 22 (5): 44 – 53.

[152] CHEN H, WAN J P. The effect of orientation and shape distribution of gravel on slope angles in central Taiwan [J]. Engineering Geology, 2004, 72 (1 – 2): 19 – 31.

[153] SITAR N, ANDERSON S A, JOHNSON K A. Conditions leading to the initiation of rainfall – induced debris flows [C]. Geotech. Engrg. Div. Specialty Conference: Stability and Performance of Slopes and Embankments – II, ASCE, New York, 1992: 834 – 839.

[154] ANDERSON S A, SITAR N. Analysis of rainfall – induced debris flow [J]. Journal of Geotechnical Engineering, ASCE, 1995, 121 (7): 544 – 552.

[155] MONTGOMERY D R, DOETRICH W E, TORRES T, et al. Hydrologic response of a steep, unchanneled valley to natural and applied rainfall [J]. Water Resources Researchm 1997, 33 (1): 91 – 109.

[156] MIKOS M, CETINA M, BRILLY M. Hydrologic conditions responsible for triggering the Stoze landslide, Slovenia [J]. Engineering Geology, 2004, 73: 193 – 213.

[157] FIORILLO F, WILSON R C. Rainfall induced debris flows in pyroclastic deposits, Campania (southern Italy) [J]. Engineering Geology, 2004, 75 (3 – 4): 263 – 289.

[158] CHANG M, CHIU Y, LIN S, et al. Preliminary study on the 2003 slope failure in Woo – wan – chai Area, Mt. Ali Road, Taiwan [J]. Engineering Geology, 2005, 80: 93 – 114.

[159] SASSA K. Recent ubran landslide disasters in Japan and their mechanisms [C]. Proceedings, 2nd International Conference on Environmental Management, "Environmental Management", Austrialia, 10 – 13 February, vol. 1. Elsevier, Amsterdam, 1998, 47 – 58.

[160] WANG G, SASSA K. Pore – pressure generation and movement of rainfall – induced landslides: effects of grain size and fine – particle content [J]. Engineering Geology, 2003, 69: 109 – 125.

[161] WANG G, SASSA K, FUKUOKA H. Downslope volume enlargement of a debris slide – debris flow in the 1999 Hiroshima, Japan, rainstorm [J]. Engineering Geology, 2003, 69 (3): 309 – 330.

[162] TSAPARAS I, RAHARDJO H, TOLL D G, et al. Infiltration characteristics of two instrumented residual soil slopes [J]. Canadian Geotechnical Journal, 2003, 40 (5): 1012 – 1032.

[163] RAHARDJO H, LEE T. T, LEONG E. C, et al. Response of a residual soil slope to rainfall [J]. Canadian Geotechnical Journal, 2005, 42 (2): 340 – 351.

[164] 俞伯汀, 孙红月, 尚岳全. 含碎石黏性土边坡渗流系统的物理模拟试验 [J]. 岩土工程学报, 2006, 28 (6): 705 – 708.

[165] 胡明鉴, 汪稔, 张平仓. 蒋家沟流域松散砾石土斜坡滑坡频发原因与试验模拟 [J]. 岩石力学与工程学报, 2002, 21 (12): 1831 – 1834.

[166] 胡明鉴, 汪稔. 蒋家沟流域暴雨滑坡泥石流共生关系试验研究 [J]. 岩石力学与工程学报, 2003, 22 (5): 824 – 828.

[167] 日本土质工学会 著, 郭熙灵 文丹. 译, 朱振宏 校. 粗粒料的现场压实 [M]. 北京: 中国水利水电出版社, 1999, 5.

［168］ 工程地质手册编委会. 工程地质手册 ［M］. 4 版. 北京：中国建筑工业出版社，2007.

［169］ MEDLEY E. Then engineering characterization of melanges and similar Rock – in – Mixtrix Rocks（Bimrocks）［D］. University of California at Berkeley，1994.

［170］ PARKER S P. Dictionary of geology and mineralogy ［M］. New York：McGraw – Hill，2003.

［171］ HSU K J. Mélange and the mélange tectonics of Taiwan ［J］. Journal of the Geological Society of China，1988，31（2）：87 – 92.

［172］ CROSTA G B. Failure and flow development of a complex slide：the 1993 Sesa landslide ［J］. Engineering Geology，2001，59（1 – 2）：173 – 199.

［173］ 沈珠江. 土体结构性的数学模型——21 世纪土力学的核心问题 ［J］. 岩土工程学报，1996，18（1）：95 – 97.

［174］ 岳中琦. 岩土细观介质空间分布数字表述和相关力学数值分析的方法、应用和进展 ［J］. 岩石力学与工程学报，2006，25（5）：875 – 888.

［175］ KWAN A K H，MORA C F，CHAN H C. Particle Shape Analysis of Coarse Aggregate Using Digital Image Processing ［J］. Cement & Concrete Research. 1999，29：1403 – 01

［176］ YUE Z Q，MORIN I. Digital Image Processing for Aggregate Orientation in Asphalt Concrete Mixtures ［J］. Canadian Journal of Civil Engineering，1996，23：479 – 89.

［177］ LEBOURG T，RISS J，PIRARD E. Influence of Morphological Characteristics of Heterogeneous Moraine Formations on Their Mechanical Behaviour Using Image and Statistical Analysis ［J］. Engineering Geology，2004，73：37 – 50.

［178］ BARRETT P J. The shape of rock particles，a critical review ［J］. Sedimentology，1980，27：291 – 303.

［179］ WANG L B，WANG X G，MOHAMMAD L，et al. Unified method to quantify aggregate shape angularity and texture using Fourier analysis ［J］. Journal of Materials in Civil Engineering，2005，17（5）：498 – 504.

［180］ BOWMAN E T，SOGA K，DRUMMOND T W. Particle shape characterization using Fourier analysis ［J］. CUED/D – Soils/TR315，2000.

［181］ MASAD E，OLCOTT D，WHITE T，et al. Correlation of imaging shape indices of fine aggregate with asphalt mixture performance ［J］. Transportation Research Board 80th Annual Meeting，Washington，D. C. ，2001.

［182］ WETTIMUNY R，PENUMADU D. Application of fourier analysis to digital imaging for particle shape analysis ［J］. Journal of Computing in Civil Engineering，2004，18（1）：2 – 9.

［183］ CHANDAN C，SIVAKUMAR K，MASAD E，et al. Application of imaging techniques to geometry analysis of aggregate particles ［J］. Journal of Computing in Civil Engineering，2004，18（1）：75 – 82.

［184］ AL ROUSAN T M . Characterization of aggregate shape properties using a computer automated system ［D］. Texas A&M University，2004.

［185］ GARBOCZI E J，MARTYS N S，SALEH H H，et al. Acquiring，analyzing，and using complete three – dimensional aggregate shape information ［C］. Aggregates，Concrete，Bases，and Fines，9th Annual Symposium，Proceeding，Austin，Texas，2001：22 – 25.

［186］ GARBOCZI E J. Three – dimensional mathematical analysis of particle shape using X – ray tomography and spherical harmonics：application to aggregates used in concrete ［J］. Cement and Concrete Research，2002，32（10）：1621 – 1638.

［187］ ERDOGAN S，QUIROGA P，FOWLER D，et al. Three – dimensional shape analysis of coarse aggregates：New techniques for and preliminary results on several different coarse aggregates and reference rocks [J]. Cement and Concrete Research，2006，36（9）：1619－1627.

[188] ZINGG T. Beitrag zur schotteranalyse [J]. Mineral Petrol Mitt，1935，15：39－140.

[189] ZHAO B，WANG J F. 3D quantitative shape analysis on form，roundness，and compactness with μCT [J]. Powder Technology，2016，291：262－275.

[190] MEDINA D A，JERVES A X. A geometry－based algorithm for cloning real grains 2. 0 [J]. Granular Matter，2019，21（2）.

[191] PEARSON K. Mathematical contributions to the theory of evolution VII：On the correlation of characters not quantitatively measurable [J]. Philosophical Transactions of the Roy－al Society Ser. A，1900，195：1－47.

[192] SPEARMAN C E. The proof and measurement of association between two things. [J]. International journal of epidemiology，2010，39（5）：1137－50.

[193] KENDALL M. G.. A new measure of rank correlation [J]. Biometrika，1938，30：81－89.

[194] 林宗元. 岩土工程试验监测手册 [M]. 沈阳：辽宁科学技术出版社，1994.

[195] 申润植. 滑坡整治理论和工程实践 [M]. 李妥德，杨顺焕，译. 北京：中国铁道出版社，1996.

[196] 陈祖煜，汪小刚，杨健，等. 岩质边坡稳定分析——原理·方法·程序 [M]. 北京：中国水利水电出版社，2005.

[197] 陈祖煜，弥宏亮，汪小刚，等. 边坡稳定三维分析德极限平衡方法 [J]. 岩土工程学报，2001，23（5）：525－529.

[198] 张发明，陈祖煜，弥宏亮. 三维极限平衡理论及其在块体稳定分析中的应用 [J]. 水文地质与工程地质，2002（4）：33－35.

[199] 秦四清，王建党. 土钉支护机理与优化设计 [M]. 北京：地质出版社，1999.

[200] XU W J，XU Q，WANG Y J. The Mechanism of High－speed Motion and Damming of the Tangjiashan Landslide [J]. Engineering Geology，2013，157：8－20.

[201] 徐文杰. 土石混合体细观结构力学及其边坡稳定性研究 [D]. 北京：中国科学院地质与地球物理研究所，2008.

[202] TERZAGHI K. Soil mechanics in engineering practice [M]. London：Wiley，1967.

[203] 李广信. 高等土力学 [M]. 北京：清华大学出版社，2004.

[204] 岳中琦，陈沙，郑宏，等. 岩土工程材料的数字图像有限元分析 [J]. 岩石力学与工程学报，2004，23（6）：889－897.

[205] YUE Z Q，CHEN S，THAM L G. Finite element modeling of geomaterials using digital image processing [J]. Computers and Geotechnics，2003，30（5）：375－397.

[206] CHEN S，YUE Z Q，THAM L G. Digital image－based numerical modeling method for prediction of inhomogeneous rock failure [J]. International Journal of Rock Mechanics & Mining Sciences，2004，41（6）：939－957.

[207] 陈沙，岳中琦，谭国焕. 基于数字图像的非均质岩土工程材料的数值分析方法 [J]. 岩土工程学报，2005，27（8）：956－964.

[208] LI C Q，XU W J，MENG Q S. Multi－sphere approximation of real particles for DEM simulation based on a modified greedy heuristic algorithm [J]. Powder Technology，2015，286：478－487.

[209] 冯学敏，陈胜宏. 含复杂裂隙网络岩体渗流特性研究的复合单元法 [J]. 岩石力学与工程学报，2006，25（5）：918－924.

[210] 冯国庆，陈浩，张烈辉，等. 利用多点地质统计学方法模拟岩相分布 [J]. 西安石油大学学报（自然科学版），2005，20（5）：9－11.

[211] 刘猛，束龙仓，刘波. 地下水数值模拟中的参数随机模拟 [J]. 水利水电科技进展，2005，25（6）：25－27.

［212］ 王旭，晏鄂川，余子华. 基于结构面网络模拟的桥基岩体空间状态分析［J］. 岩土力学，2006，
27（4）：601 – 604.

［213］ 王宗敏. 不均质材料（混凝土）裂隙扩展及宏观计算强度与变形［D］. 北京：清华大学，1996.

［214］ WANG Z M，KWAN A K H，CHAN H C. Mesoscopic study of concrete I：Generation of ran-
dom aggregate structure and finite element mesh［J］. Computers and Structure，1999，70（5）：
533 – 544.

［215］ 高政国，刘光廷. 二维混凝土随机骨料模型研究［J］. 清华大学学报（自然科学版），2003，
43（5）：710 – 714.

［216］ 张剑，金南国，金贤玉，等. 混凝土多边形骨料分布的数值模拟方法［J］. 浙江大学学报（工学
版），2004，38（5）：581 – 585.

［217］ 杜成斌，孙立国. 任意形状混凝土骨料的数值模拟及其应用［J］. 水利学报，2006，37（6）：
662 – 667.

［218］ 刘光廷，高政国. 三维凸型混凝土骨料随机投放算法［J］. 清华大学学报（自然科学版），2003，
43（8）：1120 – 1123.

［219］ 李运成，马怀发，陈厚群，等. 混凝土随机凸多面体骨料模型生成及细观有限元剖分［J］. 水
利学报，2006，37（5）：588 – 592.

［220］ 李运成，马怀发，陈厚群，等. 混凝土随机骨料模型可视化方法［J］. 中国水利水电科学院学
报，2006，4（4）：258 – 263.

［221］ 田莉，刘玉，胡霞光，等. 模拟沥青混合料集料的多面体颗粒随机生成算法及程序［J］. 中国
公路学报，2007，20（3）：5 – 10.

［222］ ROTHENBURG L，BATHURST R J. Numerical simulation of idealized granular assemblies with
plane elliptical particles［J］. Computers and Geotechnics，1991，11（4）：315 – 329.

［223］ TING J M. A robust algorithm for ellipse – based discrete element modelling of granular materials
［J］. Computers and Geotechnics，1992，13（3）：175 – 186.

［224］ LIN X，NG T T. Contact detection algorithms for three – dimensional elliposids in discrete ele-
ment modelling［J］. International Journal for Numerical and Analytical Methods in Geomechanics，
1995，19（9）：653 – 659.

［225］ LIN X，NG T T. A three – dimensional discrete element model using arrays of ellipsoids［J］.
Geotechnique，1997，47（2）：319 – 329.

［226］ WANG C Y，WANG C F，SHENG J. A packing generation scheme for the granular assemblies
with 3D ellipsoidal particles［J］. International Journal for Numerical and Analytical Methods in
Geomechanics，1999，23（8）：815 – 828.

［227］ DIUGYS A，PETERS B. A new approach to detect the contact of two – dimensional elliptical par-
ticles［J］. International Journal for Numerical and Analytical Methods in Geomechanics，2001，
25（15）：1487 – 1500.

［228］ NG T. Shear strength of assemblies of ellipsoidal particles［J］. Géotechnique，2004，54（10）：
659 – 669.

［229］ MAXWELL J C. A treatise on electricity and magnetism［M］. 3rd ed. New York：Dover Publi-
cations Inc，1954.

［230］ LANDAUER R. The Electrical Resistance of Binary Metallic Mixtures［J］. Journal of Applied
Physics，1952，23（7）：779 – 784.

［231］ WANG M，PAN N，WANG J，et al. Mesoscopic simulations of phase distribution effects on the
effective thermal conductivity of microgranular porous media［J］. Journal of Colloid And Interface
Science，2007，311（2）：562 – 570.

[232] WANG J，CARSON J K，NORTH M F，et al. A new approach to modelling the effective thermal conductivity of heterogeneous materials [J]. International Journal of Heat & Mass Transfer，2006，49（17－18）：3075－3083.

[233] WANG J，CARSON J K，NORTH M F，et al. A new structural model of effective thermal conductivity for heterogeneous materials with co－continuous phases [J]. International Journal of Heat & Mass Transfer，2008，51（9－10）：2389－2397.

[234] 中国水电顾问集团昆明勘测设计研究院. 云南省澜沧江糯扎渡水电站招标设计阶段——心墙防渗料碾压试验研究报告 [R]. 2006.

[235] MCDOWELL R G，HARIRECHE O. Discrete element modelling of yielding and normal compression of sand [J]. Géotechnique，2002，52（4）：299－304.

[236] MATSUSHIMA T，KATAGIRI J，UESUGI K，et al. 3D Shape Characterization and Image－Based DEM Simulation of the Lunar Soil Simulant FJS－1 [J]. Journal of Aerospace Engineering，2009，22（1）：15－23.

[237] JERIER J，RICHEFEU V，IMBAULT D，et al. Packing spherical discrete elements for large scale simulations [J]. Computer Methods in Applied Mechanics and Engineering，2010，199（25－28）：1668－1676.

[238] ERGENZINGER C，SEIFRIED R，EBERHARD P. A discrete element model predicting the strength of ballast stones [J]. Computers and Structures，2012（108－109）：3－13.

[239] CHANG Y L，CHU B L，LIN S S. Numerical simulation of gravel deposits using mult－circle granular model [J]. Journal of the Chinese Institute of Engineering，2003，26（5）：681－694.

[240] GARCIA X，LATHAM J P，XIANG J，et al. A clustered overlapping sphere algorithm to represent real particles in discrete element modelling [J]. Géotechnique，2009，59（9）：779－784.

[241] DUNCAN J M. State of the Art：Limit Equilibrium and Finite－Element Analysis of Slopes [J]. Journal of Geotechnical Engineering，1996，123（7）：577－596.

[242] UGAI K. A method of calculation of total factor of safety of slopes by elastic－plastic FEM [J]. Soils and Foundations，1989，29（2）：190－195.

[243] MATSUI T，SAN K C. Finite element slope stability analysis by shear strength reduction technique [J]. Soils and Foundations，1992，32（1）：59－70.

[244] GRIFFITHS D V，LANE P A. Slope stability analysis by finite elements [J]. Geotechnique，1999，49（3）：387－403.

[245] DAWSON E M，ROTH W H，DRECHER A. Slope stability analysis by strength reduction [J]. Slope stability analysis by strength reduction [J]. Geotechnique，1999，49（6）：835－840.

[246] 王乾程，李培铮，谢建华，等. 水作用下土坡稳定性分析及防治对策探讨 [J]. 西部探矿工程，2003（5）：156－158.

[247] MORGERNSTERN N. Stability charts for earth slopes during rapid drawdown [J]. Geotechnique，1963，13（2）：121－131.

[248] 中村浩之，王恭先. 论水库滑坡 [J]. 水土保持通报，1990，10（1）：53－64.

[249] LANE A P，GRIFFITHS V D. Assessment of Stability of Slopes under Drawdown Conditions [J]. Journal of Geotechnical and Geoenvironmental Engineering，2000，126（5）：443－450.

[250] BERILGEN M M. Investigation of stability of slopes under drawdown conditions [J]. Computers and Geotechnics，2006，34（2）：81－91.

[251] 朱冬林，任光明，聂德新，等. 库水位变化下对水库滑坡稳定性影响的预测 [J]. 水文地质工程地质，2002（3）：6－9.

[252] 刘才华，陈从新，冯夏庭. 库水位上升诱发边坡失稳机理研究 [J]. 岩土力学，2005（5）：769－773.

[253] 廖红建，盛谦，高石夯，等. 库水位下降对滑坡体稳定性的影响 [J]. 岩石力学与工程学报，2005 (19)：56-60.

[254] 侯恩科，吴立新，李建民，等. 三维地学模拟与数值模拟的耦合方法研究 [J]. 煤炭学报，2002，27 (4)：388-392.

[255] 夏艳华，白世伟，倪才胜. 某水利枢纽厂房开挖三维可视化与数值模拟耦合研究 [J]. 岩土力学，2005，26 (6)：968-972.

[256] 陈少强，李琦，苗前军，等. 矢量与栅格结合的三维地质模型编辑方法 [J]. 计算机辅助设计与图形学学报，2005，17 (7)：1544-1548.

[257] 郑贵洲，申永利. 地质特征三维分析及三维地质模拟现状研究 [J]. 地球科学进展，2004，19 (2)：218-223.

[258] 李明超，钟登华，秦朝霞，等. 基于三维地质模型的工程岩体结构精细数值建模 [J]. 岩石力学与工程学报，2007，26 (9)：1893-1898.

[259] 甘厚义，周虎鑫，林本鉴，等. 关于山区高填方工程地基处理问题 [J]. 建筑科学，1998 (6)：16-22.

[260] WESTERGAARD H M. Water Pressures on Dams during Earthquakes [J]. Transactions of the American Society of Civil Engineers，1933，98 (2)：418-432.

附录 A 基于傅里叶级数的块体形态与原始形态对比图系

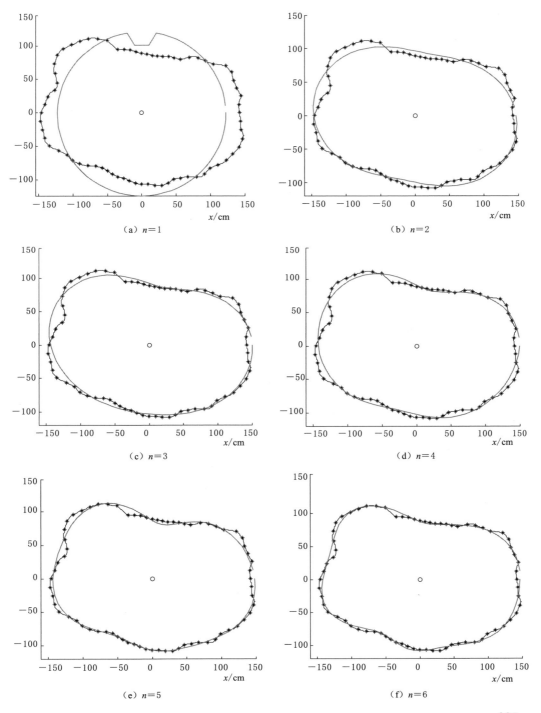

（a）$n=1$

（b）$n=2$

（c）$n=3$

（d）$n=4$

（e）$n=5$

（f）$n=6$

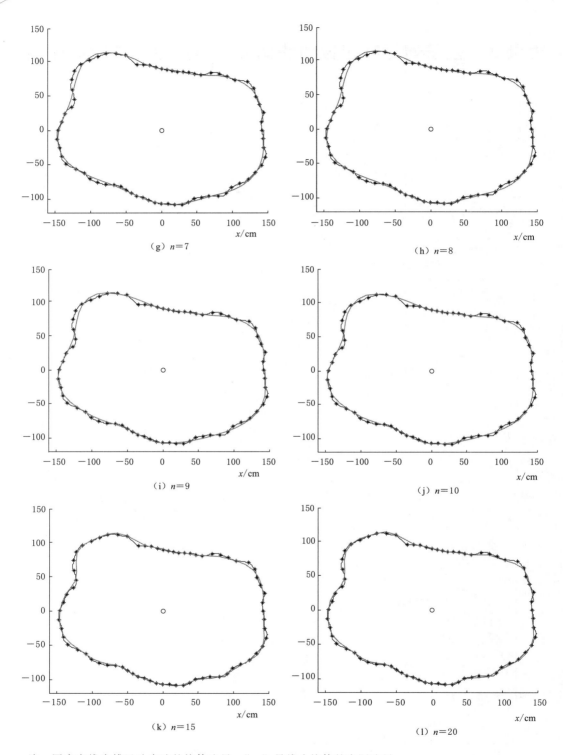

（g）$n=7$

（h）$n=8$

（i）$n=9$

（j）$n=10$

（k）$n=15$

（l）$n=20$

注 图中实线为傅里叶表述的块体边界；"＊"号线为块体的实际边界。

附录 B　单个凸多面体随机生成算法代码（Matlab）

```
clear all;
clc;
%Block_R;%块体粒径
Block_R=1.0;
%Block_Point(j,3);%块体第 j 节点坐标
Rand0(1)=rand * 360;
Rand0(2)=Rand0(1)+120;
Rand0(3)=Rand0(2)+120;
S_Block=0.2 * sqrt(3) * 3 * Block_R * Block_R/4;%构成块体表面三角形的最小面积
%生成过基球体中心大圆的内接正三角形
for i=1:3
    Block_Point(i,1)=Block_R * cos(Rand0(i) * pi/180);
    Block_Point(i,2)=Block_R * sin(Rand0(i) * pi/180);
    Block_Point(i,3)=0.0;
    Block_Face(1,i)=i;
end
N_p=4;
N_Face=1;
Delt_0=0.5;
Sign=1;
%生成随机六面体基
while Sign==1
    Rand_0=rand * 360 * pi/180.;
    Rand_1=rand * 90 * pi/180.;
    if Block_R * cos(Rand_1)>Delt_0 * Block_R
        Block_Point(N_p,1)=Block_R * cos(Rand_0) * sin(Rand_1);
        Block_Point(N_p,2)=Block_R * sin(Rand_0) * sin(Rand_1);
        Block_Point(N_p,3)=Block_R * cos(Rand_1);

        N_Face=N_Face+1;
        Block_Face(N_Face,1)=Block_Face(1,1);
        Block_Face(N_Face,2)=N_p;
        Block_Face(N_Face,3)=Block_Face(1,2);

        N_Face=N_Face+1;
        Block_Face(N_Face,1)=Block_Face(1,1);
        Block_Face(N_Face,2)=Block_Face(1,3);
        Block_Face(N_Face,3)=N_p;
```

```
                N_Face＝N_Face＋1;
                Block_Face(N_Face,1)＝Block_Face(1,3);
                Block_Face(N_Face,2)＝Block_Face(1,2);
                Block_Face(N_Face,3)＝N_p;
                Sign＝0;
            end
        end
    Sign＝1;
    cyc_0＝0;
    while Sign＝＝1
        Rand_0＝rand * 360 * pi/180. ;
        Rand_1＝(90＋rand * 90) * pi/180. ;
        cyc_0＝cyc_0＋1;
        if abs(Block_R * cos(Rand_1))＞Delt_0 * Block_R
            Sign_0＝1;
                for i＝2:N_Face
                    x_p＝Block_R * cos(Rand_0) * sin(Rand_1);
                    y_p＝Block_R * sin(Rand_0) * sin(Rand_1);
                    z_p＝Block_R * cos(Rand_1);
                    a1＝Block_Face(i,1);
                    a2＝Block_Face(i,2);
                    a3＝Block_Face(i,3);
                    x1＝Block_Point(a1,1);
                    y1＝Block_Point(a1,2);
                    z1＝Block_Point(a1,3);
                    x2＝Block_Point(a2,1);
                    y2＝Block_Point(a2,2);
                    z2＝Block_Point(a2,3);
                    x3＝Block_Point(a3,1);
                    y3＝Block_Point(a3,2);
                    z3＝Block_Point(a3,3);
                    B_Vol＝[x_p y_p z_p 1
                        x1 y1 z1 1
                        x2 y2 z2 1
                        x3 y3 z3 1];
                    Vol＝det(B_Vol)/6. 0
                    if Vol＜＝0
                        Sign_0＝0;
                    end
                end
            if Sign_0＝＝1
                    N_p＝N_p＋1;
                    Block_Point(N_p,1)＝x_p;
                    Block_Point(N_p,2)＝y_p;
```

```
            Block_Point(N_p,3)=z_p;

            N_Face=N_Face+1;
            Block_Face(N_Face,1)=Block_Face(1,1);
            Block_Face(N_Face,2)=Block_Face(1,2);
            Block_Face(N_Face,3)=N_p;
            N_Face=N_Face+1;
            Block_Face(N_Face,1)=Block_Face(1,2);
            Block_Face(N_Face,2)=Block_Face(1,3);
            Block_Face(N_Face,3)=N_p;
            % N_Face=N_Face+1;
            N3=Block_Face(1,3);
            N1=Block_Face(1,1);
            Block_Face(1,1)=N3;
            Block_Face(1,2)=N1;
            Block_Face(1,3)=N_p;
            Sign=0;

        end
        if cyc_0>100
            Sign_0=0;
            Sign=0;
        end
    end
end
Sign=1;
%由六面体基进行随机延拓生成凸多面体块体
while Sign==1
    N_p0=N_p
    N_Face0=N_Face;
    for i=1:N_Face0
        a1=Block_Face(i,1);
        a2=Block_Face(i,2);
        a3=Block_Face(i,3);

        x1=Block_Point(a1,1);
        y1=Block_Point(a1,2);
        z1=Block_Point(a1,3);
        x2=Block_Point(a2,1);
        y2=Block_Point(a2,2);
        z2=Block_Point(a2,3);
        x3=Block_Point(a3,1);
        y3=Block_Point(a3,2);
        z3=Block_Point(a3,3);
        d1=sqrt((x1-x2)^2+(y1-y2)^2+(z1-z2)^2);
```

```
d2＝sqrt((x1－x3)^2＋(y1－y3)^2＋(z1－z3)^2);
d3＝sqrt((x3－x2)^2＋(y3－y2)^2＋(z3－z2)^2);
s＝(d1＋d2＋d3)/2;
S_Face(i)＝sqrt(s * (s－d1) * (s－d2) * (s－d3));
if S_Face(i)＞S_Block
    x0＝(x1＋x2＋x3)/3;
    y0＝(y1＋y2＋y3)/3;
    z0＝(z1＋z2＋z3)/3;
    L1＝sqrt((x0－x1)^2＋(y0－y1)^2＋(z0－z1)^2);
    L2＝sqrt((x0－x2)^2＋(y0－y2)^2＋(z0－z2)^2);
    L3＝sqrt((x0－x3)^2＋(y0－y3)^2＋(z0－z3)^2);
    Lmax＝L1;
    if L2＞Lmax
      Lmax＝L2;
    end
    if L3＞Lmax
      Lmax＝L3;
    end
    Sign1＝1;
    cyc_0＝0;
    while Sign1＝＝1
        cyc_0＝cyc_0＋1;
        ran0＝rand;
        ran1＝rand * 360 * pi/180;
        ran2＝rand * 180 * pi/180;
        x_p＝x0＋Lmax * ran0 * cos(ran1) * sin(ran2);
        y_p＝y0＋Lmax * ran0 * sin(ran1) * sin(ran2);
        z_p＝z0＋Lmax * ran0 * cos(ran2);
        B_Vol＝[x_p y_p z_p 1
            x1 y1 z1 1
            x2 y2 z2 1
            x3 y3 z3 1];
        Vol＝－det(B_Vol)/6.0;
        if Vol＞0
            %新生成点到延拓面距离
            h_p＝3 * Vol/S_Face(i);
            if h_p＞Delt_0 * Lmax
                Sign2＝1;%用于判断延展后的多面体是否保持"凸性"
                N_Face2＝N_Face;
                for j＝1:N_Face2
                    if j＝＝i
                    else
                    p1＝Block_Face(j,1);
                    p2＝Block_Face(j,2);
```

```
                p3＝Block_Face(j,3)；

                x_p1＝Block_Point(p1,1)；
                y_p1＝Block_Point(p1,2)；
                z_p1＝Block_Point(p1,3)；

                x_p2＝Block_Point(p2,1)；
                y_p2＝Block_Point(p2,2)；
                z_p2＝Block_Point(p2,3)；

                x_p3＝Block_Point(p3,1)；
                y_p3＝Block_Point(p3,2)；
                z_p3＝Block_Point(p3,3)；
                B_Vol_P＝[x_p y_p z_p 1
                    x_p1 y_p1 z_p1 1
                    x_p2 y_p2 z_p2 1
                    x_p3 y_p3 z_p3 1]；
                Vol_P＝det(B_Vol_P)/6.0；
                if Vol_P＜＝0
                    Sign2＝0；
                end
                end
        end
        if Sign2＝＝1
            N_p＝N_p+1；%生成新节点
            Block_Point(N_p,1)＝x_p；
            Block_Point(N_p,2)＝y_p；
            Block_Point(N_p,3)＝z_p；
            %生成新面
            N_Face＝N_Face+1；
            Block_Face(N_Face,1)＝Block_Face(i,1)；
            Block_Face(N_Face,2)＝N_p；
            Block_Face(N_Face,3)＝Block_Face(i,3)；

            N_Face＝N_Face+1；
            Block_Face(N_Face,1)＝Block_Face(i,1)；
            Block_Face(N_Face,2)＝Block_Face(i,2)；
            Block_Face(N_Face,3)＝N_p；

            i_2＝Block_Face(i,2)；
            i_3＝Block_Face(i,3)；
            Block_Face(i,1)＝i_2；
            Block_Face(i,2)＝i_3
            Block_Face(i,3)＝N_p；
```

```
                        Sign1＝0；
                    end
                end
            end
            if cyc_0＞500 ％循环次数控制
                Sign1＝0；
            end
        end
    end
end
if N_p＝＝N_p0
    Sign＝0；
end
end
％显示生成的随机凸多面体
for i＝1：N_Face
    for j＝1：3
        Tri_X(j,i)＝Block_Point(Block_Face(i,j),1)；
        Tri_Y(j,i)＝Block_Point(Block_Face(i,j),2)；
        Tri_Z(j,i)＝Block_Point(Block_Face(i,j),3)；
    end
end
fill3(Tri_X,Tri_Y,Tri_Z,′y′)
```

附录 C   土石混合体细观破坏机制数值试验成果

表 C.1   椭圆主轴与主压力正交（90°）时的破坏过程

土-石界面半胶结		土-石界面完全胶结	
等效塑性应变云图	位移矢量图	等效塑性应变云图	位移矢量图

表 C. 2　　　　　　　　　　　椭圆主轴与主压力成 60°相交时的破坏过程

土-石界面半胶结		土-石界面完全胶结	
等效塑性应变（PEEQ）云图	位移矢量图	等效塑性应变云图	位移矢量图

表 C.3　　　　　　　　　　　　　椭圆主轴与主压力成 30°相交时破坏过程

土-石界面半胶结		土-石界面完全胶结	
等效塑性应变云图	位移矢量图	等效塑性应变云图	位移矢量图

表 C. 4　　　　　　　　　　椭圆主轴与主压力平行（0°）时破坏过程

土-石界面半胶结		土-石界面完全胶结	
等效塑性应变云图	位移矢量图	等效塑性应变云图	位移矢量图

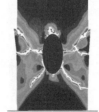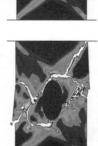

附录 D 不同含石量条件下土石混合体
细观力学数值试验分析成果

含石量	试 验 类 型	
	单轴试验	双轴试验（围压为 0.2MPa）
0% （土体）	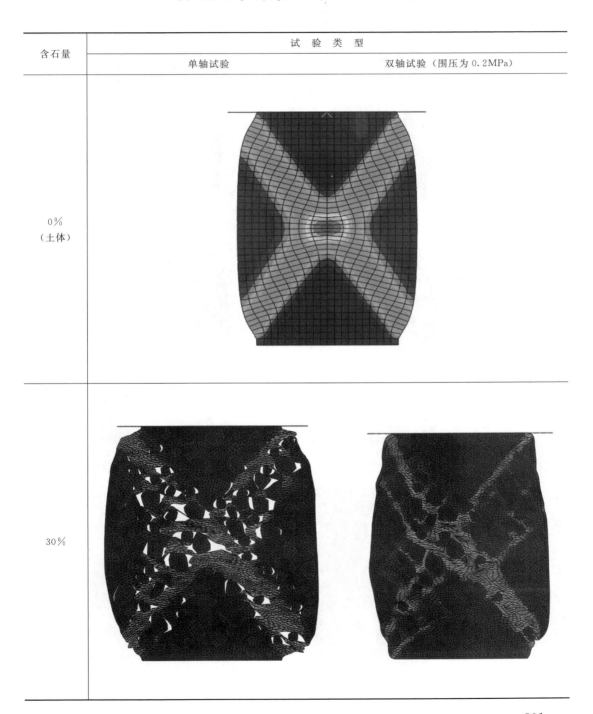	
30%		

含石量	试　验　类　型	
	单轴试验	双轴试验（围压为 0.2MPa）
40%		
50%		
60%		

附录 E 粒度组成对土石混合体力学性质的影响

粒度分维数	土石混合体试样	试验后剪切带
2.74		
2.76		
2.78		

粒度分维数	土石混合体试样	试验后剪切带
2.8		
2.82		
2.84		

附录 F 块石空间分布对土石混合体力学性质的影响

与主压力夹角	土石混合体试样	试验后剪切带
0° （平行）		
30°		
60°		

续表

与主压力夹角	土石混合体试样	试验后剪切带
90°（正交）		

附录 G 基于土石混合体随机结构模型的 真三轴数值试验分析成果

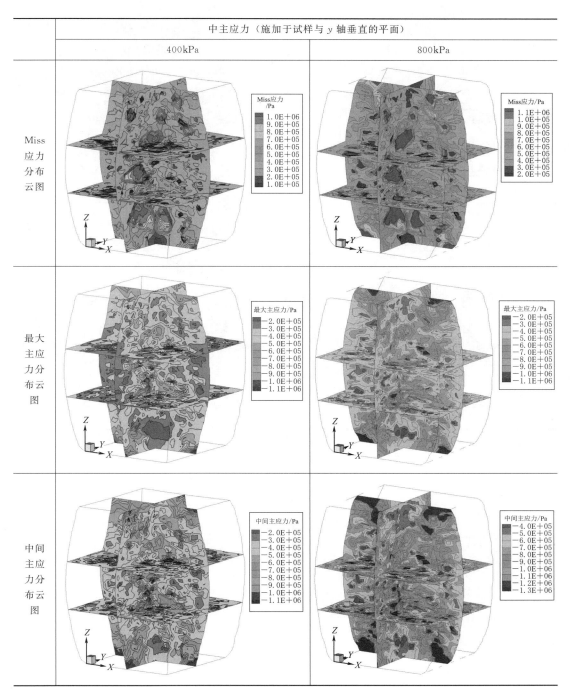

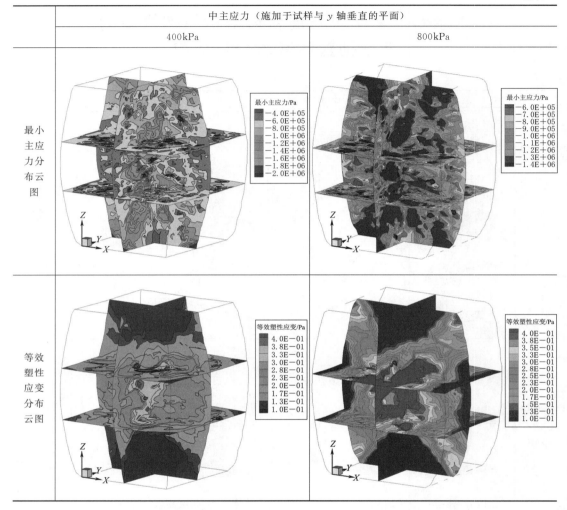

附录 H 土石混合体细观结构特征与边坡稳定关系研究成果

录 H.1   含石量与土石混合体边坡稳定性关系

土石混合体边坡结构	计算滑动面

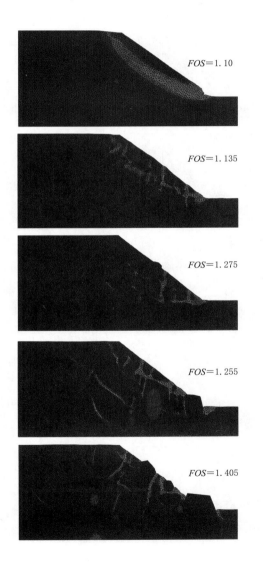

含石量：0%（土）　　$FOS=1.10$

含石量：30%　　$FOS=1.135$

含石量：40%　　$FOS=1.275$

含石量：50%　　$FOS=1.255$

含石量：60%　　$FOS=1.405$

表 H. 2　　　　块石粒度特征与土石混合体边坡稳定性关系（含石量 40%）

土石混合体边坡结构	计算滑动面
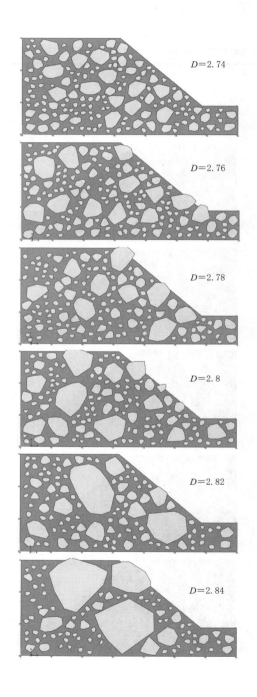	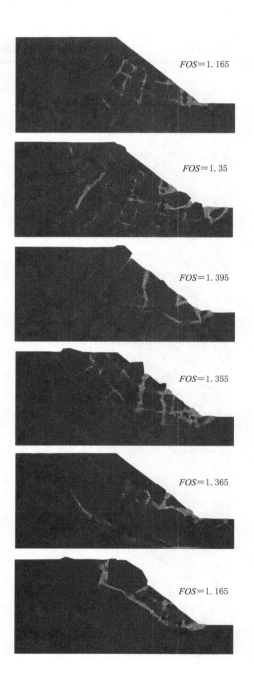

附录 I 土石混合体细观结构与渗流特征研究

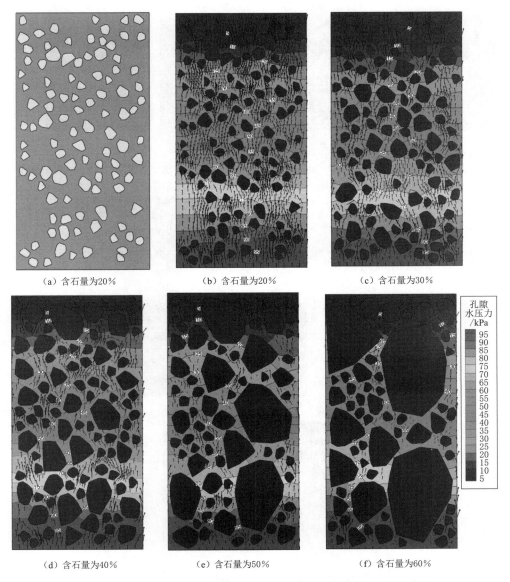

（a）含石量为20%　　　　（b）含石量为20%　　　　（c）含石量为30%

（d）含石量为40%　　　　（e）含石量为50%　　　　（f）含石量为60%

图 I.1　不同含石量土石混合体试样内部渗流场及孔隙水压力场分布

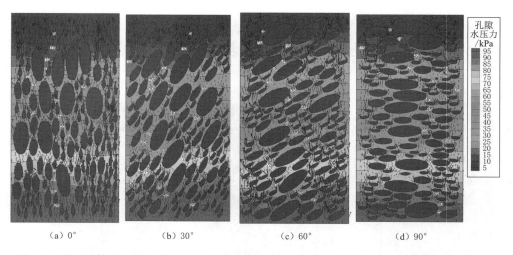

(a) 0°　　　　　　(b) 30°　　　　　　(c) 60°　　　　　　(d) 90°

图 I.2　块石长轴与主渗流方向夹角不同时土石混合体试样内部渗流场及孔隙水压力场分布

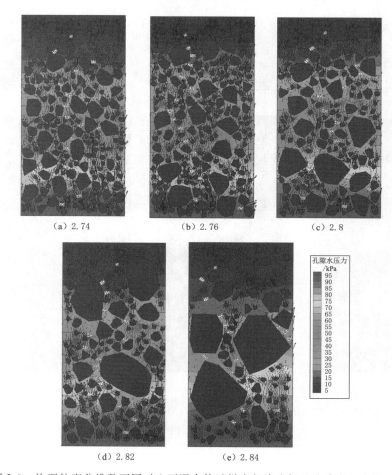

(a) 2.74　　　　　　　(b) 2.76　　　　　　　(c) 2.8

(d) 2.82　　　　　　　(e) 2.84

图 I.3　块石粒度分维数不同时土石混合体试样内部渗流场及孔隙水压力场分布

附录 J 库水位上升过程中边坡内部孔隙水压力场变化

高程 /m	堆积体内部孔隙水压力分布
1510	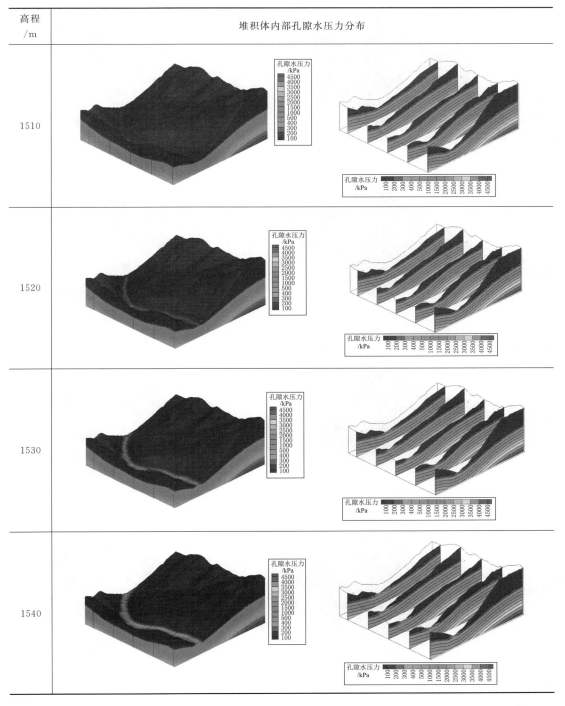
1520	
1530	
1540	

续表

高程 /m	堆积体内部孔隙水压力分布
1550	
1560	
1570	
1580	

续表

高程 /m	堆积体内部孔隙水压力分布
1590	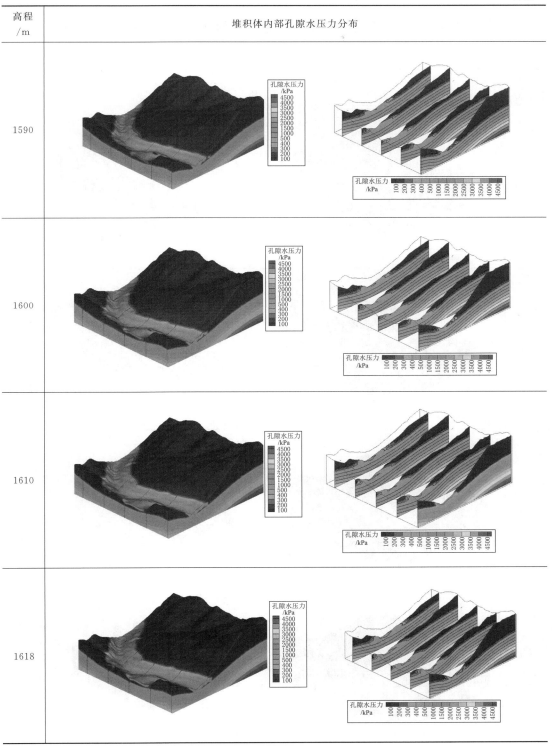
1600	
1610	
1618	

附录 K　库水位上升过程中边坡三维位移场变化

高程 /m	堆积体位移云图
1510	
1520	
1530	
1540	

高程/m	堆积体位移云图

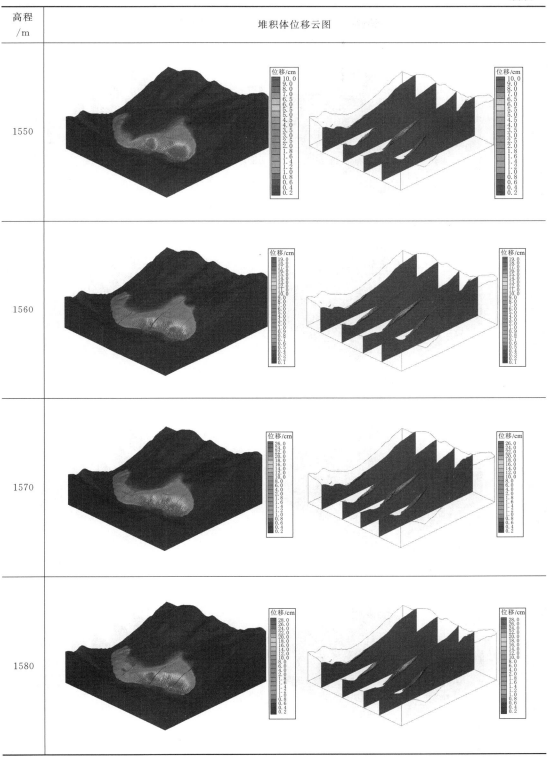

续表

高程 /m	堆积体位移云图
1590	
1600	
1610	
1618	

附录 L 库水位上升过程中边坡三维稳定性分析成果

高程 /m	堆积体剪应变增量（SSR）云图及推测滑动面形态
1510	
1520	
1530	
1540	

高程 /m	堆积体剪应变增量（SSR）云图及推测滑动面形态
1550	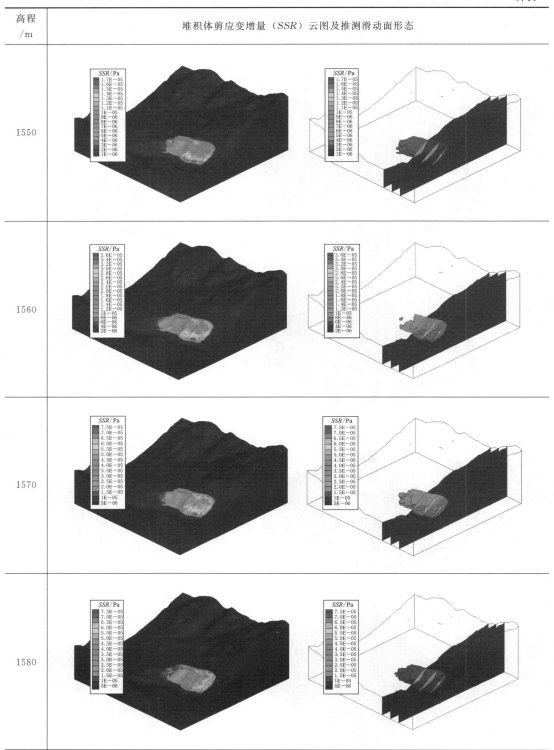
1560	
1570	
1580	

续表

高程 /m	堆积体剪应变增量（SSR）云图及推测滑动面形态
1590	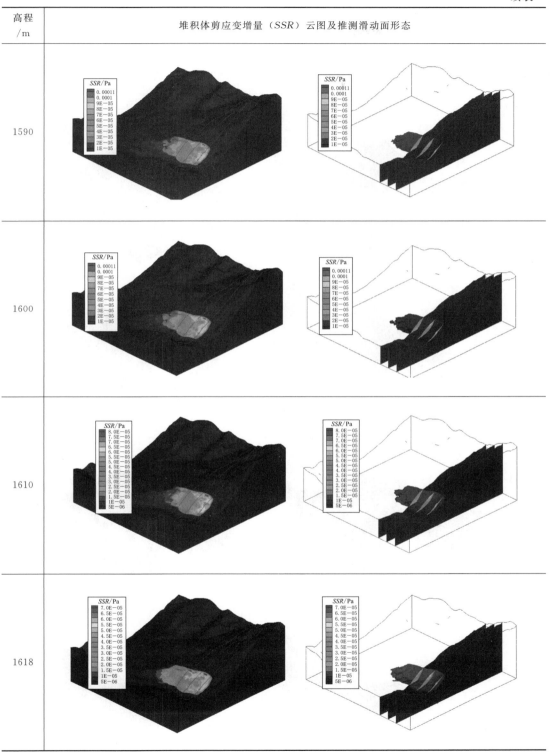
1600	
1610	
1618	

附录 M 库水位骤降对边坡稳定性的影响

骤降落差	6m	13m
水位高程	1612m	1605m
位移场云图	$D_{max}=0.30cm$	$D_{max}=0.65cm$
位移场剖面图		
强度折减得到应变增量云图	$FOS=1.301cm$	$FOS=1.184$
三维推测滑动面		

附录 N 水下土石混合体边坡地震动力响应分析成果

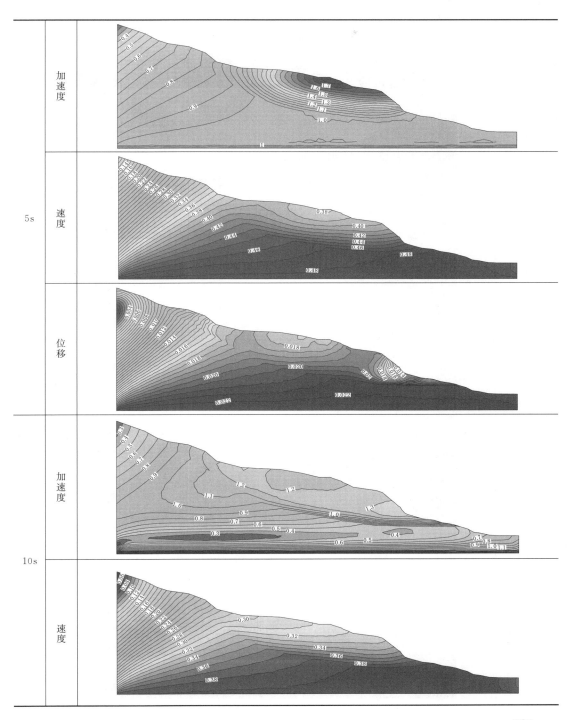

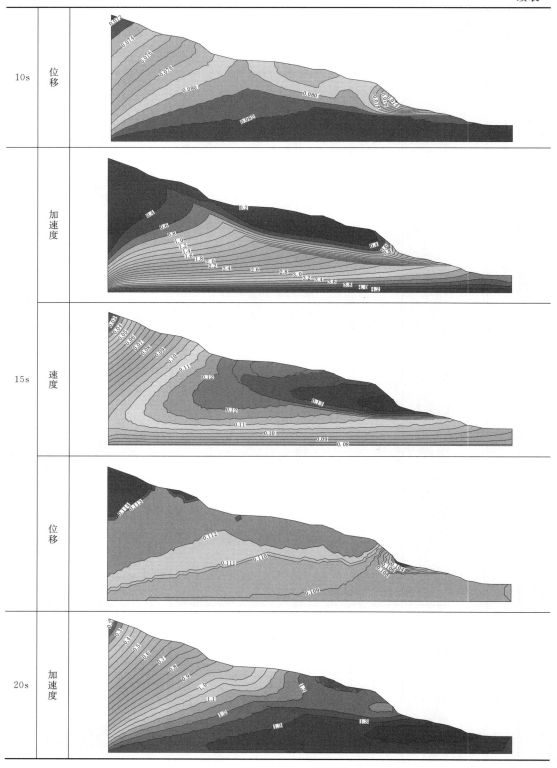

10s	位移	
15s	加速度	
	速度	
	位移	
20s	加速度	

续表

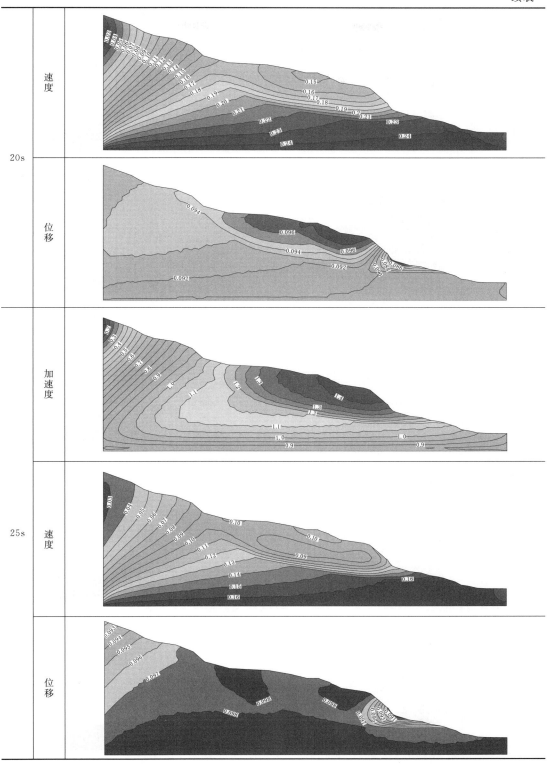

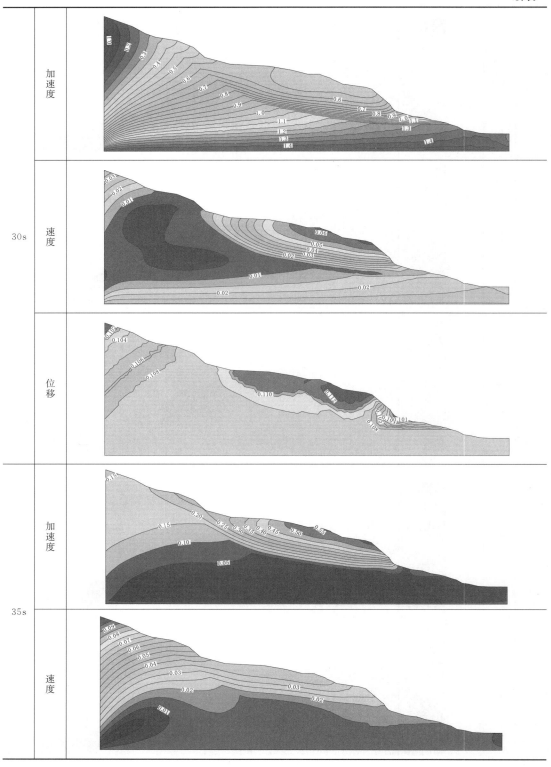

续表

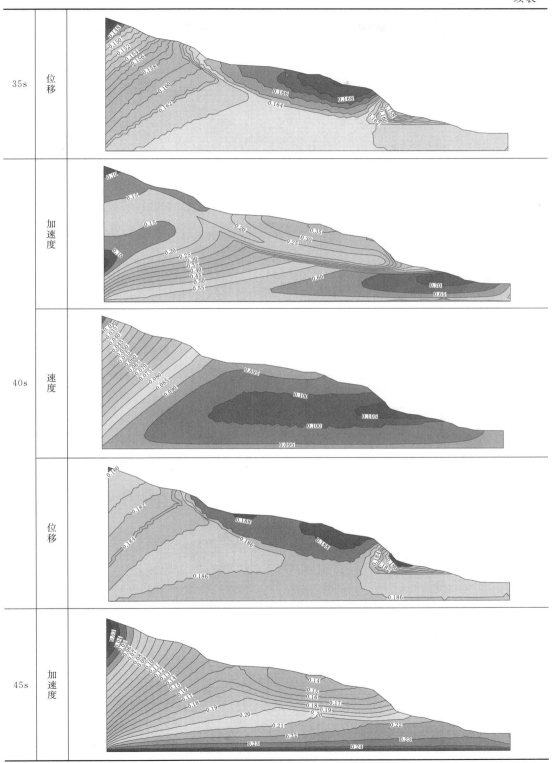

35s	位移	
40s	加速度	
	速度	
45s	位移	
	加速度	

续表

<table>
<tr><td rowspan="2">45s</td><td>速度</td><td>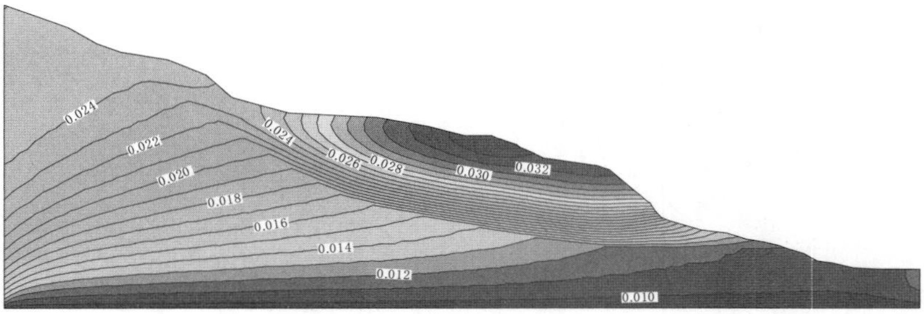
</td></tr>
<tr><td>位移</td><td>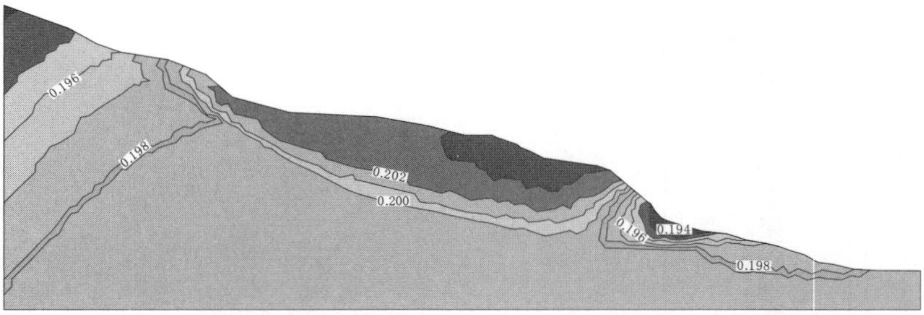
</td></tr>
<tr><td rowspan="3">50s</td><td>加速度</td><td>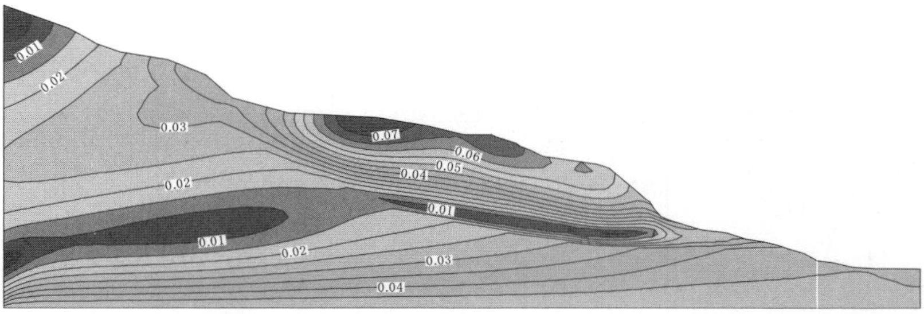
</td></tr>
<tr><td>速度</td><td>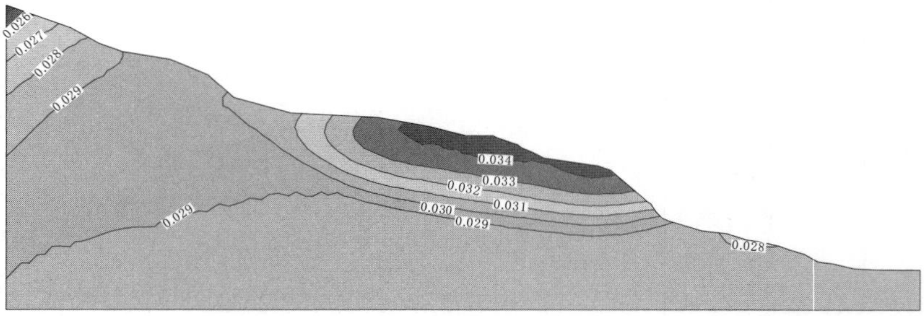
</td></tr>
<tr><td>位移</td><td>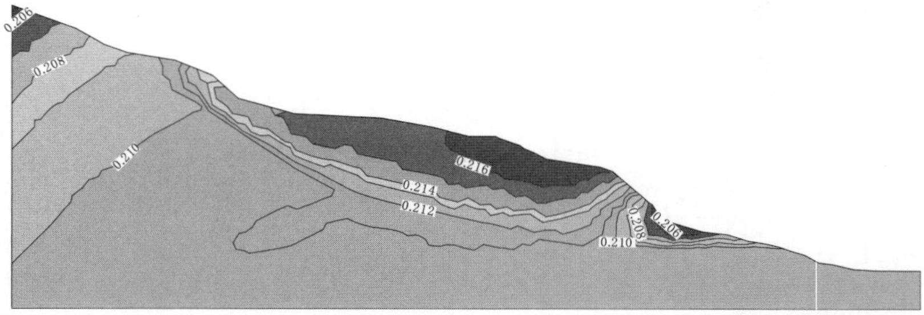
</td></tr>
</table>